钳工操作技术

●徐廷国　主编 ● 门佃明　主审

第二版

QIANGONG CAOZUO JISHU

·北京·

本书内容包括：划线、錾削、锉削、锯割、孔加工（钻孔、扩孔、锪孔和铰孔）、攻螺纹与套螺纹、弯形与矫正、刮削、研磨、高精度测量仪器及应用、机械加工工艺规程的制定和3个综合实训，每项操作都配有实训实例。可使学习者掌握高级钳工应具备的基本理论知识和操作技能。

本书适合机械维修类专业的技术人员培训及职业院校的学生使用，或作为工程技术人员的参考书。

图书在版编目（CIP）数据

钳工操作技术/徐廷国主编. —2版. —北京：化学工业出版社，2018.5(2023.3重印)
ISBN 978-7-122-32002-5

Ⅰ.①钳… Ⅱ.①徐… Ⅲ.①钳工 Ⅳ.①TG9

中国版本图书馆CIP数据核字（2018）第077882号

责任编辑：高 钰　　文字编辑：陈 喆
责任校对：宋 玮　　装帧设计：刘丽华

出版发行：化学工业出版社（北京市东城区青年湖南街13号 邮政编码100011）
印 装：涿州市般润文化传播有限公司
787mm×1092mm 1/16 印张10¼ 字数249千字 2023年3月北京第2版第5次印刷

购书咨询：010-64518888　　售后服务：010-64518899
网 址：http://www.cip.com.cn
凡购买本书，如有缺损质量问题，本社销售中心负责调换。

定 价：32.00元

前言

本书由从事钳工实训教学多年的一线教师经过多次研讨编写而成，内容的划分及编排更加适合生产操作实际以及职业教育的实际需求。

本书采用最新国家标准，以通俗易懂的语言和较恰当的选材阐述了钳工操作必备的基本知识和基本技能，内容包括：划线、錾削、锉削、锯割、孔加工（钻孔、扩孔、锪孔和铰孔）、攻螺纹与套螺纹、弯形与矫正、刮削和研磨等。

本书理论基础知识与操作技能训练统一，每一基本技能的讲解都配有可供操作的实训实例，并通过三个综合实训课题，使知识和技能得以贯穿和综合应用，达到理论与实践的密切结合。

教学中应采取讲练一体、边讲边练的教学方法，努力创造条件使教学的全过程在实训课堂完成，以达到掌握知识、培养专业能力的目的。

本书的内容已制作成用于多媒体教学的PPT课件，并将免费提供给采用本书作为教材的院校使用。如有需要，请发电子邮件至cipedu@163.com获取，或登录www.cipedu.com.cn免费下载。

本书由山东化工技师学院徐廷国主编，苏军生、王立娟、张洋、李玉改参与编写，全书由门佃明主审。

本书适合机械维修类技术人员作为职业培训教材，也可供职业类院校机械维修专业选用，或作为工程技术人员的自学及参考书。

由于编者水平有限，时间仓促，书中不足之处在所难免，恳请广大读者批评指正。

编　者

2018年3月

目录

绪论

一、钳工的工作范围及基本操作内容

钳工大多数是使用手工工具，并经常在台虎钳上进行手工操作的一个工种。钳工的主要工作内容是加工零件及装配、安装、调试和检修机器及设备。机器零件经过车削、铣削、刨削、磨削等机械加工后，还有一些采用机械加工方法不太适宜或不能解决的工作，需要钳工来完成。如零件加工中的划线、锉配样板、配作，以及机器和设备组件、部件的装配和总装配等。

随着科学技术的发展和工业技术的进步，现代化机械设备不断出现，钳工所掌握的技术知识和技能、技巧越来越复杂，钳工的分工也越来越细。钳工一般分为普通钳工、划线钳工、工具钳工、装配钳工和机修钳工等。其中，装配钳工和机修钳工所占的比例越来越大。化工机械维修钳工属于机修钳工的一种，担负着化工机器和设备的维护、修理及调试工作。

钳工操作技术内容很广泛，主要有划线、錾削、锉削、锯割、钻孔、扩孔、锪孔、铰孔、弯形与矫正、攻螺纹和套螺纹、刮削、研磨等基本操作。此外，还有机器和设备的装配、安装和修理等工作。

无论何种钳工，进行何种钳工工作，都离不开钳工基本操作。钳工基本操作是各种钳工的基本功，其熟练程度和技术水平的高低，决定着机器制造、装配、安装和修理的质量和工作效率。因此，学习钳工必须牢固掌握本工种的基础理论知识和基本操作技能，做到理论联系实际，通过解决工作中的具体问题，不断提高本工种的技术理论水平和操作技能、技巧。

二、钳工工作场地及设备

（一）钳工工作场地

钳工工作场地是钳工的固定工作地点。钳工工作场地应有完善的设备且应布局合理，这是钳工操作的基本条件，也是安全文明生产的要求，同时也是提高劳动生产率和产品质量的重要保证。

1. 合理布置主要设备

应将钳工工作台安置在便于工作和光线适宜的位置，钳台之间的距离应适当，钳台上应安装安全网。钻床应安装在工作场地的边缘，砂轮机安装在安全可靠的地方，最好同工作间隔离开，以保证使用的安全。

2. 毛坯件和工件应分放

毛坯件和工件应分别放置在搁架上或规定的地点，排列整齐平稳，以保证安全，便于取放。避免已加工面的碰撞，同时又不要影响操作者的工作。

3. 合理摆放工、夹、量具

常用工、夹、量具应放在工作位置的近处，便于随时拿取。工、量具不得混放一起。量具用后应放在量具盒里。工具用后，应整齐地放在工具箱内，不得随意堆放，否则易发生损坏、丢失及取用不便。

4. 工作场地应保持整洁

工作结束后，应将工（量）具清点，放回工（量）具箱。擦拭钳台和设备，清理场地的铁屑及油污。

（二）钳工常用设备

钳工基本操作常用设备有钳工工作台、台虎钳、砂轮机、台钻和立钻等设备。

1. 钳工工作台

钳工工作台如图 0-1 所示，也可称为钳工台、钳台，其主要作用是用来安装台虎钳、放置工具和工件。钳工的基本操作大都在钳台上进行。钳台通常用木料或钢料制成，高度为 800～900mm，木质台面要有足够的厚度，常包上一层铁皮。钳台的长度和宽度随工作需要来确定。

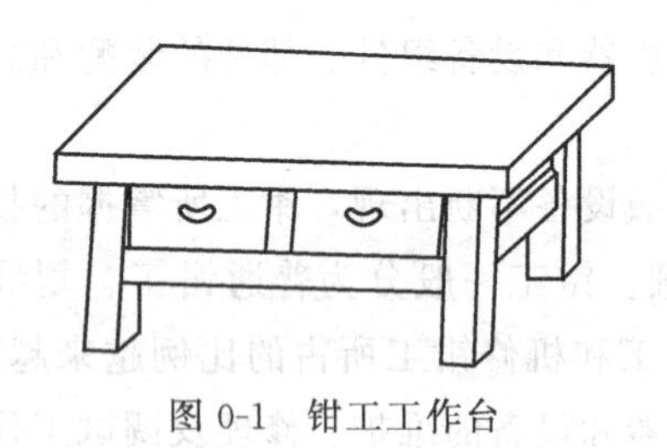

图 0-1 钳工工作台

2. 台虎钳

台虎钳装在钳台上，用来夹持工件，是进行钳工加工的设备。其规格以钳口的宽度来表示，有 100mm（4in，1in=25.4mm）、125mm（5in）和 150mm（6in）等规格。

台虎钳的结构有固定式和回转式两种，如图 0-2 所示。回转式台虎钳使用灵活、方便，在实际工作中应用较多。回转式台虎钳结构比固定式台虎钳复杂，其详细结构和工作原理如图 0-2（b）所示。台虎钳主体是用铸铁制作的，它由固定钳身 1 和活动钳身 2 两大部分组成。固定钳身 1 装在转盘座 6 上。转盘座 6 用螺栓固定在钳台上。螺杆 4 通过活动钳身 2 伸入固定钳身内，同固定螺母 7 相旋合。弹簧 10 靠挡圈 11 固定在螺杆上，转动螺杆 4 前端的手柄 5，使螺杆 4 在固定螺母 7 中旋转带动活动钳身移动，旋出时依靠弹簧 10 的弹力作用使活动钳身能平稳地移动。手柄 5 按顺时针方向旋转钳口合拢，逆时针方向旋转钳口张开。固定钳身和活动钳身上部各装有钢质钳口 3（经淬硬处理），并用螺钉 9 固定。两钳口接触面上刻有斜形齿纹，以便夹紧工件时不致滑动。台虎钳的转盘座 6 是圆形的，松动紧固手柄 8 使夹紧盘 12 松开，固定钳身 1 就可在转盘座 6 上旋转，以方便钳工从各种不同角度进行操作。当转动到所需位置后，将紧固手柄 8 旋紧，防止工作时发生松动。

台虎钳在使用时，应注意以下几方面的问题。

① 台虎钳夹持工件时，只能依靠手的力量扳动手柄进行紧固，不可套上管子来扳紧手柄或用手锤敲击手柄进行紧固。否则易造成螺母、螺杆以致钳身的损坏。

② 台虎钳在钳台上的安装必须牢固。使用时，要把紧固手柄扳紧，不得松动。

③ 在台虎钳的砧座上可以进行轻微的锤击工作。其他各部位不准用手锤敲击。

④ 螺杆、螺母等处要经常加注润滑油，并保持清洁，防止铁屑进入和锈蚀。

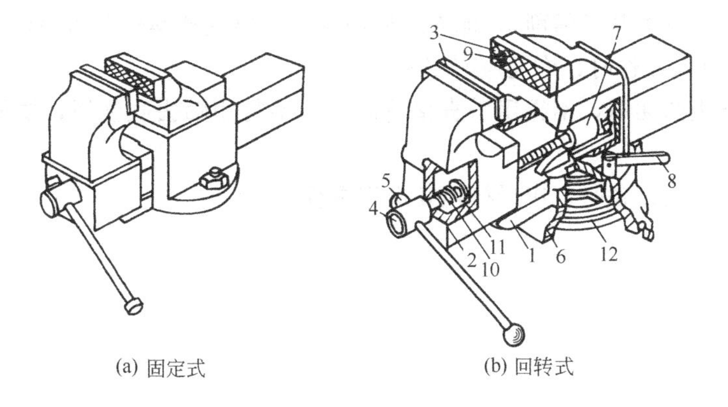

(a) 固定式　　(b) 回转式

图 0-2　台虎钳

1—固定钳身；2—活动钳身；3—钳口；4—螺杆；5—手柄；6—转盘座；7—固定螺母；8—紧固手柄；9—螺钉；10—弹簧；11—挡圈；12—夹紧盘

⑤ 钳口夹持工件不宜过长。当超长时应另用支架来支持，否则容易损坏钳身。

⑥ 强力作业时，应尽量使力朝向固定钳身。

3. 砂轮机

砂轮机如图 0-3 所示，主要用于刃磨刀具，也可用来磨削工件或毛坯件上的飞边、毛刺等。它由砂轮、机体、电动机、托架和防护罩等几部分组成。砂轮转速高、材质较脆，使用时应严格遵守以下安全操作规程。

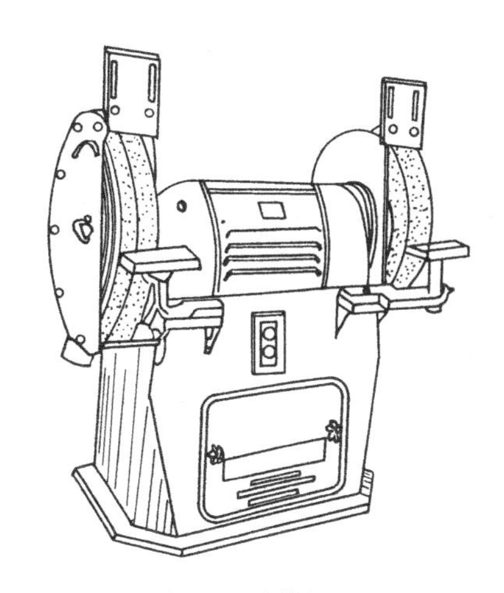

图 0-3　砂轮机

① 砂轮的旋转方向要正确，只能使磨屑向下飞离砂轮。

② 砂轮机启动后，待砂轮达到正常运转速度，才可进行磨削操作。如发现砂轮跳动严重时，应及时停机进行修整。

③ 操作者应站在砂轮的侧面或斜侧位置，不得站在砂轮的对面。磨削时，防止刀具和工件对砂轮发生剧烈的撞击或过大的压力。

④ 砂轮机的搁架与砂轮间的距离一般应保持在 3mm 以内，否则易使磨削件扎入造成严重事故。

三、钳工安全文明生产知识

安全为了生产，生产必须安全。遵守劳动纪律，安全文明生产，严格按规程操作，是保证产品质量的重要前提。安全、文明生产的一般常识如下。

① 工作前必须按要求穿戴好工作服及防护用品。

② 未经许可不得擅自使用不熟悉的机器设备、工具和量具。机器设备使用时，应检查有否损坏或故障，一经发现应及时报告。

③ 要随时保持工作场地的整齐清洁。使用的工具、加工的零件、毛坯和原材料的放置，要整齐稳当，不准在过道上随意堆放。要及时清除过道上和工作场地的油污、积水和其他杂物，以防滑倒伤人。

④ 钳工操作时（尤其是錾削），他人从后面靠近，要注意操作者的动作，必要时要进行呼唤。钳台对面有人操作时，中间应有安全网。

⑤ 操作时产生的切屑，不得用手直接清除，更不得用嘴去吹铁屑，要使用刷子或钩子清除。

⑥ 使用机械电气设备时，应严格遵守操作规程。

划线

第一节　划线基础知识

一、划线概述

划线是钳工的一项基本操作，也是机械加工的重要工序之一，广泛地应用于单件或小批量生产。

按图样或实物的尺寸，在毛坯或半成品上用划线工具划出加工界线，或划出作为基准的点、线的操作称为划线，如图 1-1 所示。划线不仅在毛坯表面上进行，也在已加工表面上进行。工件的加工都是从划线开始的，所以划线是工件加工的第一步。

对划线操作的基本要求是：线条清晰均匀，定形、定位尺寸准确。一般要求划线精度应达到 0.25～0.5mm。划线时要细致地阅读图样，看准图样尺寸，正确地使用划线工具和测量工具。划线时要精力集中，反复核对划线尺寸，及时发现划线过程中产生的误差和错误，才能划出符合要求的加工界线。

（一）划线的作用

① 确定工件的加工余量，使加工时有明确的尺寸界线。

② 通过划线发现或检查出不合格的毛坯。对尺寸和形状误差较小的毛坯可以采取划线借料补救的方法，提高毛坯的合格率。当发现毛坯的误差过大而无法补救时，可及时报废，避免浪费人力和财力。

③ 便于复杂工件在机床上的装夹，装夹时可按划线找正定位。

（二）划线的种类

划线可分为平面划线和立体划线两种。

1. 平面划线

在毛坯或者已加工工件的一个表面及几个平行的表面上划线，即可以明确表示出加工界线的划线称为平面划线。例如在板料、条料表面或者毛坯件几个相互平行的表面上的划线。平面划线是划线的基本方法，也是立体划线的基础，如图 1-1（a）所示。

2. 立体划线

只有在毛坯件上几个相互垂直或者不同角度的平面上进行划线，才能明确表示出加工界

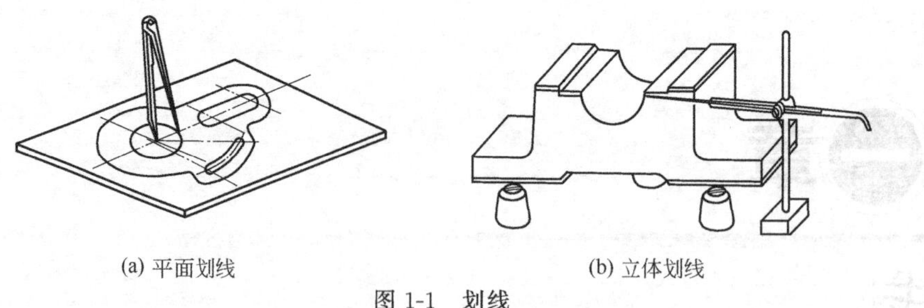

(a) 平面划线　　(b) 立体划线

图 1-1　划线

线的划线叫立体划线。例如在轴类、支架类和箱体类等零件表面上的划线都属于立体划线，如图 1-1（b）所示。

（三）划线工具

1. 划线平台

划线平台（图 1-2）又称为划线平板，是划线的工作台。材料为铸铁，平台工作面即上表面经过刮削等精加工，具有较高的平面度，是划线的基准面。划线时应均匀使用，避免造成平台表面局部磨损。

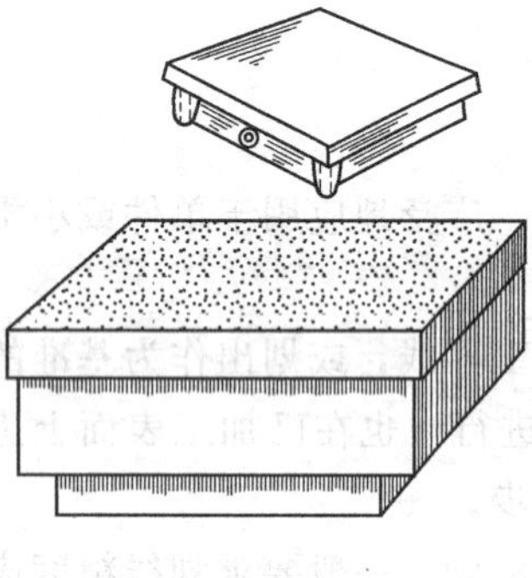

图 1-2　划线平台

划线平台的作用是用来安放工件和其他划线工具，并在其上完成工件的划线工作。平台一般用木架支承，工作面应处于水平，要防止平台长期处于倾斜位置而发生变形。使用时要保证表面清洁，不得有油污、铁屑及灰尘等杂物。工件或工具在平台上应注意轻放，不要碰伤平台工作面。划线平台用完后，要擦拭干净，涂上机油，以防锈蚀。

2. 划针

划针（图 1-3）是划线的基本工具，一般由直径为 3～5mm，长度约为 250mm 的弹簧钢丝或高速钢制成。一端磨成 15°～20°的尖角，并经淬火处理以提高其硬度和耐磨性。在铸件、锻件的表面上划线时，常用尖部焊有硬质合金的划针。

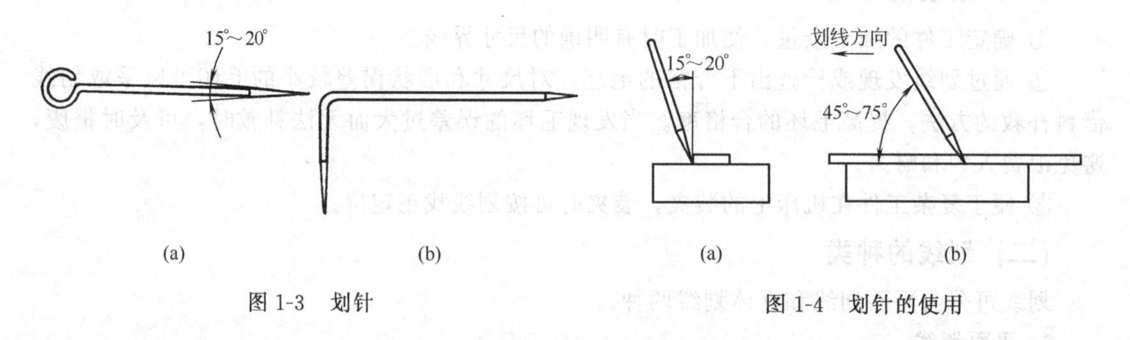

图 1-3　划针　　图 1-4　划针的使用

划针常与钢板尺、直角尺或样板等导向工具、量具配合进行划线。划线时针尖要靠紧导向工具、量具的边缘，划针上部向外倾斜 15°～20°，如图 1-4（a）所示，向划针前进方向倾斜 45°～75°，如图 1-4（b）所示。水平线应自左向右划，竖直线应自上向下划，倾斜线的走向是自左下向右上方划，或自左上向右下划。划线时用力要均匀适宜，一根线条尽量做到一次划成，避免重复划线造成线条变粗或模糊不清。划针用完后，应将针尖套上塑料管，不得外露。

3. **划针盘**

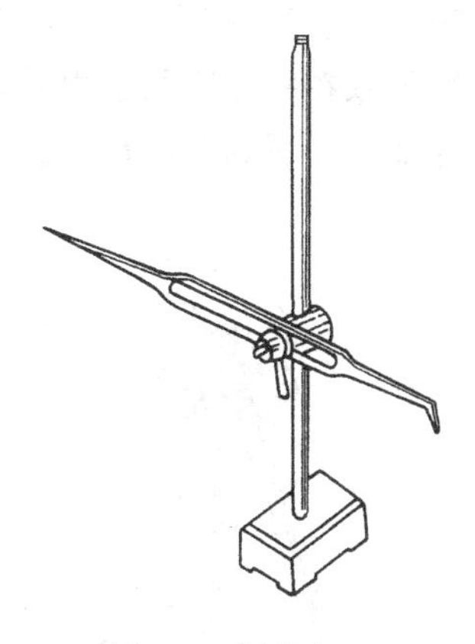

图 1-5　划针盘

划针盘（图 1-5）是用来划线或找正工件位置的工具。划针盘由底座、立柱、划针和夹紧螺母等零件组成。一般划针的直头端用来划线，弯头端用来找正工件位置。划针的直头端可焊上硬质合金，以提高其耐磨性。

使用划针盘时，应使划针处于水平位置，伸出去不要过长，以免划线时划针发生抖动。划针在划针盘上要夹紧，防止划线时松动。在拖动底座时，应使其与平台表面紧密接触，必要时还可在台面上加少许润滑油，防止摇晃或跳动。划针应与工件的表面成 45°～75°的角度，这样可以减少划线时的阻力和防止扎入粗糙表面。划针盘不用时，划针尖要朝下，或在划针尖上套上一段塑料管，以防发生扎伤事故。

4. **划规**

划规是用来划圆和圆弧、等分线段或量取尺寸的工具，常用中碳钢或碳素工具钢制成，也可以在划规两脚端焊上硬质合金。划规两脚要进行淬硬处理，以提高其硬度和耐磨性。

常用划规有普通划规［图 1-6（a）］、带锁紧装置的划规［图 1-6（b）］、弹簧划规［图 1-6（c）］和大尺寸划规（图 1-7）。普通划规结构简单，制造容易，使用广泛。带锁紧装置的划规使用时应先调整好尺寸，然后拧紧螺钉，使尺寸固定不变，适用于在毛坯件上划线。弹簧划规调节尺寸方便，但划线时划规脚容易弹动，影响划线尺寸的精确度，适用于在已加工的光滑表面上划线。大尺寸划规使用时在滑杆上移动划规脚，即可得到要求的尺寸。对划规的基本要求如下。

(a) 普通划规

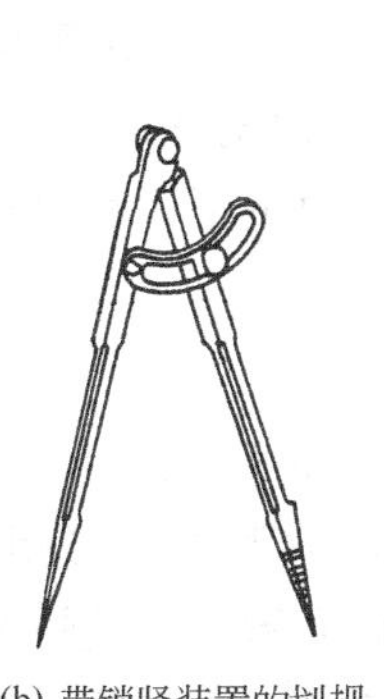

(b) 带锁紧装置的划规

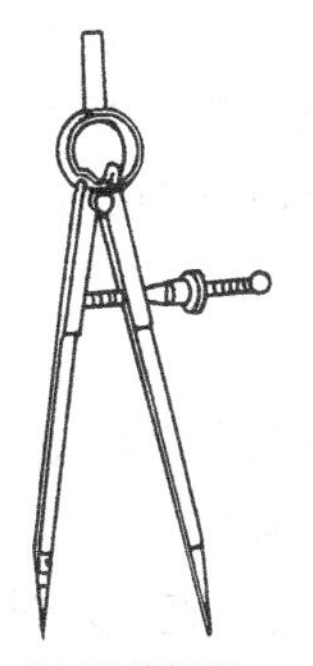

(c) 弹簧划规

图 1-6　划规

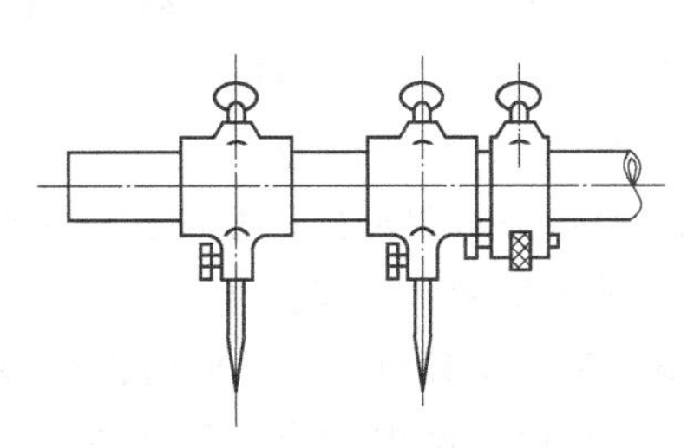

图 1-7　大尺寸划规

① 划规两脚要等长，脚尖能靠紧，以便划出小尺寸的圆弧。

② 两脚开合松紧要适当，以免划线时自动张开影响划线精度。

③ 划规脚尖要锐利，保证划出的线条清晰均匀。

使用划规时应注意：用划规划圆时，压力应加在转动中心的脚上（图 1-8），手腕应向后退足，以便一次划出整圆。划圆时，划规两脚尖应在同一平面上。如果两脚尖不在同一平面上，那么脚尖之间的距离就不是所划圆的半径。如果因工件形状的限制，两脚尖不能在同一平面时，则应采取其他措施。当 h/r 较小时（r 为所划圆的半径，h 为阶梯表面间的距离），应把两脚尖的距离调为$R=\sqrt{r^2+h^2}$进行划圆（图1-9）；当h/r较大时，划规定心尖脚如顶在样冲眼的正中心，则所划出的圆误差过大，这时应采用特殊划规划圆（图1-10），才能保证所划圆的精度。

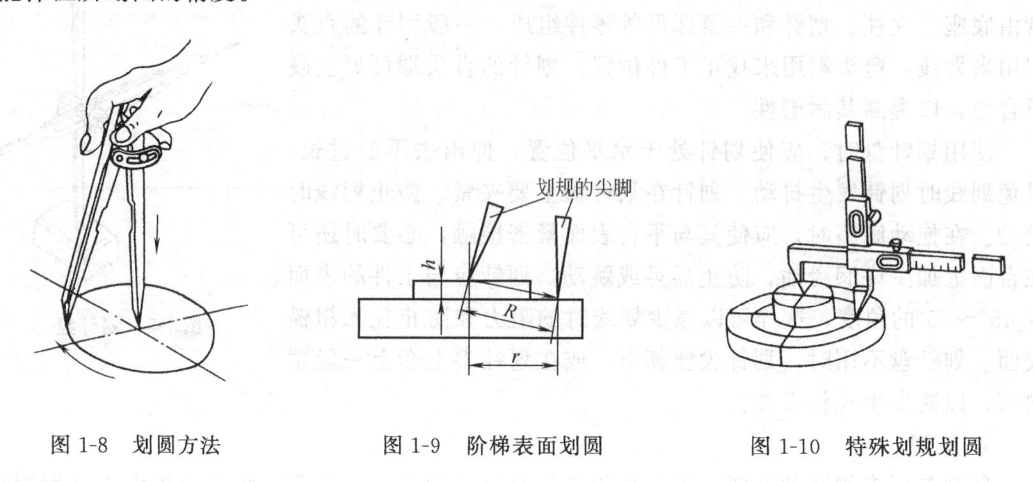

图1-8 划圆方法　　图1-9 阶梯表面划圆　　图1-10 特殊划规划圆

5. 样冲

样冲（图1-11）是划线时打冲眼或钻孔时打中心孔的工具。工件划线后，在搬运、装夹过程中，很容易擦掉所划的线条，如果打上冲眼，则可清楚地表示出所划的线迹。在钻孔时，为了便于钻头的对中，必须在孔的中心打出凹坑。样冲用碳素工具钢制成，也可以用废旧丝锥、铰刀等改制，其尖端和锤击端经淬火处理，尖端一般磨成45°～60°的锥角。划线用样冲锥角一般为45°；钻孔用样冲锥角应大一些，磨成60°，这样在圆的中心处可打出较大的冲眼，便于钻孔时对正中心。

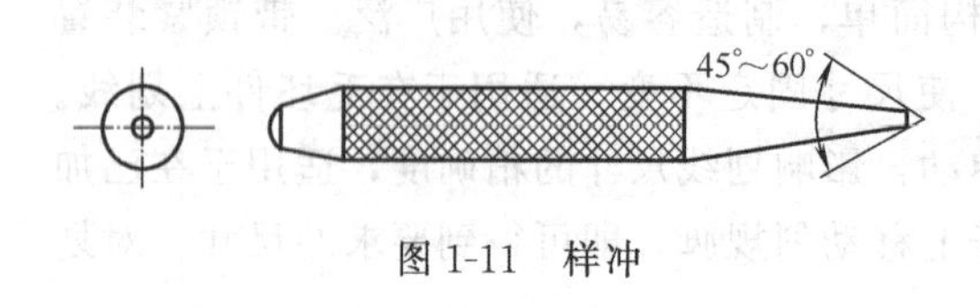

图1-11 样冲

打样冲眼的方法：首先使样冲外倾，便于样冲尖端对正线的正中，再将样冲扶正，用手锤敲击样冲上端，进行冲眼（图1-12）。

打冲眼的基本要求如下。

① 冲眼要打得准确，要冲在线条的中间处或十字线正中点处。

② 冲眼的间距要保持相等。一般小件间距为25～50mm，大型工件可相应地加长距离。在线条交叉处必须打冲眼。曲线段冲眼应密一些，直线段冲眼可稀些。较短的线段至少要保证有三个冲眼。圆周上冲眼要求是：直径大于20mm的圆周应有8个冲眼，直径小于20mm的圆周应有4个冲眼。

③ 冲眼的深浅要适当。粗糙表面要冲得深些，如在铸件、锻件表面上。在已加工表面或薄板件上，要冲得浅些。精加工表面或软金属表面上不冲眼。

④ 冲眼时，每次对正位置，只准锤击一次，不得重复。若重新冲眼时，则必须再对正位置，否则易出现偏离冲眼位置的多个锥坑，失去冲眼的准确性。

6. 直角尺

直角尺（图1-13）是划线或加工时常用的测量工具，是由碳素结构钢锻制成的。经过精刨、精磨等精加工，其两直角边间成精确的90°角，可用来划平行线、垂直线，也可以用来进行工件的找正和检验。

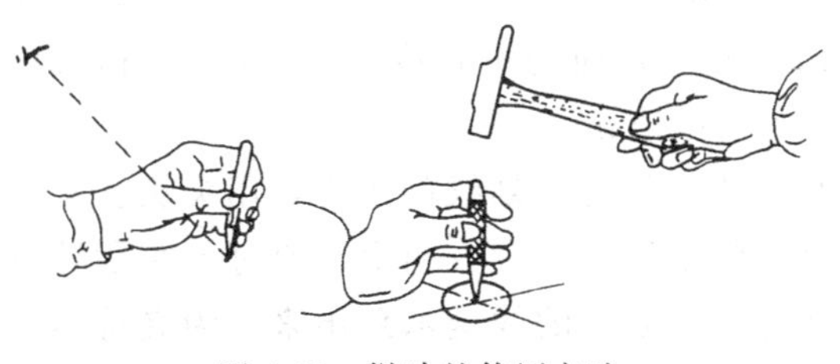

图 1-12　样冲的使用方法

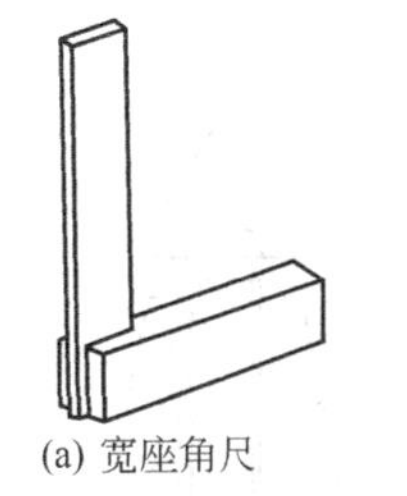

(a) 宽座角尺

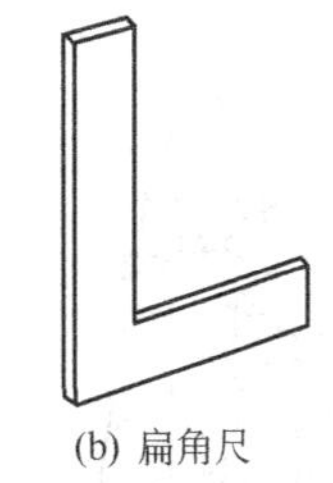

(b) 扁角尺

图 1-13　直角尺

7. 支持夹持工件的工具

（1）垫铁

垫铁（图 1-14）是用来支持、垫平和升高工件的工具，常用的有平垫铁和斜垫铁两种。

（2）V 形铁

V 形铁（图 1-15）主要用来支承圆柱形工件。V 形槽的角度通常为 90°或 120°，V 形铁的底面和 V 形槽两侧面为工作面，精度较高。支承较长工件时，应使用成对的 V 形铁。成对的 V 形铁必须成对加工，且不可单个使用，以免因磨损不一样而产生误差。

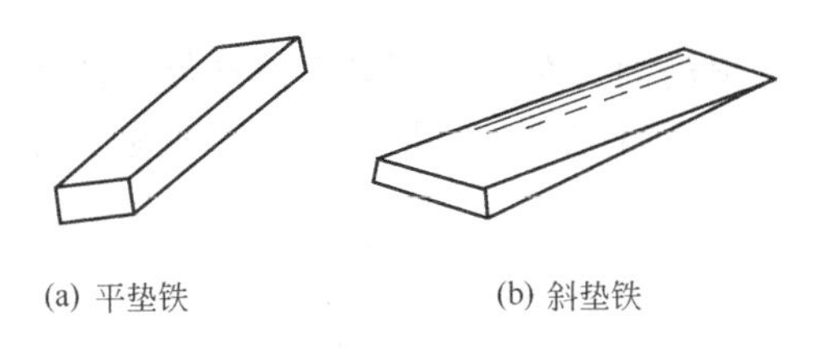

(a) 平垫铁　　(b) 斜垫铁

图 1-14　垫铁

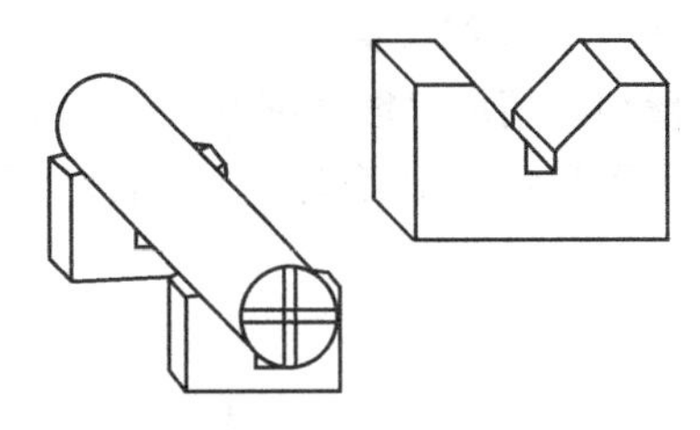

图 1-15　V 形铁

（3）角铁

角铁（图 1-16）常与夹头、压板配合使用，以夹持工件进行划线。角铁一般用铸铁制成，它有两个相互垂直的工作平面，其上加工有若干搭压板时穿螺栓用的孔和槽。

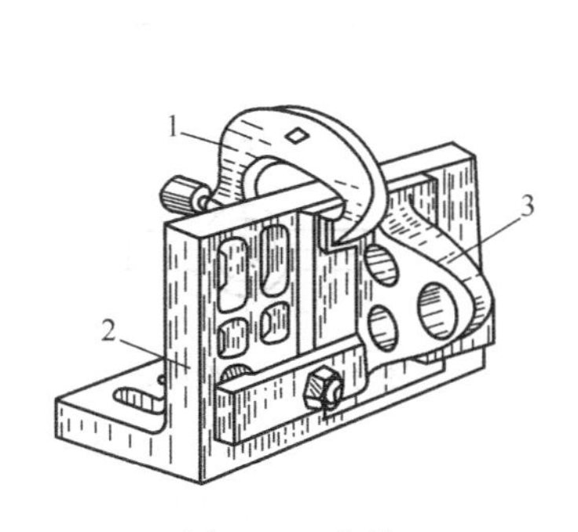

图 1-16　角铁

1—C 形夹头；2—角铁；3—工件

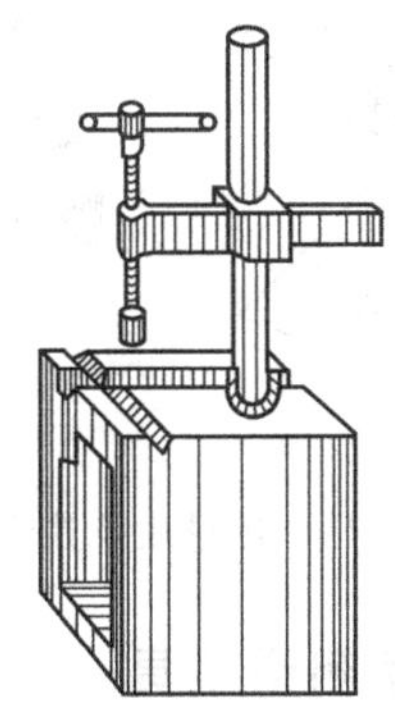

图 1-17　方箱

（4）方箱

方箱（图 1-17）一般是由灰铸铁经精刨、刮研而成的空心立方体，有 100mm×100mm、200mm×200mm 等多种规格。方箱各表面有很高的加工精度，一般应达到在任一

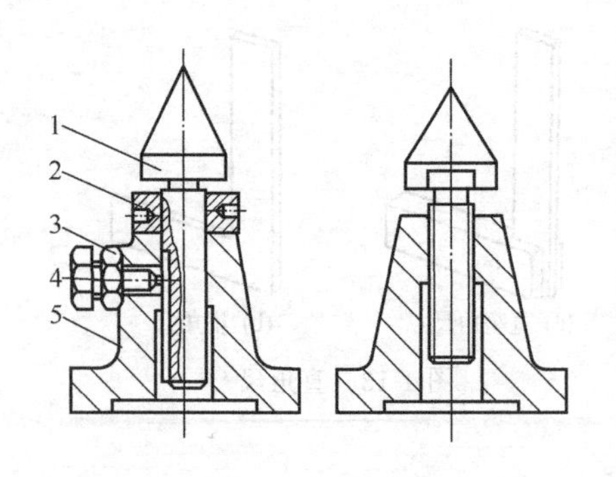

图 1-18 千斤顶
1—顶尖；2—螺母；3—锁紧螺母；4—螺钉；5—基体

25mm×25mm 范围内的接触点≥25 点，平面度＜0.005mm，相邻各面的垂直度＜0.01mm，相对各面的平行度＜0.005mm。

方箱主要用于支持划线的工件，用夹头、压板等夹紧工具，将工件固定在方箱上，通过方箱翻转可以把三个相互垂直方向的线全部划出来。为夹持不同形状的工件，常见的方箱带有夹持装置和 V 形槽。

(5) 千斤顶

千斤顶（图 1-18）是用来支承毛坯和不规则工件进行划线的工具，它可以方便地调整工件各处的高度。

使用千斤顶时应注意以下问题。

① 千斤顶底部要擦净，工件要平稳放置。调节螺杆高度时，要防止千斤顶产生滑移而使工件倾倒，发生事故。

② 一般工件用 3 个千斤顶支承，且三个支承点要尽量远离工件重心。在工件较重部位安放两个千斤顶，另一个千斤顶支承在较轻的部位。

8. 高精度划线工具

一般划线精度只能达到 0.25～0.5mm，当要求提高划线精度，即对工件进行精密划线时，可采用量块及其附件进行划线（图 1-19），用三爪中心冲（图 1-20）准确地冲出中心孔。

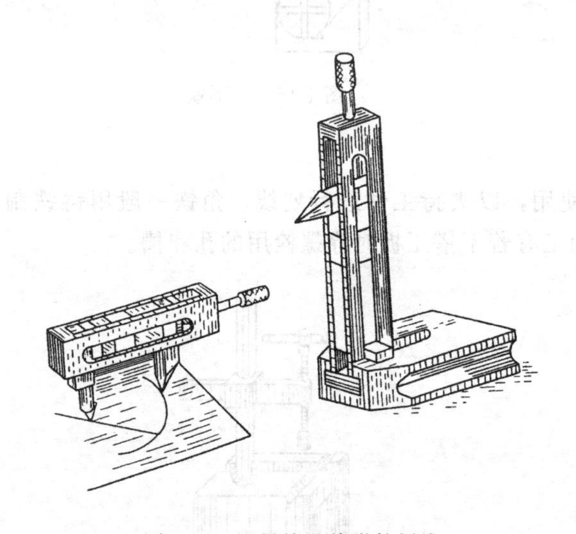
图 1-19 用量块及其附件划线

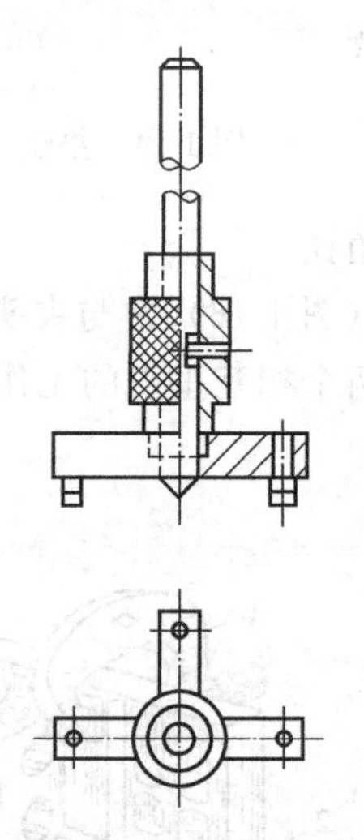
图 1-20 三爪中心冲

(四) 常用测量工具

1. 游标卡尺

游标卡尺是一种测量精度比较高的量具，利用它可以直接量取零件的长度、宽度、高度、内径、外径、槽宽及深度等。它由主尺和副尺（游标）组成，其外形如图 1-21 所示。游标卡尺精度有 0.1mm、0.05mm 和 0.02mm 三种。

游标卡尺使用前，首先检查主尺与副尺的零线是否对齐，并用透光法检查内外尺脚量面是否贴合，如果透光不匀，说明卡脚量面有磨损，这样的卡尺不能测出精确尺寸。

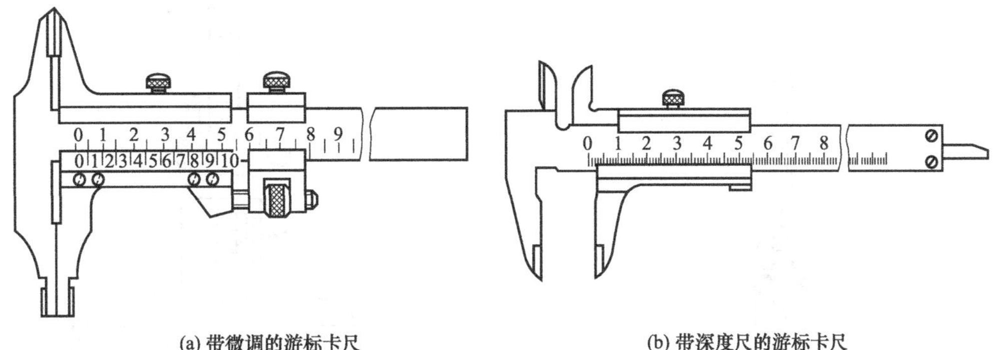

(a) 带微调的游标卡尺　　(b) 带深度尺的游标卡尺

图 1-21　游标卡尺

利用游标卡尺测量零件的方法，如图 1-22 所示。

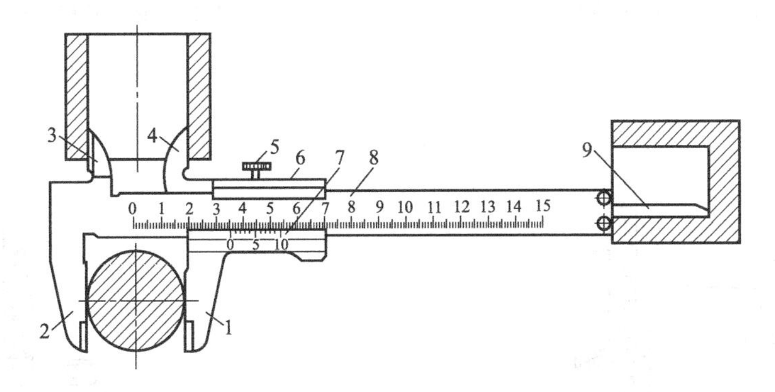

图 1-22　游标卡尺的应用

1,4—活动量足；2,3—固定量足；5—锁紧螺钉；

6—活动框架；7—游标；8—主尺；9—量条

游标卡尺也有表显游标卡尺和数显游标卡尺，表显游标卡尺是在副尺上加上百分表的，测时副尺尺寸可通过百分表指针显示出来；数显游标卡尺在测量后，直接显示出所测整体尺寸。

2. 深度游标卡尺

如图 1-23 所示，深度游标卡尺由主尺、副尺与底座（二者为一体）组成。主要用途是用来测量零件上沟槽或孔的深度、台阶的高度等。使用深度游标卡尺测量零件的方法如图 1-24 所示。不同的被测零件，采用不同的测量方法。

3. 高度游标卡尺

高度游标卡尺如图 1-25 所示，常用来划线和测量放在平台上的零件的高度。高度游标卡尺由主尺、副尺、划线爪、测量爪、固定螺钉等组成，都装在底座上（底座下面为工作平面）。测量爪有两个测量面，下面是平面，上面是弧形，用来测量曲面高度。利用高度游标卡尺测量零件的方法如图 1-26 所示。

4. 万能角度尺

万能角度尺可以测量角度和锥度，也可以作为划线工具划角度线。测量的范围为 0°～320°，游标分度值为 2′、5′两种精度。它的构造如图 1-27 所示。基准板、扇形主尺、游标副尺固定在扇形板上；直角尺紧固在扇形板上；直尺紧固在直角尺上。直尺和直角尺可以滑动，并能自由装卸和改变测量范围，如图 1-28 所示。

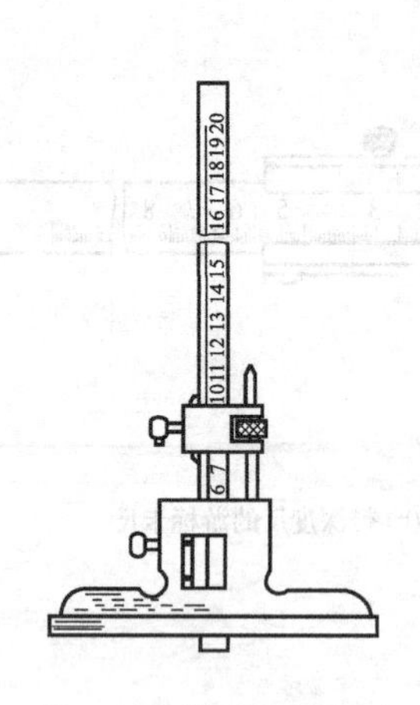

图 1-23　深度游标卡尺

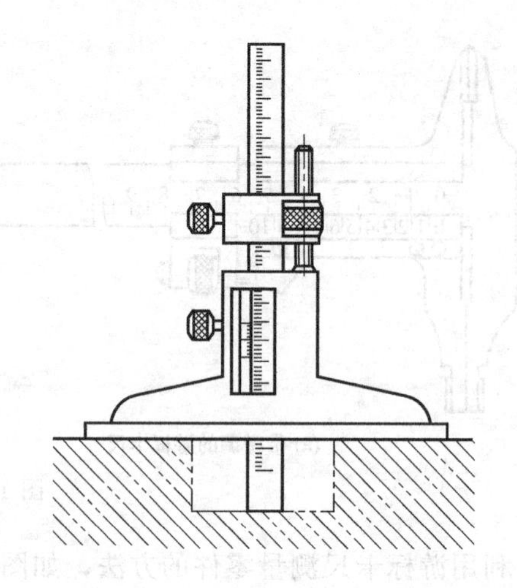

图 1-24　深度游标卡尺的应用

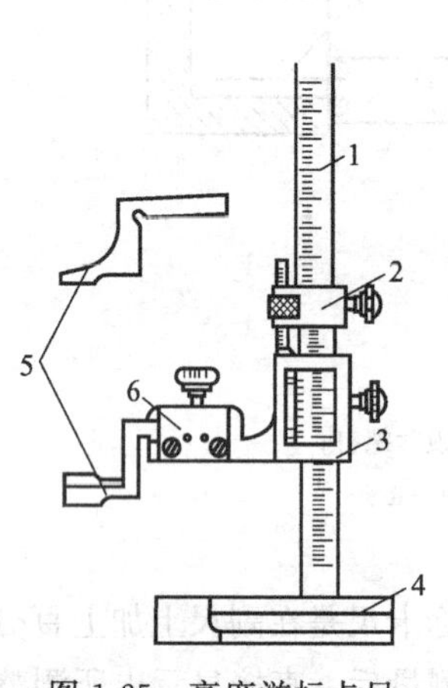

图 1-25　高度游标卡尺

1—主尺；2—微调部分；3—副尺；4—底座；

5—划线爪与测量爪；6—固定架

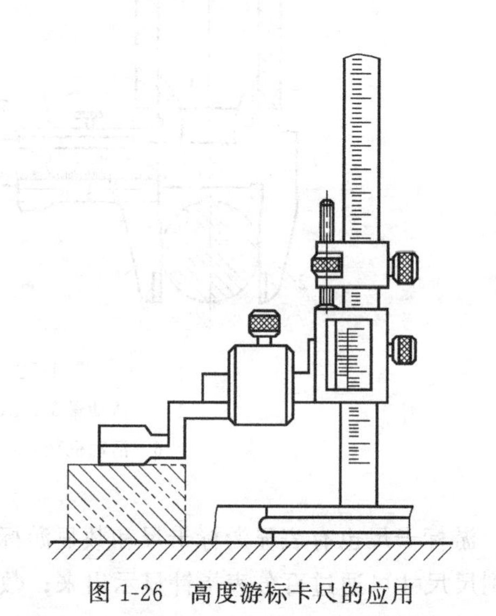

图 1-26　高度游标卡尺的应用

5. 外径千分尺

外径千分尺是生产中常用的测量工具，主要用来测量工件的长、宽、厚及外径，在检修中也可用来检查圆柱外圆的圆柱度偏差等，测量时能准确地读出尺寸，精度达 0.01mm。其构造如图 1-29 所示，由弓架、固定测砧、固定套筒（带有刻度的主尺）、活动测砧、活动套筒（带有刻度的副尺）和止动销等组成。活动套筒与活动测砧是紧固一体的。它的调节范围在 25mm 以内，所以从零开始，每增加 25mm 为一种规格。

千分尺在使用前，应将工件表面及尺身的测量面擦拭干净，并用检验棒检查固定套筒中线（也就是基准线）和活动套筒的零线是否重合，如不重合，必须校检调整后使用。

使用时，当两个测量面接触工件后，棘轮出现空转，并发出“咔咔”响声，即可读尺寸。测量时注意：不可扭动活动套筒，只能旋转棘轮。在工作条件不便查看尺寸时，可旋紧止动销，然后取下千分尺读数。千分尺只能测量静止的零件，不能测量运动着的零件。

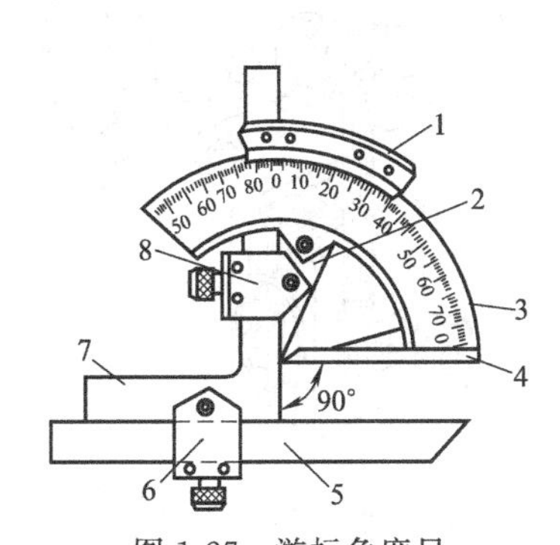

图 1-27 游标角度尺

1—游标；2—扇形板；3—主尺；4—基准板；5—直尺；6,8—套箍；7—直角尺

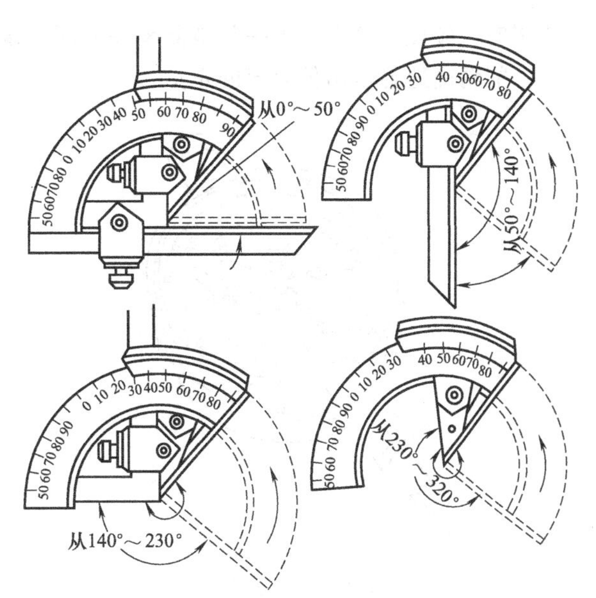

图 1-28 不同安装所能测量的范围

6. 塞尺

塞尺又叫间隙规，由若干片长条形的金属薄片组成，每片金属片都有两个很平行的测量面，它的厚度都用数字标示在它的表面上，其外形如图 1-30 所示。塞尺测量范围在 0.02～1mm 之间，塞尺主要用来检验和测量两个零件配合表面之间间隙的大小。如在机器设备装配时，用它来测量滑动面的间隙量；在钳工操作，制作配合件时，用它来测间隙量值。

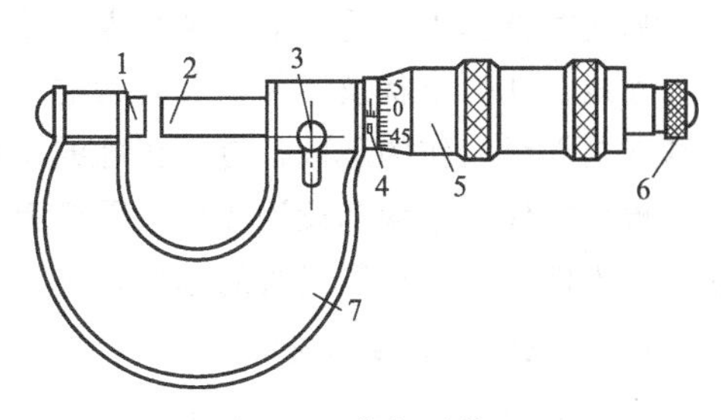

图 1-29 外径千分尺

1—固定测砧；2—活动测砧；3—止动销；4—固定套筒；5—活动套管；6—棘轮；7—弓架

使用塞尺时，应先将尺身表面的污物擦净，然后用一片或几片组合起来，对两个零件表面间的间隙进行塞测。塞测时，尺面与两零件表面间不应过松或过紧，以便保证其测量的准确性。塞尺的厚度很小，极易折断和弯曲，故在使用时应特别小心。

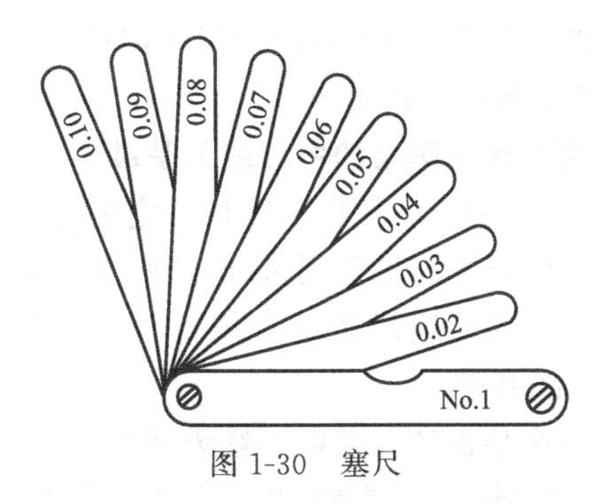

图 1-30 塞尺

7. 百分表

百分表是钳工常用的一种精密量具，它能测量和校验工件尺寸及形状的微量偏差，也可以使用比较法测量零件的尺寸。在钳工的装配和检修工作中，可方便、可靠、准确、迅速地使用百分表检测和提高某些零件、部件的同轴度、直线度、垂直度等组装后的精度。

百分表的外形如图 1-31 所示。使用百分表时，必须将百分表安装在专用的百分表架上。百分表架有万能百分表架和磁性百分表架两种，百分表在表架上的安装方法如图 1-32 所示。

使用时，应使百分表的触头与被测零件表面相接触，使指针处于一定的读数值，以便在测量时，能精确地显示出偏差值的正负。

图 1-31 百分表

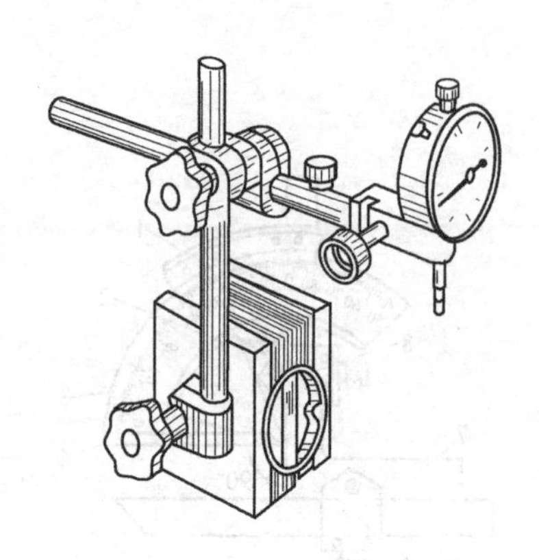

图 1-32 百分表的安装

二、划线的基准选择

划线时选择工件毛坯上的某个点、线、面作为划线的起点，以此为依据确定工件各部分的尺寸线、几何形状及工件上各要素的相对位置，这些点、线、面即称为划线基准。选择划线基准是划线工作的基础，有了正确的基准，才能使划线准确，减小尺寸和形状位置误差。

根据零件的结构和设计要求，图样上用来确定其他点、线、面位置的基准，称为设计基准；而零件在加工和测量时的基准，称为工艺基准。

(一) 划线基准的种类

工件划线时，每一个尺寸方向必须选择一个划线基准。平面划线要选择两个划线基准；而立体划线则应选择 3 个或 3 个以上的划线基准。就平面划线来说，一般划线基准有以下三种类型。

1. 以两个相互垂直的平面或直线为基准

如图 1-33 所示，该零件上有相互垂直的两个方向的尺寸。图样上可以看到外平面上相互垂直的两条线，这两条线即可作为两个方向的划线基准。零件上两个方向的尺寸都可以分别从这两条线为起始线划出。

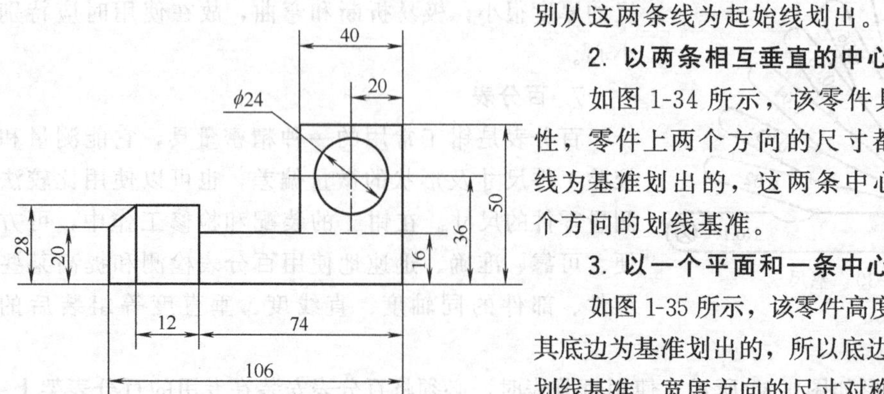

图 1-33 以两个相互垂直的平面为基准

2. 以两条相互垂直的中心线为基准

如图 1-34 所示，该零件具有一定的对称性，零件上两个方向的尺寸都是以两条中心线为基准划出的，这两条中心线即可作为两个方向的划线基准。

3. 以一个平面和一条中心线为基准

如图 1-35 所示，该零件高度方向的尺寸是以其底边为基准划出的，所以底边即是高度方向的划线基准。宽度方向的尺寸对称于中心线，所以中心线就是宽度方向的划线基准。

（二）选择划线基准的原则

划线基准选择的正确与否，直接影响着工件的加工精度和毛坯的合格率，因此划线前必须认真分析图样，观察毛坯件的形状和尺寸，确定出正确的划线基准。划线基准的选择一般应遵循以下原则。

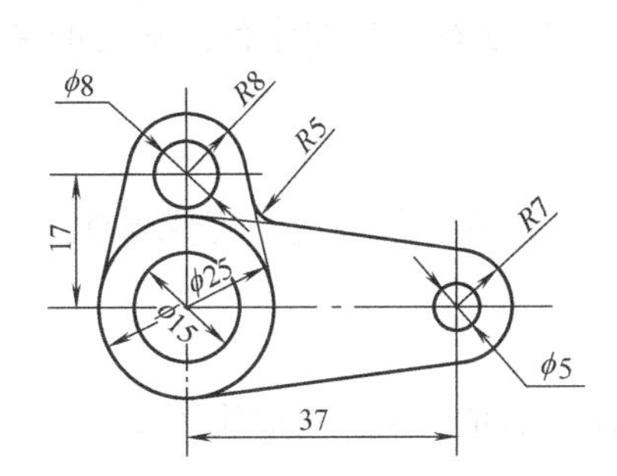

图 1-34 以两条相互垂直的中心线为基准

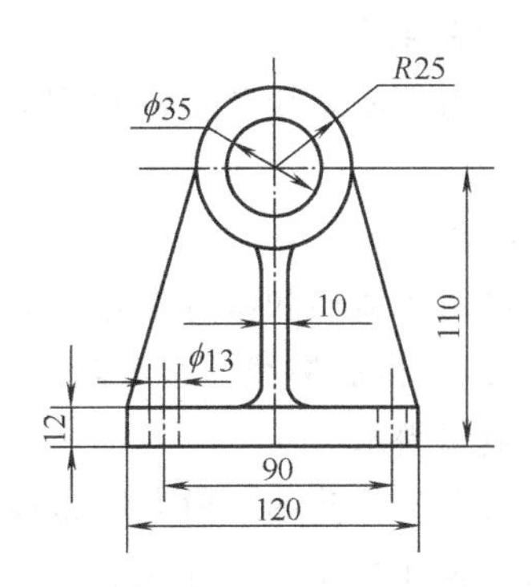

图 1-35 以一个平面和一条中心线为基准

① 应尽量使划线基准与设计基准、工艺基准重合，这样可以简化换算过程，直接量取划线尺寸，提高划线精度。

② 若毛坯上有加工过的表面，则应以加工过的表面为划线基准。若毛坯上没有加工过的表面，则应选毛坯上面积大而又平整的表面、精度较高的表面或加工余量较小的表面作为划线基准，以便让主要加工面顺利加工和兼顾其他表面的加工位置。

③ 当毛坯件出现缺陷或尺寸误差较大时，确定划线基准时应考虑借料补救，将选定的划线基准做适当的调整、移动，使各加工面都分配到适当的加工余量。

三、划线步骤

划线步骤大致概括如下。

① 阅读图样和观察毛坯件，熟悉各划线部位。检查毛坯件是否符合图样要求，有无缺陷，是否需要借料。

② 根据毛坯件的形状特点，确定划线基准，尽量考虑与设计基准一致。

③ 把毛坯件稳定地放置在平台便于划线的位置上。

④ 合理地选用涂料，并在工件划线的位置上涂色。

⑤ 正确选用划线工具，调整好所用的工具和量具。

⑥ 划线的顺序是：先划水平线，再划垂直线、斜线，最后划圆弧和曲线。

⑦ 对照图样，检查所划的全部图线和尺寸的正确性，检查是否还有漏划的线。

⑧ 检查完毕，在划好的线上打样冲眼。

划线工作要求认真仔细，尤其是较复杂的工件，工作人员除要具备一般划线知识外，还必须具备一定的加工工艺知识。

第二节 划线基本训练

一、划线前的准备工作

划线前应做的准备工作有工件的清理、工件的涂色、毛坯件孔装中心塞块等。

1. 工件的清理

毛坯件在划线前，应进行清理，除去铸件上的浇口、冒口，清除粘在毛坯表面上的型砂。锻件、焊件要除掉氧化皮或飞边。已加工表面上的毛刺、铁屑也要清理掉，为涂色和划线做准备。

2. 工件的涂色

划线前为使所划线条清晰可见，工件表面要涂上一层涂料，叫作涂色。常用的涂料有两种。

（1）石灰水

石灰水用于铸件和锻件毛坯。为增加附着力，可在石灰水中加入适量的黏结剂（如牛皮胶等）。划线后白底黑线，很清晰。

（2）金属墨水

金属墨水又称蓝油，由龙胆紫或其他颜料加虫胶漆、酒精，按一定的比例配制而成，常用于已加工表面的涂色。划线后蓝底白线，效果较好。

涂色时，涂层要薄而均匀，太厚容易脱落。

3. 工件孔中装中心塞块

当在有孔的毛坯件上划圆或等分圆周时，为了在求圆心和划线时固定划规的一脚，必须先要在孔中装上中心塞块。常用的塞块有木塞块、铅塞块和可调节塞块三种（图 1-36）。工件上的小孔可以敲入铅塞块，大孔可用调节塞块或木板料。塞块应保证在搬动、翻转时不松动。

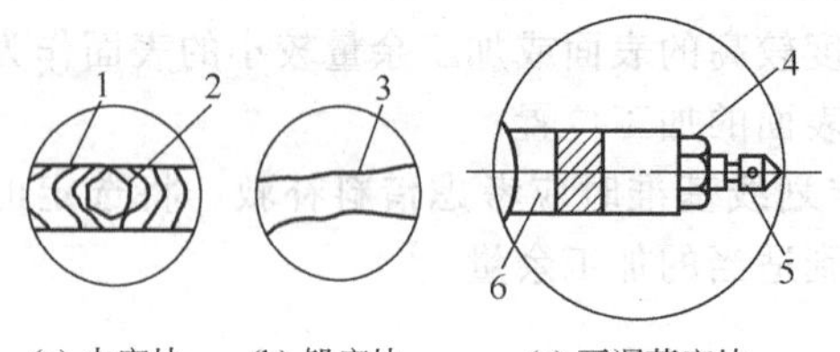

(a) 木塞块　(b) 铅塞块　(c) 可调节塞块

图 1-36　在工件孔中装中心塞块

1—木块；2—铁皮；3—铅块；4—锁紧螺母；5—调节螺钉；6—钢块

4. 刃磨和热处理划线工具

划针、划规和样冲大都采用碳素工具钢、弹簧钢锻制而成，为提高其尖端的硬度和耐磨性应进行淬火及回火热处理，以达到使用要求。

划线工具的尖端在淬硬前要进行粗磨成形，达到要求的尖锐程度和形状。粗磨时，要在台式小砂轮机上进行。操作者用右手握持工具，将其尖端轻轻地按压在砂轮的中部偏上些，此时砂轮应旋转平稳，压力不可过大。要注意刃磨的位置和角度，刃磨中，要经常及时将尖端部分浸入在水中冷却，防止尖端退火。

粗磨后的划线工具，即可进行淬硬处理。工具淬硬后，应在油石上进行精磨。划线工具在使用中，尖端部分也会变钝，为保证划线的精度和提高工作的效率，应及时地在油石上进行刃磨。

二、工件的安放和支承

工件在划线时，必须安放在划线平台上。有的工件可直接安放在平台上，而有的需借助垫铁、方箱、V 形铁等支承工具进行安放。工件的安放一定要平稳、可靠，同时要便于划线。

工件的支承以方便找正、划线为宜。要依据工件尺寸的大小、形状等特点来选择支承工具。工件支承后，要做到安全、稳妥。

工件安放时，工件与平台或支承工具接触的表面称为放置基准。正确选择放置基准对工件的划线工作非常重要。对平面划线来说，一般要求工件的划线平面与平台平行，这样可以方便地进行划线；而对于立体划线，尤其是大型、畸形等复杂工件的划线，由于工件要进行多次翻转划线，故放置基准的选择尤为重要，一般应注意以下几点。

① 要选择能使工件的主要中心线、加工线平行于平台的表面为放置基准。这样，可以提高划线质量，简化划线过程。

如图 1-37 所示的蜗杆蜗轮箱体，划线时有 A、B 两个面可以作为放置基准。若以 A 面为放置基准，如图 1-37（a）所示，可以同时划出蜗杆孔的中心线Ⅱ和蜗轮孔的中心线Ⅰ，这样就可以保证蜗杆与蜗轮的装配关系。若按图 1-37（b）所示，以 B 面为放置基准，则只能划出蜗杆孔的中心线，而蜗轮孔的中心线需再次选择放置基准才能划出，这样就难以保证蜗轮孔轴线和蜗杆孔轴线之间的位置关系。

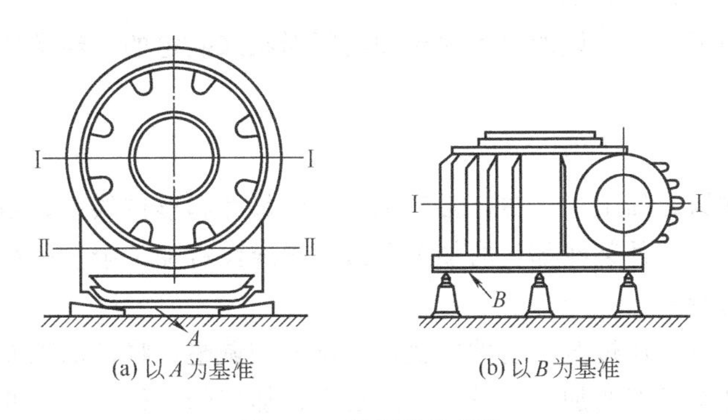

(a) 以 A 为基准　　(b) 以 B 为基准

图 1-37　蜗杆蜗轮箱体

② 应选择大而平直的面为放置基准。这样可以保证划线时工件的平稳和操作的安全。

如图 1-38 所示工件，当在第一划线位置的水平线划完之后，翻转 90°进行第二次划线时，如果选择 P 面为放置基准，由于斜面大而 P 面很小，这样放置的稳定性差，工件容易发生翻倾。而如果选择 A 面为放置基准，则能保证工件放置平稳，操作安全。

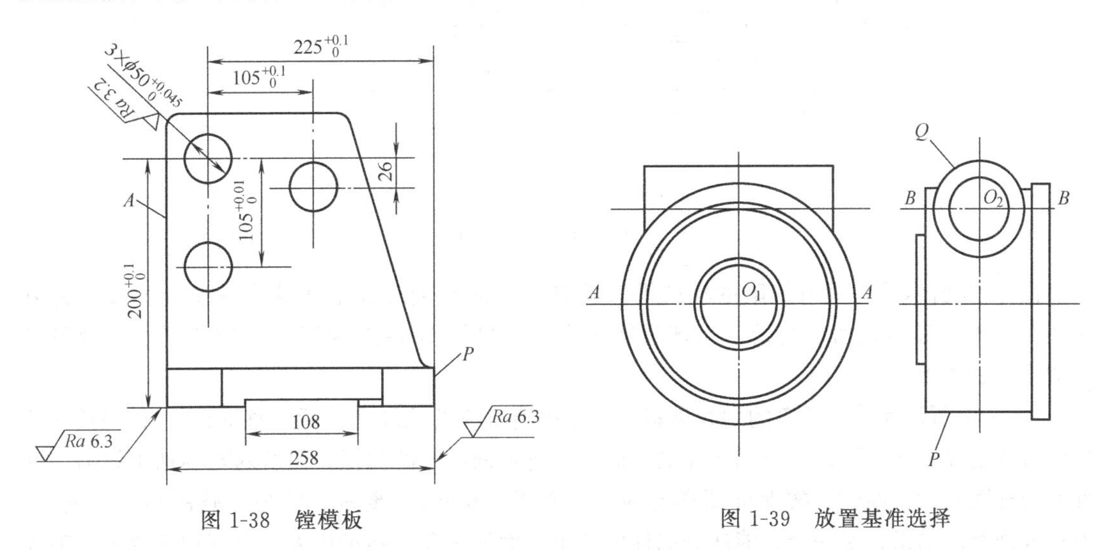

图 1-38　镗模板　　图 1-39　放置基准选择

③ 若有两个基面可以选择时，应选择工件重心低的面为放置基准。

如图 1-39 所示工件，箱体的大圆弧面 P 和小圆弧面 Q 均可作为第一划线位置的放置基准，将 $A—A$、$B—B$ 中心线划出。但选择 P 面为放置基准比 Q 面有利，因为此时箱体重心低，放置平稳安全。

三、划线时的找正和借料

(一) 找正

工件在划线前，必须利用划线工具进行找正，使其在平台上处于正确的位置，也就是要使工件上的一些表面处于对划线有利的位置。

找正的目的是：

① 通过找正，可使工件上不加工表面与待加工表面之间保持尺寸上的均匀。

② 若工件上所有表面都需要进行加工，则通过找正可以使各加工表面保持相应合理的加工余量，不至于出现过大的偏差。

工件的找正是根据每个毛坯的尺寸误差和实际形状来确定的。经常使用的找正工具有划针盘、直角尺等。

(二) 借料

铸、锻件毛坯在铸锻加工过程中，常产生较大的尺寸和形位误差。当按前述常规方法进行划线时，有时会出现工件某些部位的加工余量不够或没有加工余量的情况，若按此划线进行加工，工件将成为废品。

在出现上述情况时，通过对毛坯件的找正、试划和调整，将待加工面的加工余量进行重新分配，使各部位都有足够的加工余量，划线后通过加工仍可得到合格的产品。这种通过划线补救的方法称为借料。

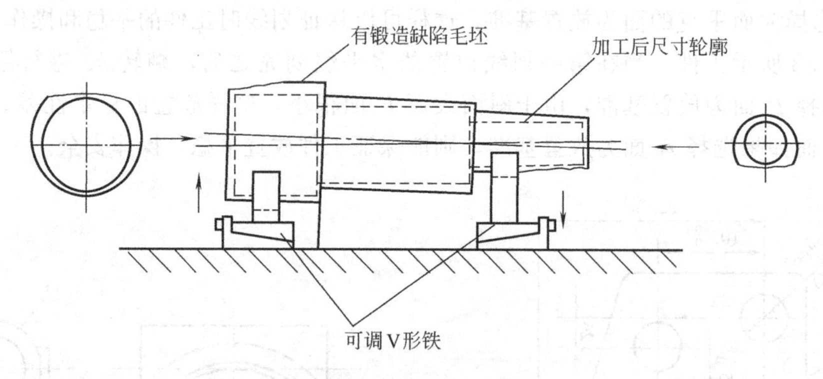

图 1-40　轴类工件的借料

图 1-40 所示是一根有缺陷的轴的锻件毛坯。它的两端外径上各缺少一块，若按正常方法加工，则两处均无加工余量，毛坯只能报废。如果按图 1-40 虚线找正借料划线，则可加工成合格的产品。

图 1-41 所示为一齿轮箱的划线借料。由于铸造形成的毛坯孔位置偏移 6mm，如果按一般划线方法划线，就应该以一个毛坯孔的外圆表面进行划线时的找正，使所划孔的加工线与毛坯件凸台外圆同轴。同时，按保证图样上两孔中心距 150mm 的要求，将另一孔的加工线划出。但这样划线的结果，是一个孔能达到图样的要求，而另一孔偏移量过大，没有加工余量，毛坯件就成为不能利用的废品。如果采用借料的划线方法，将一孔向左偏移 3mm，另一孔向右偏移 3mm，然后经过试划两孔的中心线和两圆周的尺寸线，使两孔都得到一定的加工余量。这样处理，可以使铸造中造成的偏移 6mm 的误差得以补救，可以加工出合格的产品。

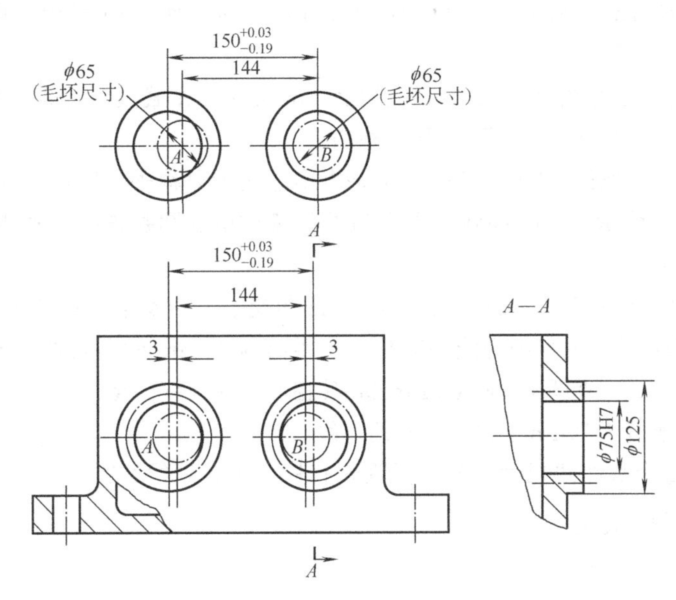

图 1-41 齿轮箱的划线借料

四、划线实例

(一) 平面划线实例

1. 生产实训图

生产实训图如图 1-42 所示。

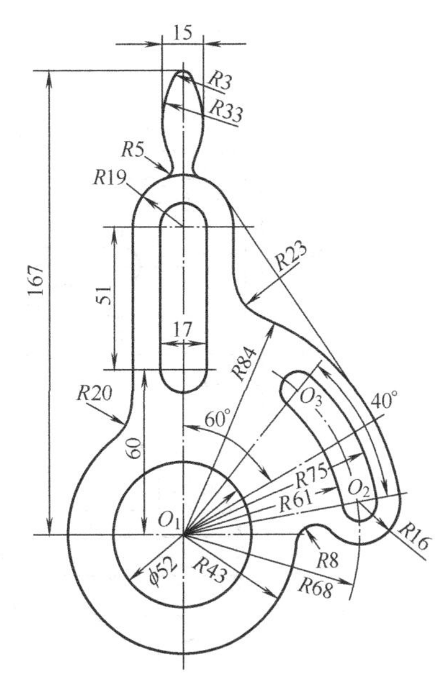

图 1-42 平面图形

2. 实训准备

① 准备所需的工具和量具及材料：划线平台、划规、划针、样冲、钢板尺及涂料等。

② 备料：薄铁皮（300mm × 250mm × 0.5mm），每人一块。

3. 操作要点

① 阅读图样，按划线步骤在草稿纸上进行试划。

② 熟知划线工具和量具的使用方法。划线前应将划线工具刃磨好，符合使用要求。划线工具和量具放置整齐、合理，用后擦拭干净。

③ 基本训练的重点是保证划线尺寸的准确性。测量尺寸要细致，反复核对清楚，然后划线。做到线条清晰、冲眼分布合理，深浅一致。

④ 划完后详细校对图形、尺寸。注意检查有无漏线。

4. 划线步骤

① 确定划线基准为 ϕ52mm 圆的中心线。以 O_1 为圆心划 ϕ52mm、R43mm 圆弧线。

② 过 O_1 作距垂直中心线 60°角的点划线，作 R68mm 圆弧线，在其上截取 O_2、O_3 点，连接 O_1O_2 并延长，连接 O_1O_3 并延长。过圆心 O_2、O_3 分别作 R7mm 半圆弧，过 O_1 作 R75mm、R61mm 与 R7mm 圆弧相接。

③ 过 O_1 作 R84mm 圆弧，过 O_2 作 R16mm 圆弧，使两弧相接。再作 R8mm 连接 R16mm、R43mm 圆弧。

④ 在 O_1 的垂直中心线上截取 60mm、111mm 尺寸，在截点上分别作两个 R8.5mm 半圆弧，并作两平行线与 R8.5mm 两半圆弧相切。

⑤ 作 R19mm 半圆弧，再作两条以 O_1 垂直中心线为对称轴、距离为 38mm 的平行线与 R19mm 圆弧相切。作 R20mm 圆弧与左平行线及 R43mm 圆弧连接。作 R23mm 圆弧与右平行线及 R84mm 圆弧连接。

⑥ 以 O_1 为圆心在垂直中心线上截取 167mm 得交点，以交点为圆心截 R3mm 圆心，作 R3mm 圆弧。再作以 O_1 垂直中心线为对称轴、距离为 15mm 的平行线，然后确定 R33mm 圆心位置，作 R33mm 两圆弧与 R3mm 圆弧相切。最后作 R5mm 两圆弧与 R33mm、R19mm 相切。作连接 R19mm、R84mm 的切线。

⑦ 按图样检查全部图线尺寸，校对无误，打样冲眼，划线结束。

(二) 立体划线实例

1. 轴划线

(1) 生产实训图

生产实训图如图 1-43 所示。

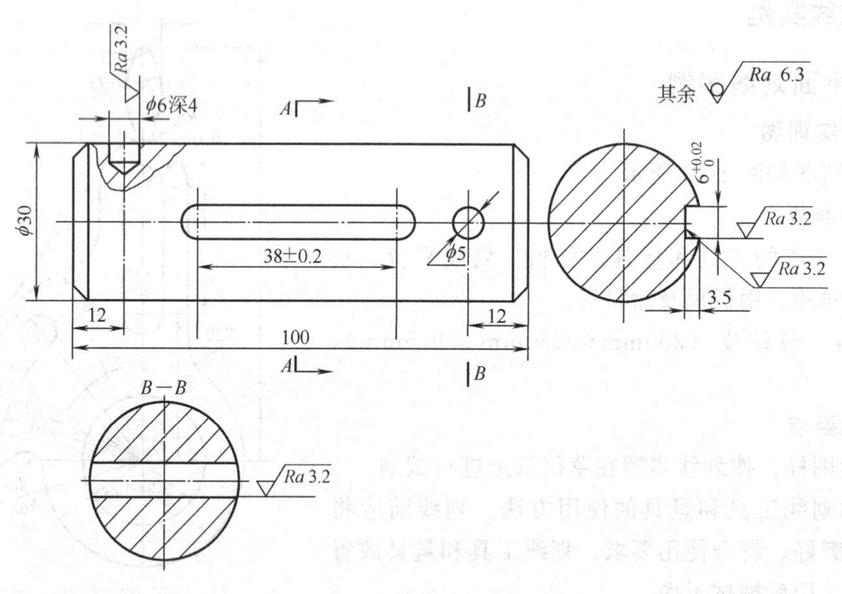

图 1-43 轴

(2) 实训准备

① 工具和量具：划线平台、划针盘、划针、样冲、直角尺和钢板尺等。

② 辅助工具及材料：带夹持装置的方箱、金属墨水等。

③ 备料：轴 (45 钢)，尺寸不做规定要求。

(3) 操作要点

① 轴的划线是立体划线的基础。轴划线时，应先在轴的两端面和圆柱面上划出十字中心线，以此为基准进行划线。

② 一般轴的划线应用带夹紧装置的方箱或带夹紧装置的 V 形铁支承，注意轴的夹持要

牢固可靠。轴在翻转时，依据图样要求和具体情况，轴和方箱可以一起翻转，也可以只翻转轴。

③ 已加工过的光轴，可不打样冲眼，孔中心冲眼可适当打深些，便于定心划圆或圆弧。

(4) 划线步骤

① 阅读图样尺寸，确定划线部位和划线基准。检查光轴尺寸有无误差。

② 轴表面清除铁屑、油污、杂物，将划线部位均匀涂色。

③ 将轴放置在方箱V形槽上，用划针盘找正，并夹紧固定。

④ 过轴心划水平中心线，划键槽两条轮廓线（水平线）。

⑤ 翻转90°，用直角尺找正划好的水平线。过轴心再划水平线（形成十字中心线）。

⑥ 翻转方箱，将轴竖起，划距离为38mm±0.2mm的键槽尺寸线，划ϕ5mm、ϕ6mm两孔中心线。

⑦ 翻转，使轴呈水平位置，划ϕ5mm圆、R3mm圆弧。

⑧ 再翻转180°，划ϕ5mm通孔的另一端线。

⑨ 再翻转90°，划ϕ6mm圆。

⑩ 依照图样检查线条有无错误和遗漏。检查后，可根据技术要求轻打样冲眼或不打冲眼。划线完毕。

2. 轴承座划线

(1) 生产实训图

生产实训图见图1-44。

(2) 实训准备

① 工具和量具：划线平台、划针盘、划针、样冲、直角尺、高度尺和钢板尺等。

② 辅助工具及材料：铅条、千斤顶（三支一组）、石灰水等。

③ 备料：铸件毛坯。

(3) 操作要点

① 仔细阅读图样，找出全部所需划线的部位。轴承座需要划线处有底面、轴承座孔、两个端面、两个螺栓孔及其上平面。

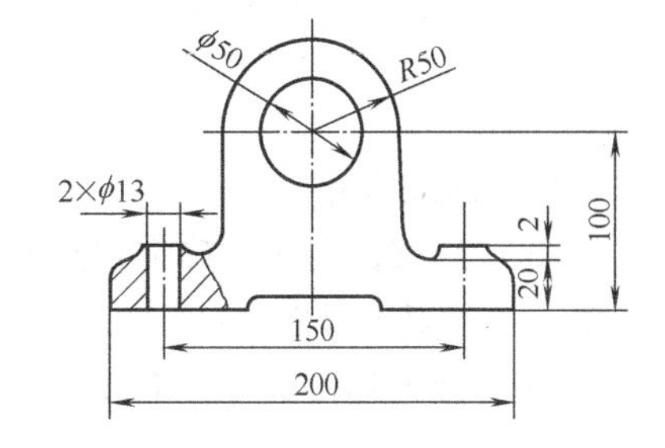

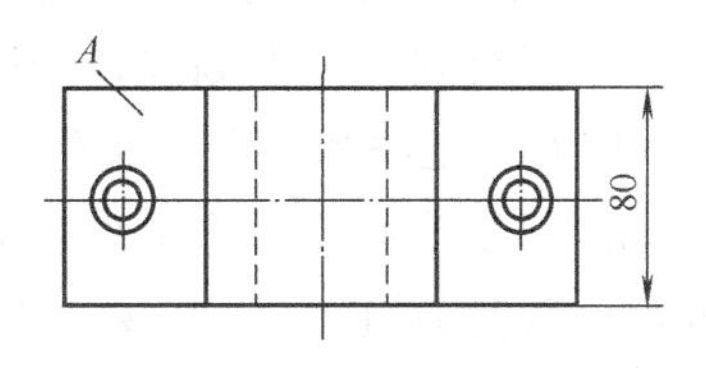

图1-44 轴承座

② 依据轴承座形状和划线部位，选择划线基准。轴承座需划线的部位共有长、宽、高三个方向，毛坯需要分三次安放才能划完全部线条，因此在三个位置上，都要确定划线基准。经分析，选轴承座孔过中心的水平面和垂直面，两个螺栓孔的中心平面分别为三次划线的划线基准。

③ 依据毛坯的形状、结构特点及技术要求，确定第一、第二和第三划线位置。选择图1-45(a)所示位置为第一划线位置，因为这一位置的划线工作将牵涉到轴承座其余部位的划线质量及尺寸误差的借料；选择图1-45(b)所示位置为第二划线位置；选择图1-45(c)所示位置为第三划线位置。

④ 正确确定轴承座各次划线的放置基准和找正基准。

⑤ 作好安全防护工作。用千斤顶支承工件一定要稳固可靠，以防倾倒；调整千斤顶高低时，不可用手直接调节，以防工件掉下将手砸伤；较大工件应加辅助支承。

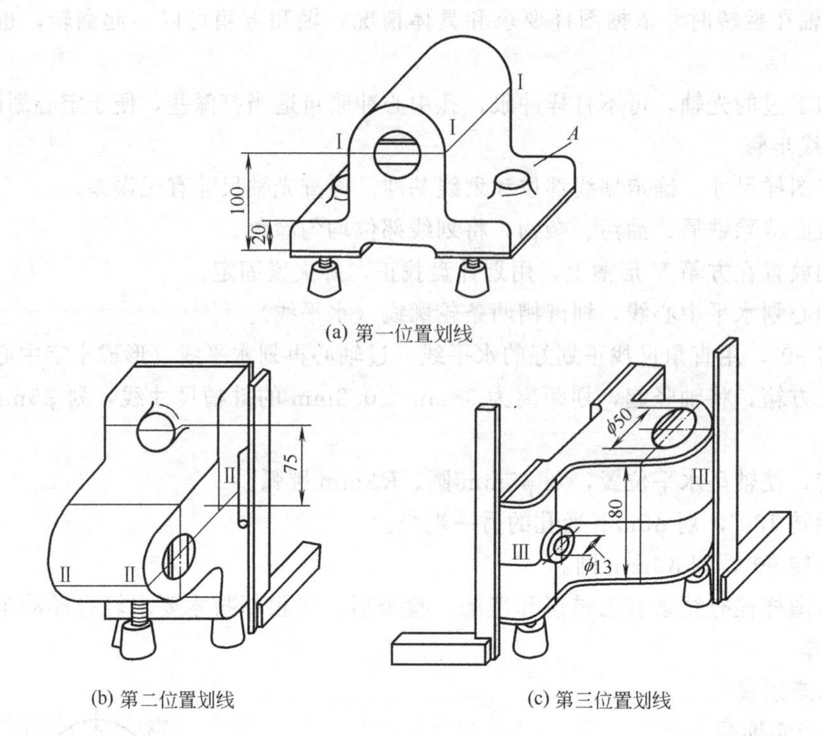

图 1-45 轴承座划线

(4) 划线步骤

① 仔细阅读图样，确定划线部位和三次划线各基准。检查毛坯件有无缺陷和较大尺寸误差，是否要进行借料补救。

② 清理毛坯件，除去毛坯铸件上的浇口冒口、表面粘砂等。

③ 在毛坯孔中装上中心塞块。在毛坯件划线部位上，均匀涂色。

④ 毛坯第一位置划线，如图 1-45 (a) 所示。这一位置是划轴承座孔的水平中心线Ⅰ—Ⅰ、底面加工线和两个螺栓孔上平面的加工线。

a. 划线第一步。首先选定毛坯孔中心平面Ⅰ—Ⅰ为划线基准，先以 $R50$mm 外轮廓毛坯面（不是加工面）为找正基准，找出 $\phi50$mm 轴承座孔的两端中心，再用划规试划 $\phi50$mm 孔的圆周线。若发现 $\phi50$mm 孔毛坯偏心过多而无加工余量或余量太少时，则需要借料。在保证 $\phi50$mm 孔与 $R50$mm 外轮廓的壁厚在允许的范围内，适当地移动圆心，使 $\phi50$mm 孔略有偏移，对外观影响不大。

b. 划线第二步。用三支千斤顶将毛坯件底面支承到一定高度，用划针盘找平 $\phi50$mm 孔两端中心，再用划针盘找平底座上表面 A，使 A 面尽量达到水平位置，保证底面加工后底座厚度均匀，符合图样要求。若保持轴承座孔两端中心高度一致与底座表面保持水平相矛盾时，也可以适当借料，把误差分布到两个部位上去。这可以调整轴承座孔中心高度，达到比较合适的尺寸为止。

c. 划线第三步。用划针盘试划底面加工线，如发现加工余量不够时，可采取借料方法将轴承座孔中心升高。当底座加工余量试划合适后，即可划出Ⅰ—Ⅰ基准线、底面加工线和两个螺栓孔上平面加工线。

划线时应将轴承座的四周全部划线，以作为其他位置划线时找正的依据。

⑤ 毛坯第二位置划线，如图 1-45（b）所示。这一位置是划轴承座孔的垂直中心线Ⅱ—Ⅱ和两螺栓孔的中心线。

将毛坯件翻转 90°至如图 1-45（b）所示位置，选定轴承座孔中心平面Ⅱ—Ⅱ为划线基准，用千斤顶将毛坯支承起，保持稳固。用划针盘找正，使轴承座孔两端中心处于同一高度，用直角尺将已划出的底面加工线找正到垂直位置。这时即可划出基准线Ⅱ—Ⅱ，然后依据基准线，按图样尺寸划出两螺孔中心线。

⑥ 毛坯第三位置划线，如图 1-45（c）所示。这一位置是划两螺栓孔轴线所在的中心平面Ⅲ—Ⅲ和两端面的加工线。

将毛坯翻转 90°至如图 1-45（c）所示位置，选定两螺孔的中心面Ⅲ—Ⅲ为划线基准。用直角尺找正和千斤顶调整，使底面加工线和Ⅱ—Ⅱ基准线处于垂直位置，即可以进行第三位置划线。先试划两端面的加工线，如果发现两端面加工余量偏差过大或一面加工余量过小，可以进行借料。通过调整螺栓孔中心的位置，使两端面加工余量基本上满足要求，然后划出Ⅲ—Ⅲ基准线，依据基准线和图样尺寸要求划出两端面的加工线。第三位置划线完毕。

⑦ 用划规划出轴承座 ϕ50mm 孔和两螺栓孔的圆周尺寸线。

⑧ 依据图样详细检查所划线条是否有错误和遗漏后，即可在所划线条上打样冲眼，完成轴承座毛坯的划线。

复习思考题

1. 什么叫划线？划线的种类有哪些？
2. 常用划线工具有哪些？
3. 什么是划线基准？划线基准有哪些种类？
4. 划线基准的选择原则是什么？
5. 划线的步骤有哪些？
6. 什么是放置基准？放置基准的选择应注意哪些？
7. 找正的目的是什么？
8. 何谓找正基准？找正基准的选择原则是什么？
9. 何谓借料？

錾削

第一节　錾削基础知识

錾削是钳工工作中一项重要的基本操作，它是利用手锤打击錾子对金属进行切削加工，以去除工件上多余部分的一种操作方法。目前錾削工作主要用于不便于机械加工的场合，如去除毛坯上的凸缘、毛刺，分割材料，錾削平面及沟槽等。

錾削的工具主要是錾子和手锤。

一、錾子

錾子一般用中碳钢或碳素工具钢锻制而成，切削部分磨成所需楔形后，经热处理使其切削部分的硬度达到56～62HRC，以满足切削的要求。

(一) 錾子角度及对錾削的影响

1. 錾子切削部分的两面一刃

錾子的切削部分由前刀面、后刀面和切削刃组成（图 2-1)。

(1) 前刀面

前刀面指錾子工作时与切屑接触的表面。

(2) 后刀面

后刀面指錾子工作时与切削表面相对的表面。

(3) 切削刃

切削刃指前刀面与后刀面的交线。

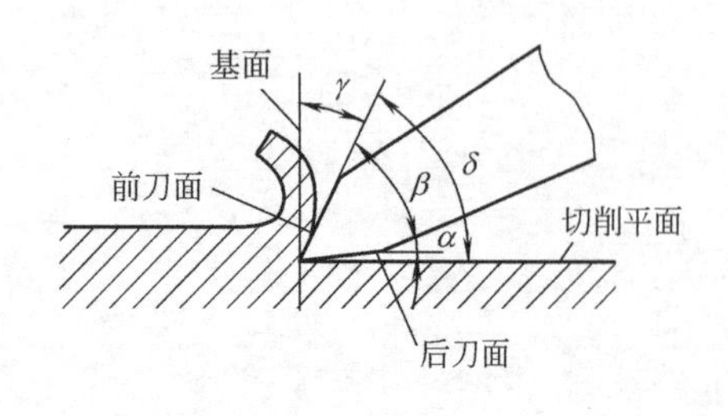

图 2-1　錾子的几何角度

2. 錾子切削部分的几何角度

刀具在对金属进行切削加工时，必须具备一定的几何角度，而这些角度在选定参考平面的基础上才能确定。确定錾子几何角度的参考平面有两个：切削平面和基面。切削平面是指通过切削刃与切削表面相切的平面；基面是指通过切削刃上任一点并垂直于切削速度方向的平面。由图 2-1 可知，基面和切削平面是相互垂直的。

（1）楔角 β

楔角 β 指錾子前刀面与后刀面之间的夹角，其大小是影响錾削性能的主要参数。一般楔角越小，錾削越省力，但楔角过小，会造成刃口薄弱，容易崩损；而楔角过大，錾切费力，錾切表面不易平整，通常根据工件材料软硬不同，选取不同的数值。錾削硬材料（高碳钢或铸铁）时，楔角取 60°～70°；錾削中等硬度材料（中碳钢）时，楔角取 50°～ 60°；錾削软材料（铜和铝等）时，楔角取 30°～50°。

（2）前角 γ

前角 γ 指前刀面与基面间的夹角。其作用是减少錾削时的切屑变形，使切削省力。前角越大，切削越省力。

（3）后角 α

后角 α 指后刀面与切削平面间的夹角。其大小由錾削时錾子的位置决定，其作用是减少后刀面与切削表面间的摩擦，引导錾子顺利切削，一般后角取 5°～8°。过大的后角会使錾子切入过深，造成切削困难。

由于基面垂直于切削平面，存在 $\alpha+\beta+\gamma=90°$ 的关系。在錾子刃磨好后，楔角 β 为一定值，前角 γ 与后角 α 的和（$\gamma+\alpha=90°-\beta$）就为一定值，此时，增大前角势必会减小后角，而增大后角则势必会减小前角，故在錾子刃磨时，保证錾子楔角的大小尤为重要。

（二）錾子的种类

常用的錾子有三种：扁錾、尖錾和油槽錾，如图 2-2 所示。

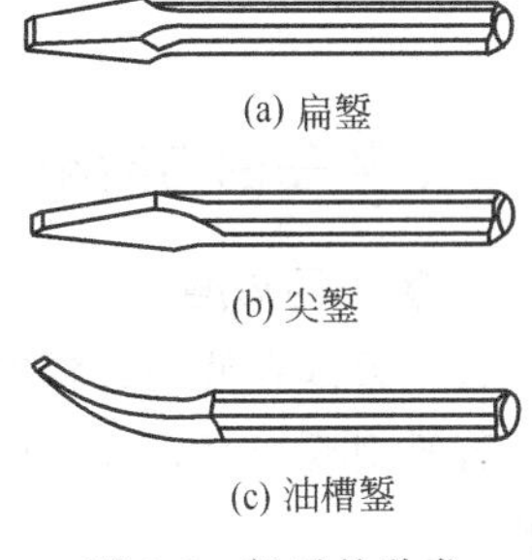

(a) 扁錾

(b) 尖錾

(c) 油槽錾

图 2-2　錾子的种类

（1）扁錾

切削部分扁平，刃口较宽且略带弧形。主要用来錾削平面、去毛刺和分割板料。

（2）尖錾

切削刃较短，刃口两侧面从切削刃起向柄部逐渐变窄，这样在开槽时，不易被卡住。主要用于錾窄槽及分割曲形板料。

（3）油槽錾

切削刃很短，并呈圆弧形。切削部分做成弯曲形状，便于在内曲面及对开轴瓦上开油槽。主要用于錾削平、曲面上的油槽。

二、手锤

手锤也称榔头，是钳工常用的敲击工具，它由锤头和锤柄两部分组成，如图 2-3 所示。

錾削用的手锤是硬头手锤，用碳素工具钢（T7A）制成，并经淬硬处理。锤柄用坚硬而不脆的木材制成，如胡桃木、水曲柳等。手锤的规格用其质量大小来表示，有 0.2kg、0.3kg、0.5kg、1kg 等几种。木柄手握处的断面应为椭圆形，以便锤头定向，准确敲击。木柄安装在锤头中必须稳固可靠，装木柄的孔做成椭圆形，且两端大，中间小。木柄敲紧在孔中后，端部再打入带倒刺的铁楔，就不易松动，以防止脱落造成事故，如图 2-4 所示。柄长根据锤头的规格和人体手臂的长度来选用。

三、錾削安全技术

① 经常对錾子进行刃磨，保持正确的楔角。

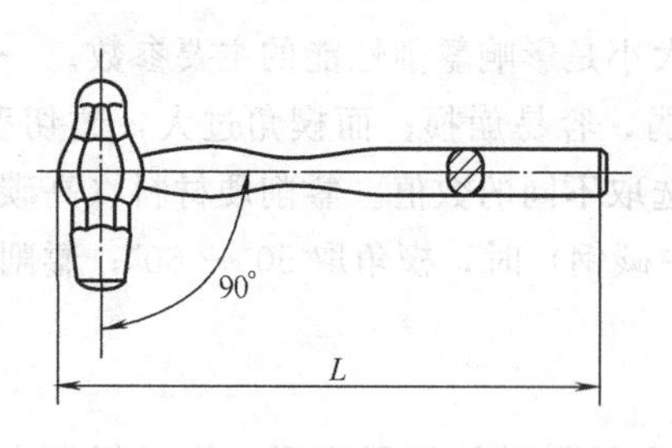

图 2-3 手锤

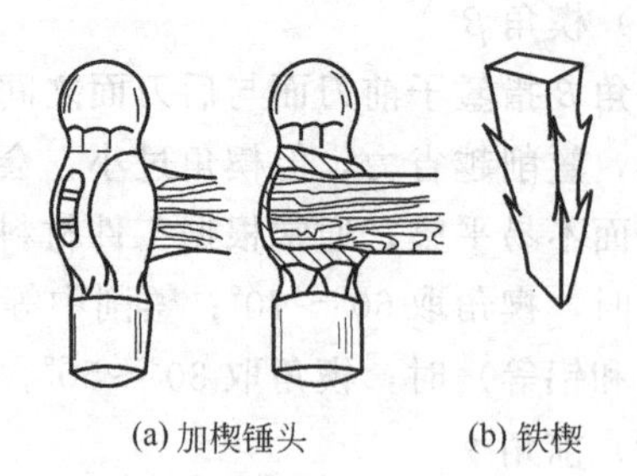

图 2-4 锤头加铁楔

② 为防止铁屑飞出伤人，应在钳台上安装防护网。

③ 防止锤头飞出伤人，经常检查木柄是否松动，以便及时进行调整或更换，且操作者不准戴手套，手锤或錾子头部不得有油污。

④ 錾削时不准对着人操作。

⑤ 錾子在使用中头部产生的飞翅，应及时磨掉，否则錾飞后易造成事故。

第二节 錾削基本训练

一、錾子的刃磨和热处理

1. 錾子的刃磨

錾子刃部在使用过程中应经常刃磨，以保持切削刃的锋利。刃磨錾子应先在砂轮机上粗磨，若錾削要求高，如錾削光滑的油槽或加工光洁的表面时，錾子在粗磨后还应在油石上精磨。

錾子切削刃的刃磨方法（图 2-5）是：操作者站在砂轮的侧面，将錾子的刃面置于旋转的砂轮轮缘上，在砂轮的全宽方向做左右移动，用于控制刃磨的部位和角度，将两个面交替翻转刃磨，使刃部两面相交成一线，即形成切削刃。刃磨时应注意楔角要与錾子中心线对称（油槽錾例外）。加在錾子上的压力不应太大，防止錾子的刃部因过热而退火，在刃磨过程中经常将錾子刃部浸入冷水中冷却。

2. 錾子的热处理

合理的热处理，能保证錾子切削部分的硬度和韧性。其方法是将粗磨成形的錾子长约20mm 的切削部分加热到 750～780℃（呈樱红色），然后迅速将錾子浸入冷水中，浸入深度5～6mm。为了加速冷却，可手持錾子在水面慢慢移动，同时微动的水波会使錾子淬硬与不淬硬部分的分界线处呈波浪形且逐渐过渡，这样，錾削时錾子的刃部就不易在分界处断裂。待露在水外面的部分变成黑色时，将錾子从水中取出，利用上部的余热进行回火，以提高錾子的韧性。回火的温度根据錾子表面颜色的变化来判断，刚出水面的颜色为白色，随着温度升高，颜色变成黄色，后由黄色变为蓝色，最后呈黑色。当呈黄色时，把錾子全部浸入冷水中冷却，该过程称为“淬黄火”。如果呈蓝色时，把錾子全部浸入冷水中冷却，该过程称“淬蓝火”。“淬黄火”的錾子硬度较高，韧性差；“淬蓝火”的錾子硬度稍低，但韧性较好（图 2-6）。

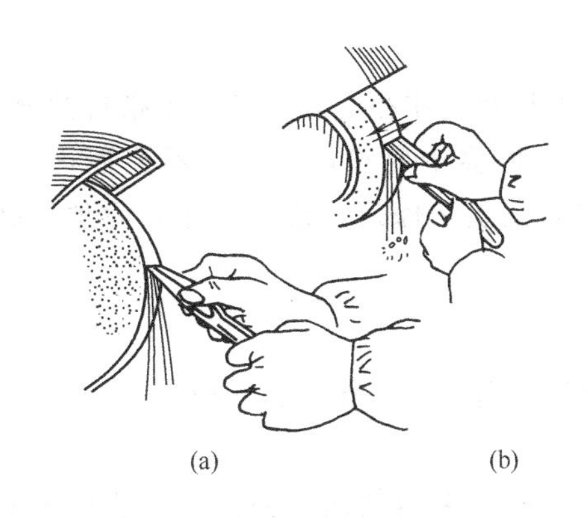

图 2-5 在砂轮上刃磨錾子

图 2-6 錾子刃部淬火

二、錾削操作

(一) 站立姿势

在錾削过程中，操作者的姿势、所站的位置影响着锤击的力量大小。一般站立位置如图2-7所示，身体与台虎钳中心线大致成45°角，略向前倾，左脚跨前半步，膝盖处略弯曲，右脚站稳伸直，作为主要支点。面向工件，目光应落在工件的切削位置，不应落在錾子的头部，才能保证錾削的质量。

(二) 手锤的握法

手锤的握法有紧握法和松握法两种（图 2-8)。

1. 紧握法

右手五指紧握锤柄，大拇指合在食指上，虎口对准锤头方向，木柄尾端露出15～30mm。在挥锤和锤击的整个过程中，右手五指始终紧握锤柄。初学者往往采用此法。

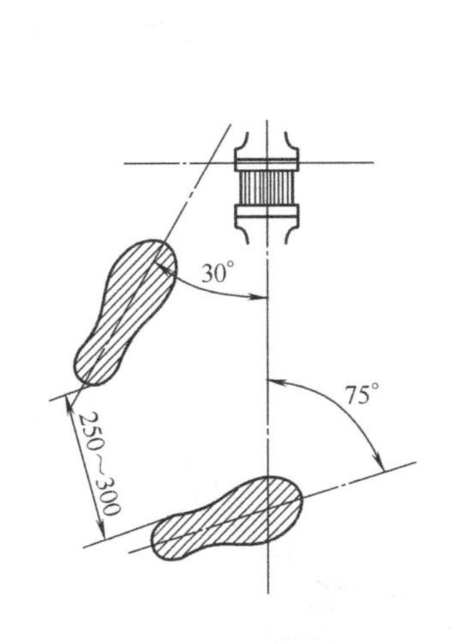

图 2-7 錾削时的站立位置

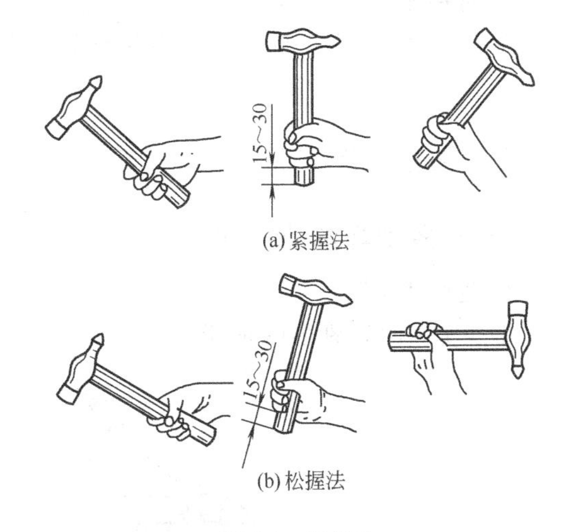

图 2-8 握锤法

2. 松握法

握锤方法同紧握法一样，当手锤抬起时，小指、无名指和中指依次放松，只保持大拇指和食指握持不动。锤击时，中指、无名指和小指再依次握紧锤柄。这种握法锤击有力，挥锤手不易疲劳。

（三）錾子的握法

錾子的握法如图 2-9 所示。錾子用左手把持，大拇指、中指、无名指、小指自然合拢，

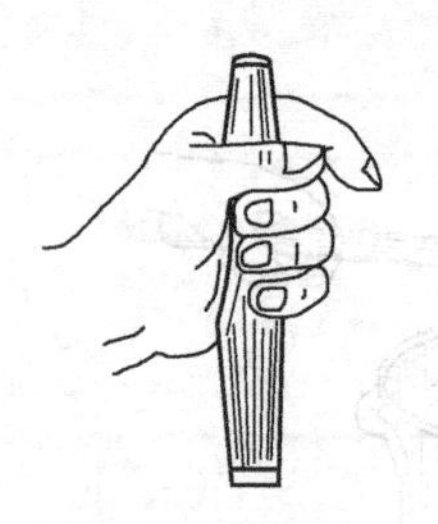
图 2-9　握錾法

錾子的头部伸出手外约 20mm。握錾子要松动自然，不要握得太紧。在錾削过程中，小臂自然平放，使錾子保持正确的后角，后角控制在 5°～8°为宜。

（四）挥锤法

錾削时的挥锤方法有腕挥法、肘挥法和臂挥法三种。

1. 腕挥法

仅用手腕的动作进行锤击运动，采用紧握法握锤，一般用于錾削余量较少的錾削开始或结尾［图 2-10（a）］。

2. 肘挥法

用手腕与肘部一起挥动作锤击运动，采用松握法握锤，锤击力较大，效率较高，应用最多［图 2-10（b）］。常用于錾削平面、切断材料或錾削较长的键槽。

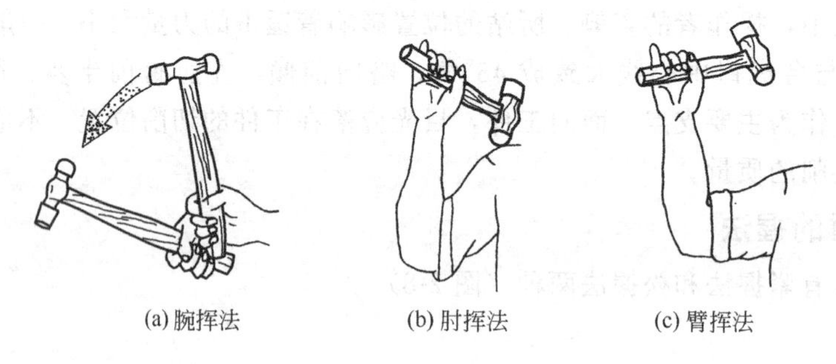
(a) 腕挥法　(b) 肘挥法　(c) 臂挥法

图 2-10　挥锤方法

3. 臂挥法

手腕、肘和全臂一起挥动，协调动作，锤击力最大。一般用于大切削量的錾削［图2-10（c）］。

三、錾削操作实训

（一）錾削基本功实训

1. 生产实训图

生产实训图如图 2-11 所示。

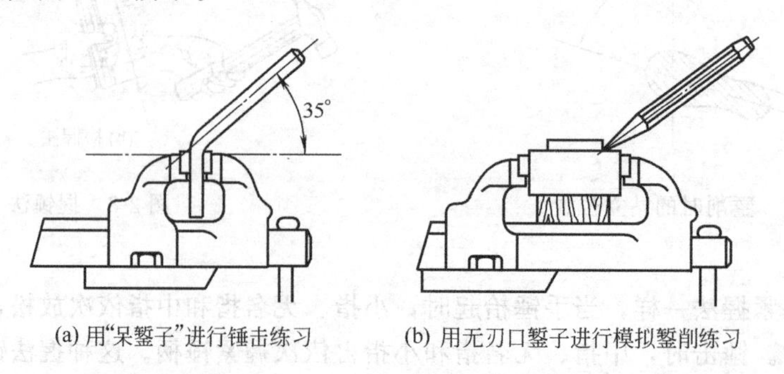

(a) 用“呆錾子”进行锤击练习　(b) 用无刃口錾子进行模拟錾削练习

图 2-11　錾削姿势练习

2. 实训准备

① 工具：手锤、Q235 钢锻造的呆錾子、T7A（或 T8A）锻造的无刃口錾子。

② 备料：HT150 灰口铸铁坯件（图 2-12）。

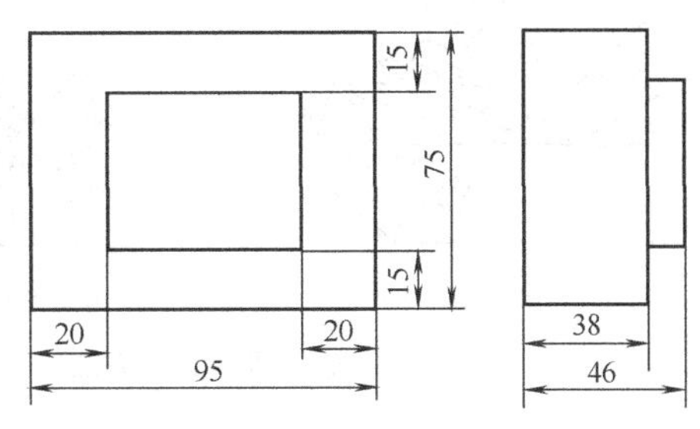

图 2-12 实习件备料图

3. 实训步骤

① 将“呆錾子”夹紧在台虎钳中作锤击练习。先左手不握錾子作挥锤练习，再握錾子作挥锤练习。要求采用松握法挥锤，达到站立位置和挥锤姿势动作的基本正确以及有较高的锤击命中率。

② 将长方铁坯夹紧在台虎钳中，下面垫好木垫，用无刃口錾子对着凸肩部分进行模拟錾削的姿势训练。要求用松握法挥锤，达到站立位置、握錾方法和挥锤姿势动作的正确规范，锤击力量逐步加强。

③ 当姿势动作和锤击的力量能适应实际的錾削练习时，进一步用已刃磨的錾子把长方形铁的凸台錾平。

4. 注意事项

① 要正确使用台虎钳，工件要夹紧在钳口中央。

② 要自然将錾子握正、握稳，其倾斜角保持在 35°左右。视线要对着工件的切削部位。挥锤锤击要稳健有力，为使锤击时的手锤落点准确，主要应靠掌握和控制好手的运动轨迹及其位置来达到。

③ 左手握錾子时，前臂要平行于钳口，肘部不要下垂或抬高。

④ 及时纠正错误的姿势，不能让不正确的姿势养成习惯。

(二) 錾削平面

1. 錾削平面的方法

錾削平面用扁錾进行。每次錾削余量 0.5～2mm。

錾削时的起錾方法有斜角起錾和正面起錾两种（图 2-13）。錾削平面时，应采用斜角起錾，即从工件的尖角边缘处着手，将錾子向右倾斜约 45°，錾出一个斜面，然后按正常的錾削角度逐步向中间錾削。这样可较好地控制加工余量，也不致产生打滑和弹跳现象。而在錾削槽时，则必须采用正面起錾，即起錾时全部刃口贴住工件錾削部位的端面，錾出一个斜面，然后按正常角度錾削。在錾削大平面时，常采用尖錾在工件上间隔开槽的方法（图 2-14），再用扁錾切削去剩余部分，如此錾削既省力，又提高了速度。

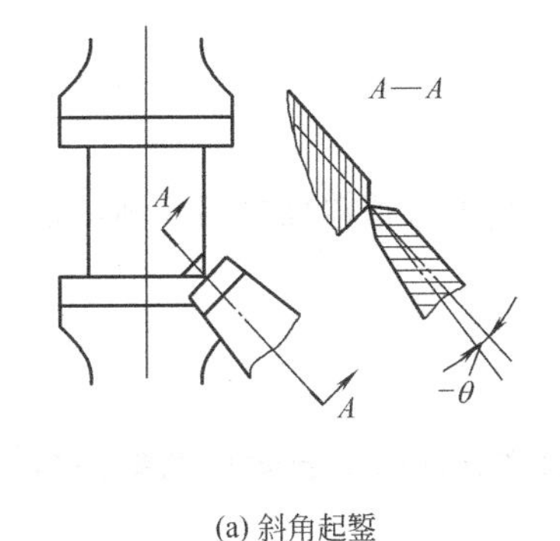

(a) 斜角起錾

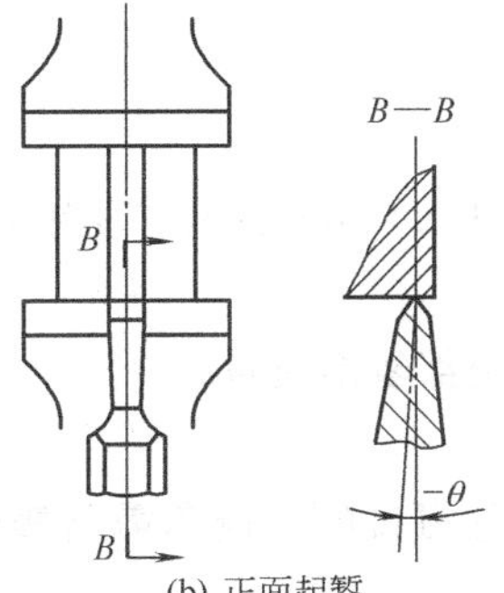

(b) 正面起錾

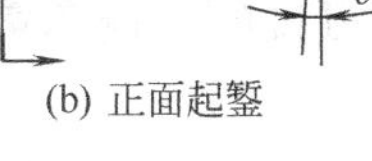

图 2-13 起錾方法

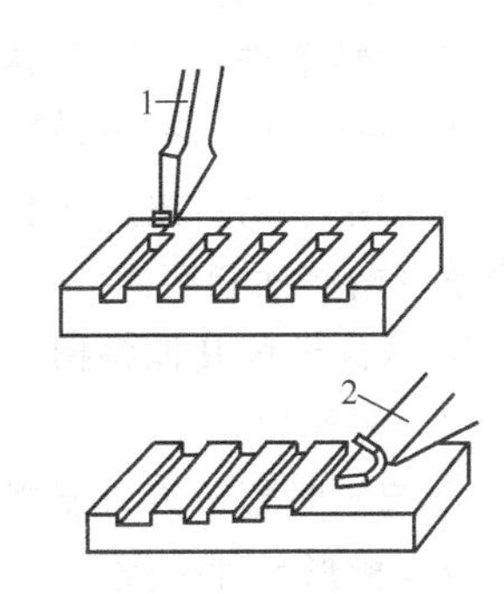

图 2-14 大平面錾削法

1—尖錾；2—扁錾

錾削过程中，一般每锤击两三次，即可将錾子退回一些，不要将錾子刃部一直顶在工件上，目的是随时观察錾削表面的平整情况，又能使手臂肌肉有节奏得到放松，然后将刃口顶在錾削处继续錾削。

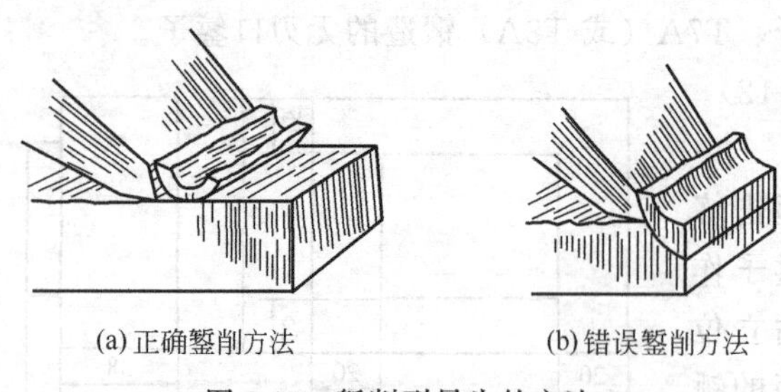

图 2-15　錾削到尽头的方法

当錾削到距尽头 10～15mm 时，必须调头重起錾，錾去剩余的部分，这样可以防止边缘材料崩裂，尤其对于脆性材料更为重要（图 2-15）。在錾削将完成时，应采用手挥锤法，轻轻敲击錾子，不可大力锤击，否则会造成工件崩裂或打伤手部。

2. 錾削平面实训实例

（1）生产实训图

生产实训图如图 2-16 所示。

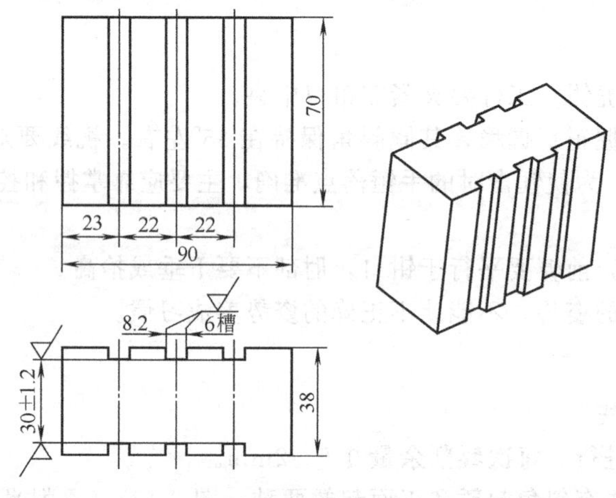

图 2-16　錾直槽

（2）实训准备

① 工具和量具：尖錾、钢板尺、划针、划线盘、直角尺等。

② 辅助工具及材料：钳口衬铁、手工淬火工具、油石及涂料等。

③ 备料：长方铁（HT200），尺寸 90mm×70mm×38mm。

（3）实训步骤

① 对錾子进行刃磨及热处理。

② 检查来料，按图样划线。

③ 錾第一槽。按正面起錾，以 0.5mm 的錾削量錾第一遍，再按直槽深度分遍錾削，最后修整直槽侧面和底面。

④ 依次錾削其他各槽。检查全部錾削质量。

（4）操作要点

① 起錾时錾子刃口要摆平，且刃口的一侧角需与槽位线对齐，同时，起錾后的斜面口尺寸应与槽形尺寸一致。

② 錾削时錾子要放正、放稳，其刃口不能倾斜；锤击力要均匀适当。

③ 开始第一遍錾削时，錾削量不超过 0.5mm，且必须根据一条划线为基准进行，保证把槽錾直。

④ 起錾后，中途不可更换錾子，以保持槽的宽度一致。

（三）錾削油槽

油槽开在滑动摩擦部位上，其作用是输油和存油。槽形应粗细均匀、深浅一致，槽面光洁圆滑。錾子的楔角大小根据材料性质而定，在铸铁上加工油槽，其楔角可取 60°～70°，否则油槽周边容易崩塌。

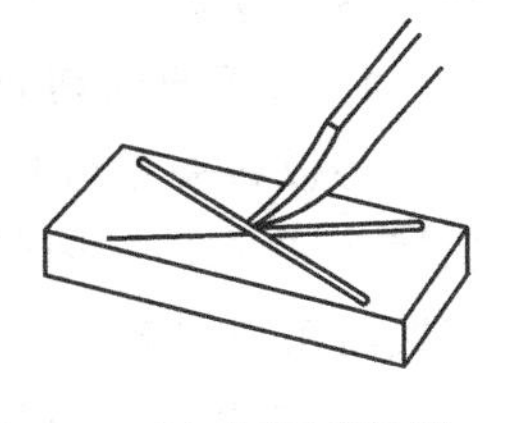

(a) 平面上錾油槽

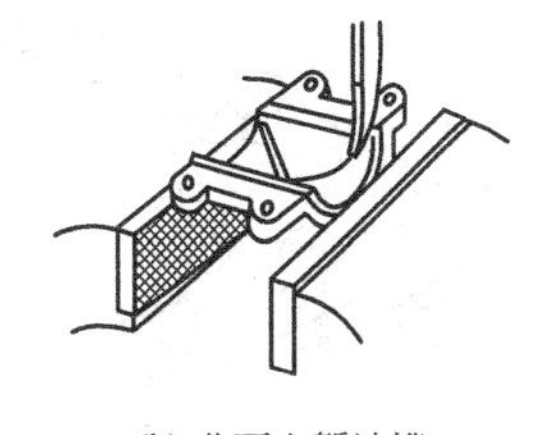

(b) 曲面上錾油槽

图 2-17　錾油槽

1. 錾削油槽的方法

錾油槽方法如图 2-17 所示。錾削平面上的油槽，起錾时錾子要慢慢加深至尺寸要求，錾到尽头时刃口必须慢慢翘起，保证槽底光滑过渡。在曲面上錾削油槽，錾子的倾斜度应随曲面而变化，保持后角不变。

2. 錾削油槽实训实例

（1）生产实训图

生产实训图如图 2-18 所示。

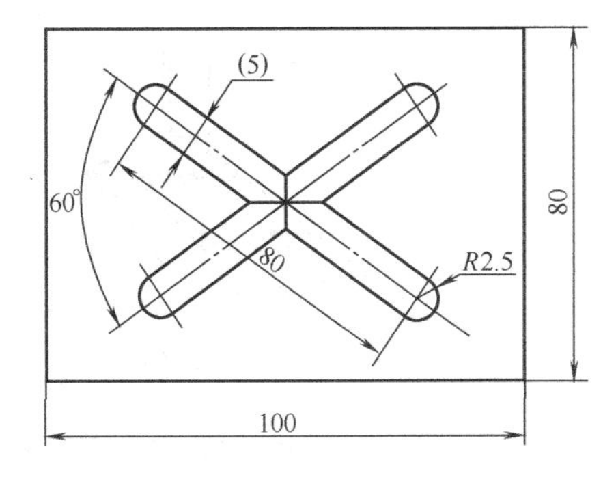

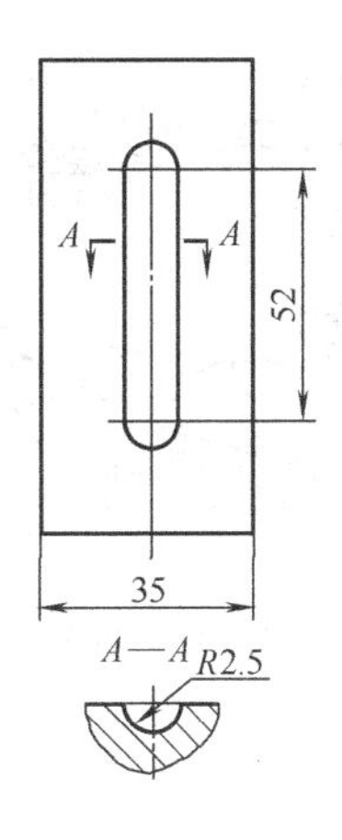

图 2-18　油槽件

（2）实训准备

① 工具和量具：油槽錾、钢板尺、划针、划规等。

② 辅助工具及材料：钳口衬垫、油石和涂料等。

（3）实训步骤

① 刃磨尖錾刃部，达到使用要求。

② 按实训图样划油槽加工线。

③ 按油槽加工方法錾出油槽。

④ 用锉刀修去槽边毛刺。

⑤ 按图样形状尺寸检查油槽。

（4）操作要点

① 根据材料选择錾子楔角，刃磨錾子后刀面成光滑圆弧形。

② 油槽錾削中，保持錾削角度一致，采用腕挥法锤击，力量均匀。

③ 油槽深浅一致，槽面光滑。

④ 錾油槽一次成形，必要时可进行一定的修整。

（四）錾切板料

板料厚度在 2mm 以下，称作薄板料，一般在台虎钳上进行断料；厚度 2mm 以上的板料，称作厚板料，通常在铁砧或平板上进行断料。

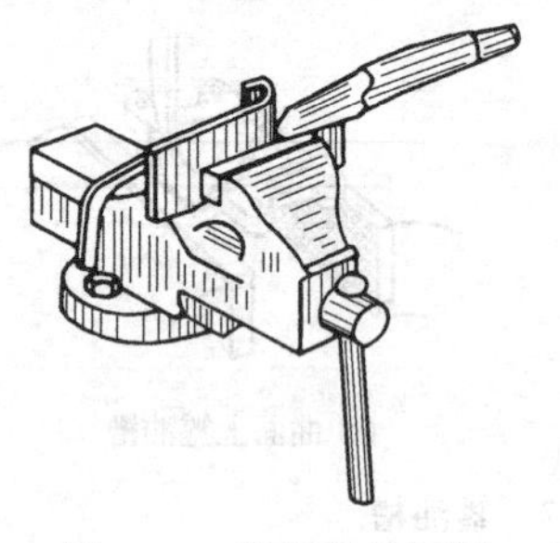

图 2-19 薄板料的切断

1. 薄板料的切断

将板料夹在台虎钳上，用扁錾沿钳口斜对着板料（约成 45°角）自右向左錾切（图 2-19）。应注意工件夹持牢固，将加工线与钳口对齐。

2. 厚板料的切断

厚板料或大型板料应在铁砧或平板上进行切断（图 2-20）。在板料上划线，距离加工线 2mm 处开錾，錾切后板料应保证基本上平整，不得翘曲和损伤切断线。錾切直线段时，錾子切削刃可宽一些，錾切曲线段时，刃宽应根据其曲率半径大小而定。

对于切断形状复杂的工件，划好线后，按所划出的轮廓，留出足够的加工余量，钻出密集的排孔，用扁錾或尖錾逐步切成（图 2-21）。

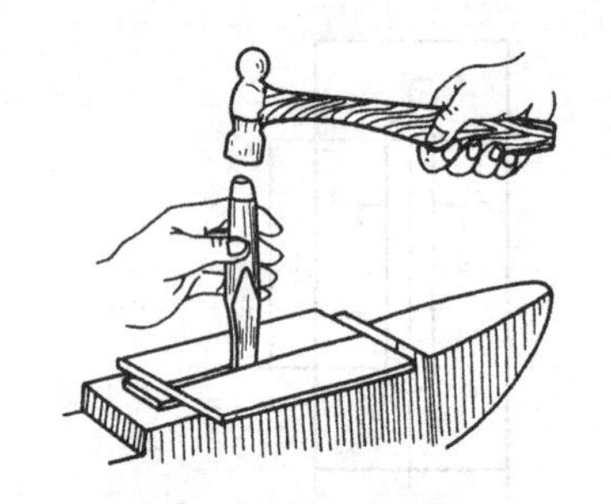

图 2-20 厚板料的切断

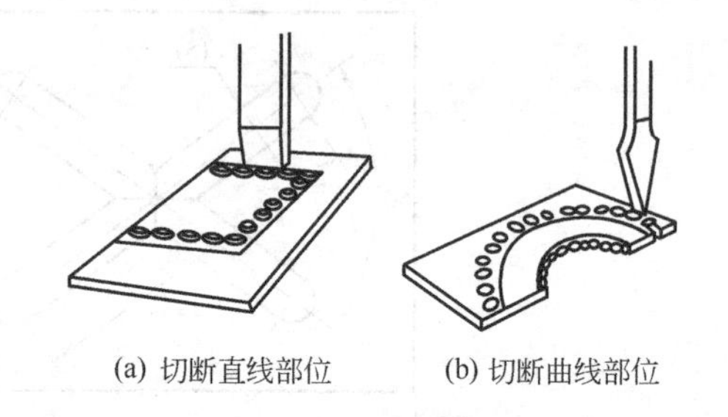

(a) 切断直线部位　(b) 切断曲线部位

图 2-21 形状复杂板料的切断

（五）錾钢件

1. 生产实训图

生产实训图如图 2-22 所示。

2. 实训准备

① 工具和量具：扁錾、尖錾、钢板尺、游标卡尺、划针等。

② 辅助工具及材料：钳口衬铁、油石和涂料等。

3. 操作要点

① 钢件是韧性材料，錾削时楔角一般可取 50°～60°。

② 錾削时可蘸油，以减少摩擦，并可对錾子进行冷却。

③ 錾子刃口易梗入工件，要特别注意切削角度和切削量的选择。

④ 钢件粗錾时是卷屑，要注意安全，防止刺伤手。

⑤ 狭錾刃口可小于槽宽 0.2mm，使其有一定的锉削修整量。

⑥ 开槽时，可先用扁錾在键槽宽度以内把圆弧面錾平，以便于尖錾錾槽。

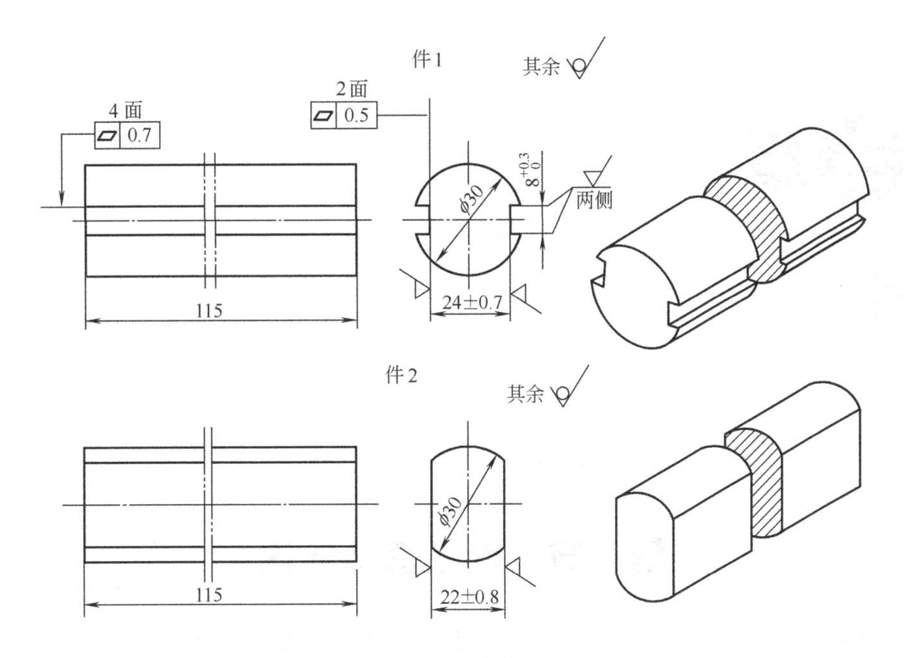

图 2-22 錾钢件

4. 实训步骤

① 对錾子进行刃磨和热处理。

② 完成件 1 的键槽錾削。

a. 按图样划线。

b. 用扁錾将圆弧面錾平至接近槽宽。

c. 用尖錾加工键槽并达到要求。

③ 完成件 2 的平面錾削加工。

a. 划出平面加工线。

b. 粗、细錾削两平面至图样要求。

④ 检查錾削质量。

复习思考题

1. 錾子的种类有哪些？各应用在哪些场合？
2. 什么是錾削时錾子的前角、后角和楔角？各角度对錾削工作有何影响？
3. 錾子切削刃的刃磨方法是什么？
4. 錾削起錾时应注意哪些问题？
5. 简述錾子的热处理过程。
6. 如何握锤、握錾？
7. 挥锤方法有几种？有何不同？

锉削

第一节　锉削基础知识

锉削是用锉刀对工件表面进行切削加工，使工件达到所要求的形状、尺寸和表面粗糙度的一种钳工加工方法。锉削加工是钳工最常用的主要操作方法之一。

锉削的范围很广，可以加工平面、曲面、外表面、内孔、沟槽及各种形状复杂的表面。其加工精度可达0.01mm左右，表面粗糙度可达$Ra0.8\mu m$。此外，还可以在设备装配、维修时进行零件修整。在现代化生产条件下，一些不便于机械加工的场合仍需采用锉削加工来完成。

一、锉刀

锉刀为锉削加工的工具，一般用碳素工具钢T12或T13制成，经热处理淬硬，其切削部分硬度可达62～72HRC。

（一）锉刀的结构

锉刀的结构如图3-1所示，由锉身和锉柄两部分组成。

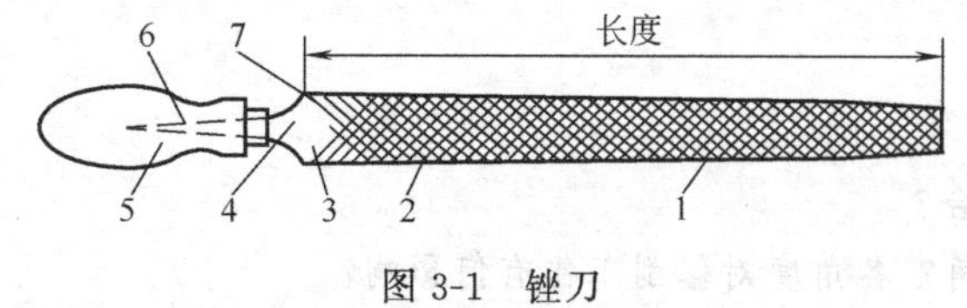

图3-1　锉刀

1—锉刀面；2—锉刀边；3—底齿；4—锉刀尾；5—锉柄；6—锉舌；7—面齿

1. 锉身

锉身为锉梢端至锉肩之间的部分，对无锉肩的整形锉和异形锉来说，锉身为有锉纹的部分。

锉刀面是锉刀的主要工作表面，锉刀上、下两面都有锉齿，其前端制成凸弧形。

锉刀边指锉刀的两侧面窄边。一面有齿，一面无齿，无齿边叫光边，它可使锉削内直角的一个面时，不会碰伤另一相邻面。

锉刀尾为锉刀上无齿的一端，与锉舌相连。

锉舌用来安装锉刀柄。

2. 锉柄

为便于操作，在锉刀的锉舌上常安装有锉柄。锉柄为木质，安装孔一端套有铁箍，以防锉柄劈裂。

3. **锉齿与锉纹**

锉齿是锉刀的工作部分，有铣齿和剁齿之分。铣齿用铣齿法铣成，其切削角 $\delta<90°$，如图 3-2（a）所示；剁齿由剁锉机剁成，其切削角 $\delta>90°$，如图 3-2（b）所示。

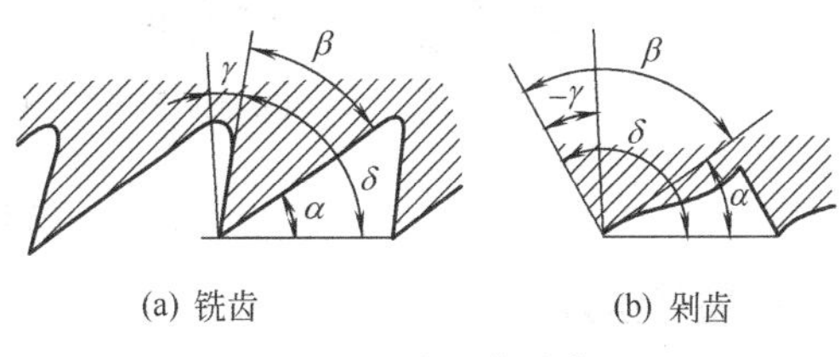

图 3-2 锉刀的锉齿

锉纹是锉齿排列的图案，锉刀按锉纹来分有单齿纹锉刀和双齿纹锉刀两种。

单齿纹锉刀只有一个方向排列的齿纹，如图 3-3（a）所示。单齿纹锉刀全齿宽参加锉削，需较大的切削力，而且齿距较大，有足够的容屑空间，不会被切屑塞住，适合锉削铝、铜等软金属材料。

双齿纹锉刀上有两个方向排列的齿纹，如图 3-3（b）所示。先制成的一排较浅的齿纹称底齿纹，后制成的较深的齿纹称为面齿纹。齿纹与锉刀中心线的夹角叫齿角，面齿角为 65°，底齿角为 45°。由于面齿纹和底齿纹的方向和角度不一样，锉齿沿锉刀中心线方向成倾斜和有规律排列，可以使锉痕交错而不重叠，锉削出的表面光滑平整，不会产生沟痕。双齿纹锉刀锉削时切屑易碎，锉削省力，且锉齿强度高，适合加工较硬的材料。双齿纹锉刀锉齿的排列如图 3-4 所示，面齿纹在锉削中起主要切削作用，故又称主齿纹，底齿纹在锉削时主要起分屑作用，故又称辅齿纹。

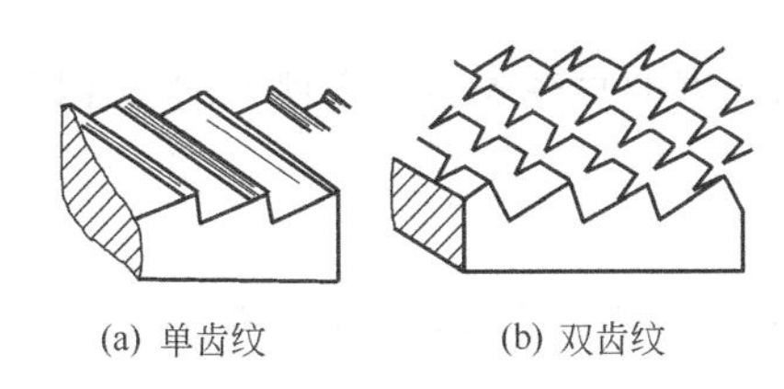

图 3-3 锉刀的齿纹

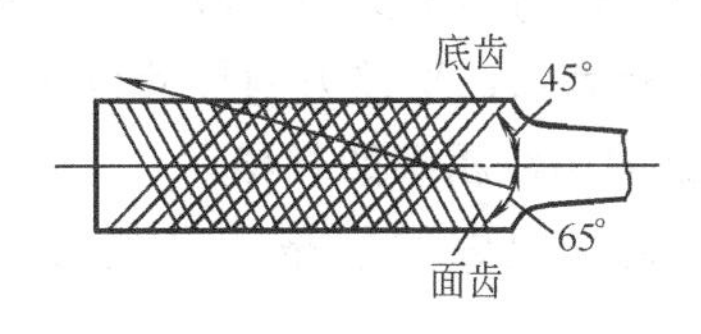

图 3-4 双齿纹锉刀锉齿的排列

（二）锉刀的种类

锉刀的种类很多，按其用途的不同可分为普通锉刀、特种锉刀和整形锉刀三种。

1. **普通锉刀**

普通锉刀如图 3-5 所示，按其断面形状分为平锉、方锉、圆锉、三角锉和半圆锉五种。平锉也叫扁锉或板锉，用于锉削平面、外圆面、凸弧面和球面等，如图 3-5（a）所示；方锉用于锉削平面、窄平面、方孔和深槽等，如图 3-5（b）所示；圆锉用于锉削曲面和圆孔等，如图 3-5（c）所示；三角锉用于锉削平面、窄面、三角槽、内圆弧和大圆孔等，如图 3-5（d）所示；半圆锉用于锉削曲面和圆孔等，如图 3-5（e）所示。

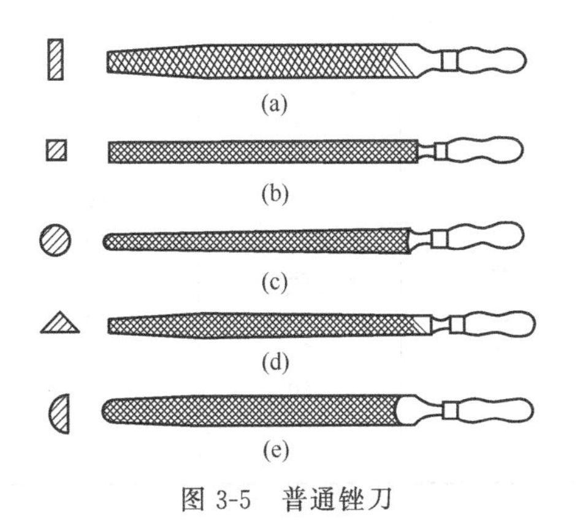

图 3-5 普通锉刀

2. **特种锉刀**

特种锉刀用于加工零件上形状特殊的表面，其断面形状如图 3-6 所示。

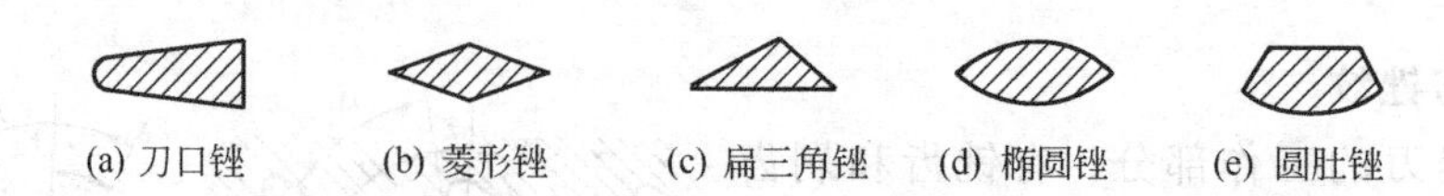

图 3-6 特种锉刀断面形状

3. 整形锉刀

用于修整精细模具，锉削小型工件或工件上其他锉刀难以加工的部位，因几支为一组，故又称组锉或什锦锉，如图 3-7 所示，常以 5 支、6 支、8 支、12 支为一组。

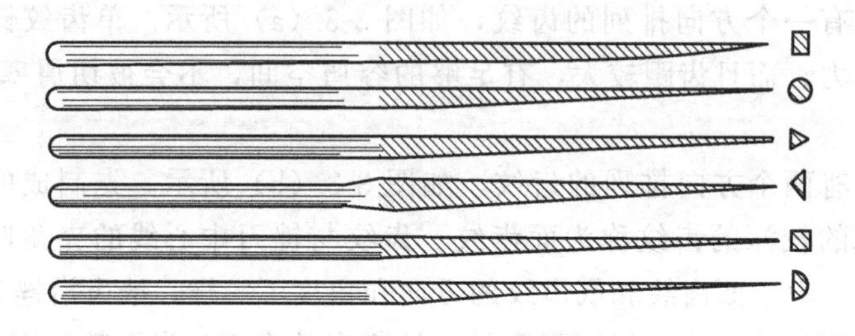

图 3-7 整形锉

(三) 锉刀的规格

锉刀的规格分为尺寸规格和锉刀齿纹的粗细规格，目前锉刀规格已标准化。

1. 锉刀的尺寸规格

不同的锉刀用不同的参数表示。圆锉刀的尺寸以锉刀的直径表示；方锉刀的尺寸以其方形断面尺寸表示；平锉刀的尺寸以锉身的长度表示。

2. 锉刀齿纹粗细的规格

锉刀齿纹粗细的规格，以锉刀每 10mm 轴向长度内的主齿纹条数来表示，如表 3-1 所示。

表 3-1 锉刀齿纹粗细的规格

规格/mm	主齿纹条数(10mm 内)				
	齿纹号				
	1	2	3	4	5
100	14	20	28	40	56
125	12	18	25	36	50
150	11	16	22	32	45
200	10	14	20	28	40
250	9	12	18	25	36
300	8	11	16	22	32
350	7	10	14	20	—
400	6	9	12	—	—
450	5.5	8	11	—	—

(四) 锉刀的选择

各种锉刀都有其一定的适用范围，如果选择不当，就不能充分发挥它的效能，甚至会过早地丧失切削能力。因此，锉削之前必须正确地选择锉刀。

1. 锉刀齿纹粗细的选择

锉刀齿纹粗细的选择决定于工件的材质、加工余量的大小、加工精度和表面粗糙度要求的高低。一般粗锉刀用于加工余量大、公差等级低或表面粗糙度较大的工件；细锉刀用于加工余量小、公差等级高或表面粗糙度较小的工件。锉刀齿纹粗细规格的选用可参考表 3-2。

表 3-2 锉刀齿纹粗细规格选用

锉刀粗细	适 用 场 合		
	锉削余量/mm	尺寸精度/mm	表面粗糙度 Ra/μm
1 号(粗齿锉刀)	0.5～1	0.2～0.5	25～100
2 号(中齿锉刀)	0.2～0.5	0.05～0.2	6.3～25
3 号(细齿锉刀)	0.1～0.3	0.02～0.05	3.2～12.5
4 号(双细齿锉刀)	0.1～0.2	0.01～0.02	1.6～6.3
5 号(油光锉)	0.1 以下	0.01	0.8～1.6

2. 锉刀断面形状的选择

锉刀断面形状主要取决于工件加工表面的形状。锉刀的形状须适应于不同形状工件表面的加工，如图 3-8 所示。

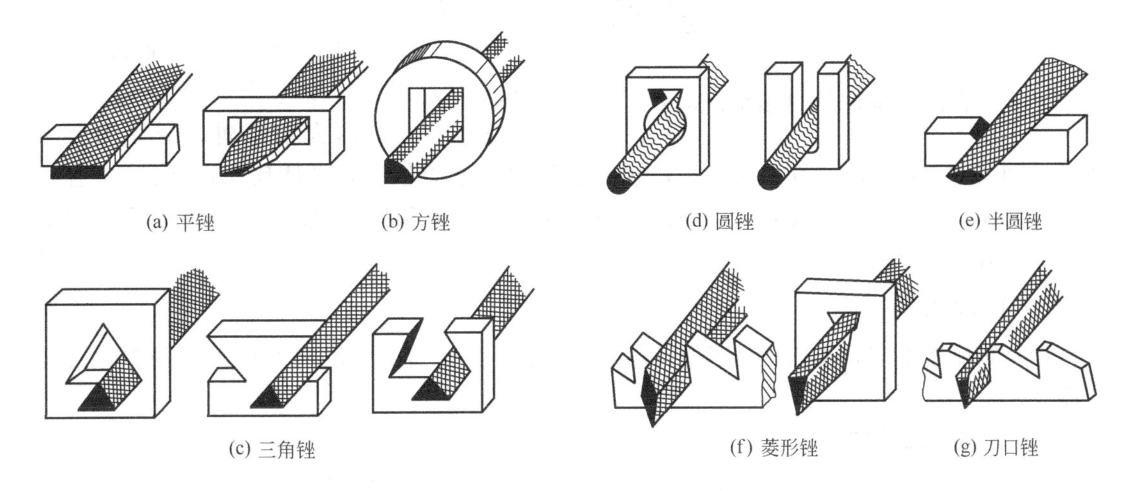

图 3-8 不同形状工件表面加工使用的锉刀

3. 锉刀长度的选择

锉刀长度的选择取决于工件加工面的大小和加工余量的大小。对于尺寸较大和加工余量较大的工件，应选择较长的锉刀；对于尺寸较小和加工余量较小的工件，应选择较短的锉刀。

(五) 锉刀的保养

锉刀是一种切削工具，有一定的使用期限。合理地使用和保养锉刀可以延长其使用寿命，保证安全生产。所以，在使用中应注意以下使用和保养规则。

① 不能用无柄或破柄的锉刀进行锉削，防止伤手。

② 不准用新锉刀锉硬金属。铸锻件上的砂粒和硬皮，应先用砂轮机磨掉后，再进行锉削。

③ 锉刀应先用一个面，用钝后再用另一面，这样可以延长锉刀总的使用期限。

④ 严禁锉刀接触油类，锉削中也不得用手摸锉削表面，以免锉削时打滑。如锉刀粘有

油脂，一定要用煤油清洗干净，涂上白粉。

⑤ 不能用细锉刀代替粗锉刀使用，也不能用细锉刀锉软金属。

⑥ 锉刀每次用完后要用锉刷顺齿纹方向清理残留在锉齿间的锉屑。也可以用铁片或铜片剔除未清刷干净的锉屑，防止锉屑生锈而腐蚀锉刀。

⑦ 锉刀放置时不能叠放，更不能与硬金属碰撞，以免损坏锉齿。

⑧ 不能将锉刀当作拆卸工具敲击或撬动其他物件。

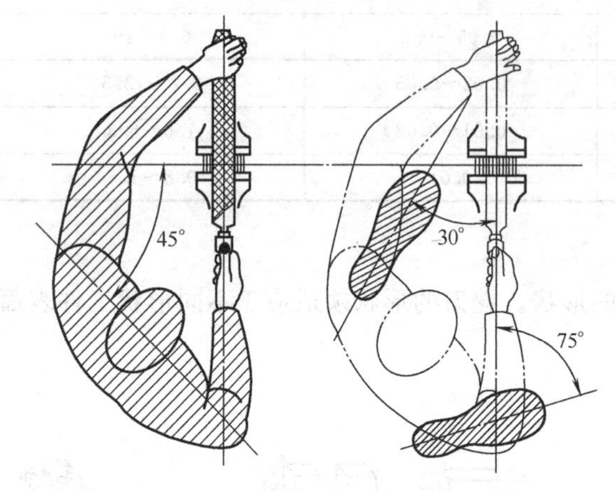

图 3-9 锉削时站立步位和姿势

二、锉削操作

（一）锉削姿势

锉削时的姿势如图 3-9 所示。锉削时应自然站立，身体放松，重心放在左脚上，右膝伸直，左膝随锉削时往复运动而相应地屈伸。锉刀的运动由身体和手臂的协调运动配合完成。锉削开始，身体向前倾斜 10°左右，右肘尽量向后收缩［图 3-10（a）］；前 1/3 行程，身体前倾到 15°左右，左膝稍弯曲［图 3-10（b）］；其次 1/3 行程，右肘向前推进，身体渐倾到 18°左右［图 3-10（c）］；后 1/3 行程，用右手腕力将锉刀推进，身体反向退回到 15°左右［图 3-10（d）］，锉削全行程完成。把锉刀略提起一些，手和身体都退回到初始位置，进行下一次锉削。

（二）锉刀的握法

锉刀的种类很多，加工的表面形状和位置也各不相同，所以锉刀使用时的握法也不一样。

1. 大型锉刀的握法

大型锉刀（10in 以上）的握法如图 3-11 所示。右手紧握锉刀柄，柄端抵在拇指根部的手掌上，大拇指放在锉刀柄上面，其余手指由下向上紧握［图 3-11（a）］；左手的握法有三

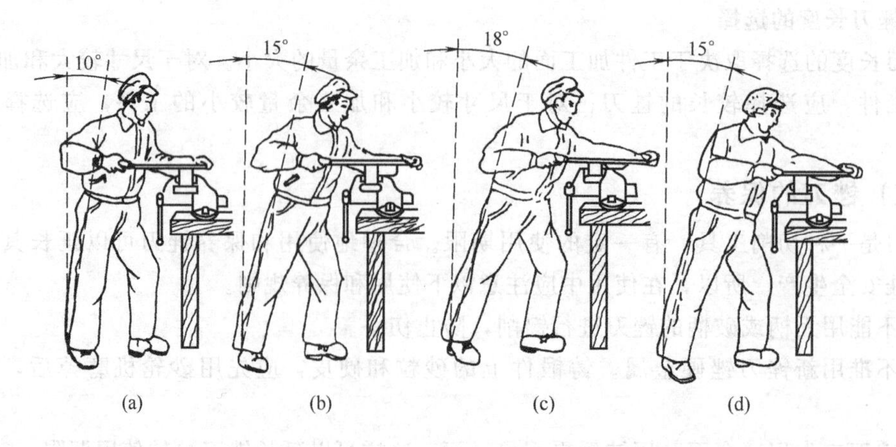

图 3-10 锉削动作

种：第一种是左手掌放在锉刀面的前端，拇指根轻压在头上，其余四指自然弯曲，用食指和中指勾压住锉刀前端右角［图 3-11（b）］；第二种是左手掌斜放在锉刀面的前端，拇指斜放在锉刀面上，其余各指自然弯曲［图 3-11（c）］；第三种握法也是左手掌放在锉刀面前端，各指都自然放平［图 3-11（d）］。无论左手采用哪种握法，锉削时，左手肘部都要适当抬起，不要下垂。

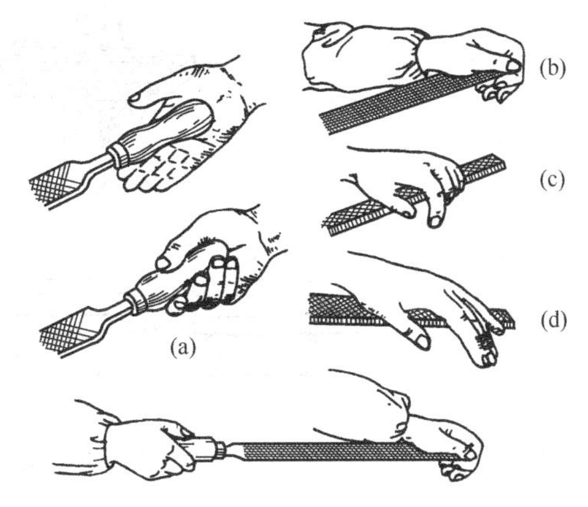

图 3-11　大型锉刀的握法

2. 中型锉刀的握法

右手同大型锉刀握法，左手用拇指、食指和中指轻轻夹持锉刀的前端，不用施加大的压力，如图 3-12（a）所示。

3. 小型锉刀的握法

小型锉刀的握法同大、中型锉刀的握法不同，如图 3-12（b）所示，只需用左手指压在锉刀中部，即可控制锉削时压力大小。而组锉只需用右手握持住，食指轻压在锉刀上面即可，如图 3-12（c）所示。

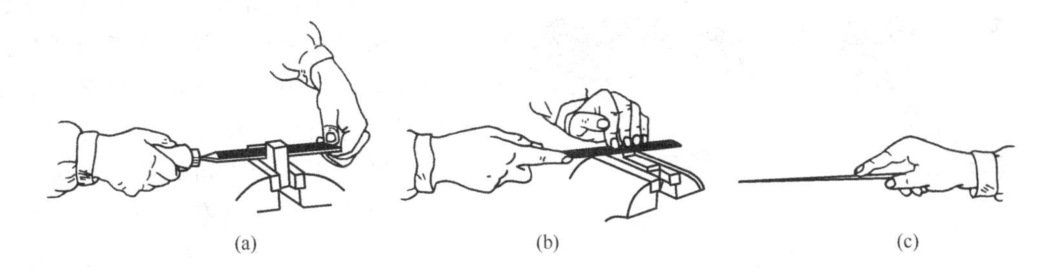

图 3-12　中、小型锉刀握法

（三）锉削操作要领

锉削时，必须使锉刀保持直线的锉削运动。两手作用在锉刀上的力，应使锉刀在运行中平衡。推力的大小由右手控制，压力大小由左手控制。锉削中，两手所用的力要不断地变化，右手的压力要随锉刀的推进而逐渐增加，左手的压力要随锉刀的推进而逐渐减小，使锉刀在工件任何位置上，两端所受的力矩都保持相等，以保持锉刀的平直运动。锉刀回程时不加压力，将锉刀略提起些，以减少锉齿的磨损。

锉削的速度一般应控制在 30～60 次/min，推出时稍慢，回程时稍快。

三、锉削质量检查方法

（一）用刀口直尺检查平面度的方法

利用刀口直尺采用透光法检查平面度（图 3-13）。将刀口直尺垂直放在工件表面上，并沿工件表面横向、纵向和对角方向多处逐一进行检查。若刀口直尺与工件间透光微弱而均匀，说明该方向是直的；若透光强弱不一，说明该方向是不直的。平面度误差值的确定，可用塞尺检查。对于中凹平面，其平面度误差可取各检查部位中的最大值；对于中凸平面，则应在两边用同样厚度的塞尺作检查，其平面度误差取各检查部位中的最大直线度误差值计。

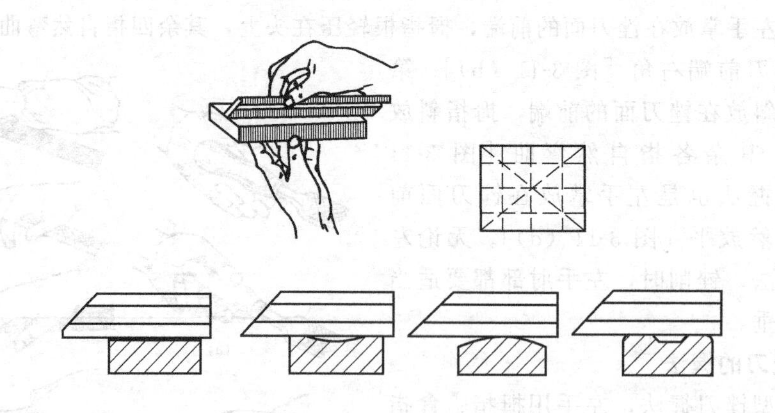

图 3-13 刀口直尺检查平面度

检查时，刀口直尺的刀口不要在加工面上拖拉，应轻提起再轻放到另一检查面，以防磨损。

（二）外卡钳测量平面度和尺寸误差的方法

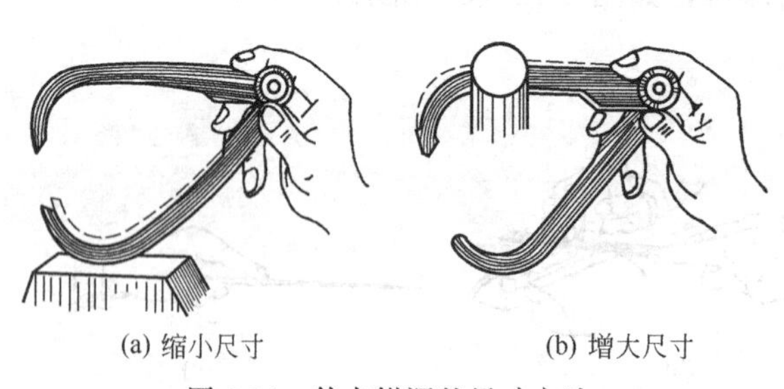

(a) 缩小尺寸 (b) 增大尺寸

图 3-14 外卡钳调整尺寸方法

1. 外卡钳调整尺寸方法

如图 3-14 所示，将工件放在平台上或拿在左手中，右手食指和拇指夹持外卡钳，中指勾在两卡脚间，其余两指自然弯曲。调整卡脚尺寸时，可将卡钳外侧在台虎钳或其他金属件上轻轻敲击，尺寸逐渐缩小；将卡钳内侧在金属棒上轻轻敲击，尺寸逐渐增大。

2. 测量方法

外卡钳是一种间接的测量工具，测量尺寸时，其一是先在工件上度量，然后再到带读数的量具上去比较，才能得到读数。这种方法称为比较测量法，可控制尺寸公差达到 0.05mm。还可先在带读数的量具上度量出必要的尺寸，再去度量工件。这种方法称为间接测量法，可控制尺寸公差达到 0.1mm。

判断工件尺寸误差的方法有两种，如图 3-15 所示。工件误差较大作粗测量时采用透光法，即用外卡钳一卡脚测量面抵住工件基准面，观察另一卡脚测量面与被测表面的透光情况；工件误差较小作精确测量时采用感觉法，比较卡脚在测量各部位时的松紧程度，来判断尺寸差值的大小。此时，最好利用卡钳的自重，由上向下垂直测量，便于控制测量力。同时，卡钳测量面的开度尺寸应调节到在测量时能靠卡钳自重通过工件，使松紧感觉比较灵敏。

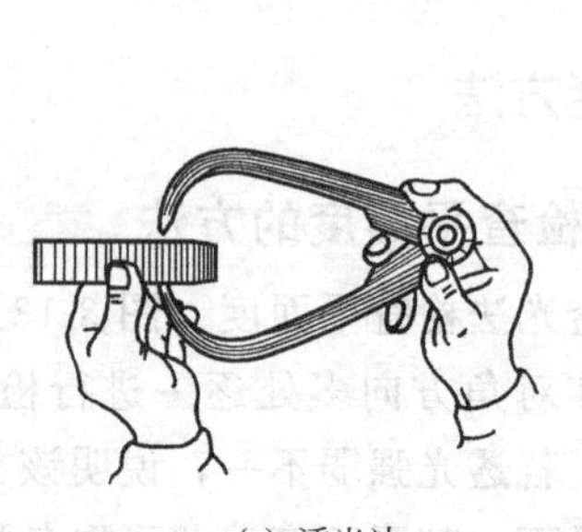

(a) 透光法

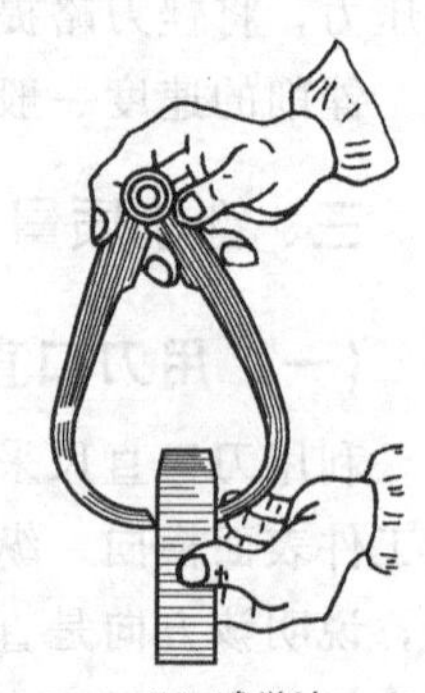

(b) 感觉法

图 3-15 外卡钳测量尺寸方法

第二节 锉削基本训练

一、工件的夹持

工件在进行锉削时，必须用台虎钳夹持牢固，且方法要正确，同时要注意以下几点问题。

① 工件须夹在台虎钳口的中央。此时不仅夹紧力最大，且台虎钳口的受力均匀，不易造成损坏。

② 要注意控制台虎钳夹紧力的大小，既要紧固，又不能使工件变形。

③ 工件伸出钳口的长度应尽量小，以免锉削时发生振动，影响加工质量。

④ 夹持加工过的表面时，应加软金属衬垫。薄板件可先钉在木板上，再将木板夹持在台虎钳上进行锉削；圆形工件夹持时，应加衬V形铁或弧形木块；夹持长薄板件时，应用两块较厚铁板将其夹持紧固，然后连同铁板一起夹在台虎钳上进行锉削。

二、平面锉削

（一）平面锉削方法

锉削平面是锉削加工最基本的操作之一。平面锉削的方法一般有三种。

1. 顺锉法

如图3-16所示，顺锉法是最基本的锉削方法，它可使加工表面锉纹平直，整齐美观。一般用于锉削不大的平面和锉后的打光，技术操作难度较大，必须通过认真刻苦的反复训练，才能掌握。

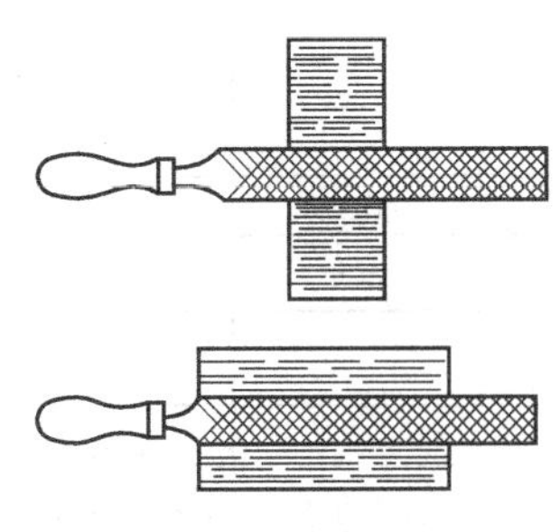

图3-16 顺锉法

2. 交叉锉法

如图3-17所示，用锉刀斜着锉削工件，锉刀与工件接触面大，锉刀容易控制平稳，且能从交叉的刀痕上判断出锉削面的凸凹情况，适于锉削余量大的加工面。一般可在锉削的前阶段用交叉锉法，以提高工作效率。当用交叉锉法把工件锉平后，再改用顺锉法，使锉纹方向一致，得到较光滑的表面。

3. 推锉法

推锉法如图3-18所示。当加工余量基本锉去，为修正尺寸和达到要求的表面粗糙度，可采用推锉法。此法加工余量较小，适用于加工窄长的加工表面，或者用其他方法无法除掉的表面凸起部分。

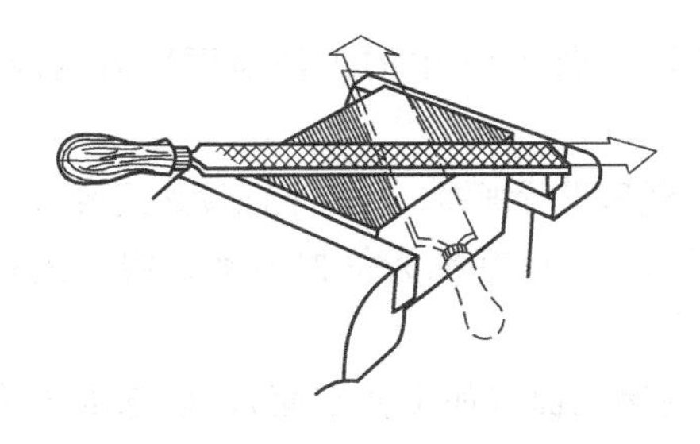

图3-17 交叉锉法

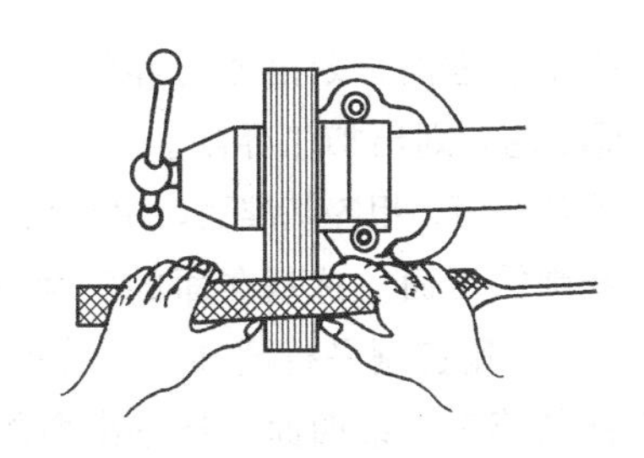

图3-18 推锉法

（二）平面锉削实训

1. 锉削基本功实训

（1）实训准备

① 工具和量具：旧粗板锉、钢板尺（或刀口直尺）、直角尺等。

② 备料：废旧零件或毛坯件。

（2）实训步骤

① 清除工件表面杂物和油污，牢固夹持工件。

② 顺锉法练习。使用钢板尺或刀口直尺采用透光法检查工件表面平面度。

③ 交叉锉法练习。

④ 推锉法练习。用塞尺配合刀口直尺检查工件的平面度。

⑤ 检查三种锉法的质量，达到基本合格为止。表面粗糙度的测定，一般采用目测。

（3）操作要点

① 熟练掌握正确的锉削姿势，是锉好平面的基础，也是本实训的重点。因此，在实训中要及时纠正各种不正确的锉削姿势。

② 注意练习保持锉刀平衡的方法，掌握运锉时用力变化的规律。

③ 顺锉法、交叉锉法和推锉法可以交替练习，但要以顺锉法作为训练的重点，因为顺锉法技术难度大，不易掌握。

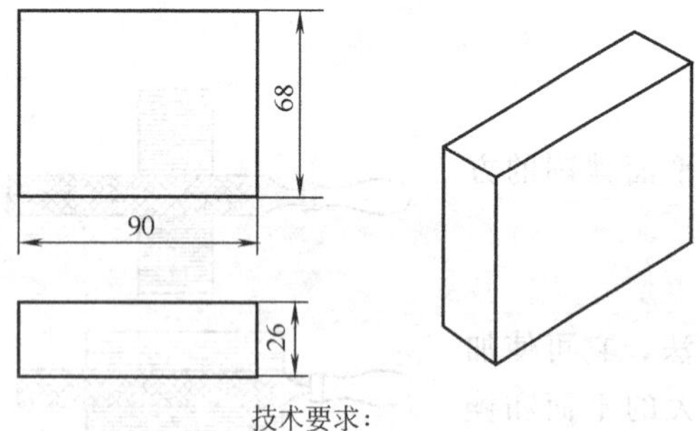

技术要求：
1. 六面平面度≤0.1mm，相对面平行度≤0.1mm，相邻面垂直度≤0.1mm。
2. 尺寸公差±0.05mm，表面粗糙度 $Ra \leq 3.2\mu m$。

图 3-19 锉削长方体

2. 平面锉削实训

（1）锉削长方体

1）生产实训图 生产实训图如图 3-19 所示。

2）实训准备

① 工具和量具：粗板锉、细板锉、钢板尺、刀口直尺、直角尺、外卡钳、划针、划线盘、样冲等。

② 辅助工具及材料：软钳口衬垫、锉刷和涂料。

③ 备料：经錾削加工的长方铁（HT150），材料尺寸为 100mm×80mm×30mm，每人一块。

3）实训步骤

① 检查来料，确定加工余量。按图样检查毛坯件的形状和尺寸，有无缺陷，尺寸是否符合要求。

② 确定基准面，划出加工界线。选择工件大的面（图 3-19 中的工件前面）为基准面，进行表面涂色，划出加工界限。

③ 锉基准面。粗锉基准面，留 0.5mm 加工余量，然后进行细锉。检查平面度达到要求。

④ 锉削第二面。选基准面的对面（后面）为第二面。以基准为依据划平行线，进行锉削加工，用卡钳控制平行度和尺寸公差，达到要求。

⑤ 锉削第三、第四面。选基准面的一个垂直面为第三面（如工件右面），以基准为依据划加工线，进行锉削加工。在保证自身平面度的前提下，用直角尺控制其对基准的垂直度，

达到要求后，划第四面（第三面的平行面）的加工线并进行锉削加工。同样，在保证自身平面度的前提下，用直角尺控制其对基准的垂直度，直到达到技术要求为止。

⑥ 加工第五、第六面。用和步骤⑤同样的方法加工第五、第六面，并达到要求。

⑦ 全面检查工件各面尺寸公差和其他各项技术要求，加工完毕。

4）操作要点

① 注意巩固正确的锉削姿势。

② 第一面为基准面。应使第一面加工全部符合技术要求后，再以此为基准划线、加工其他各面。在以后其他各面的加工中，不得再加工第一面。

③ 加工平行面和垂直面时，不仅要经常检查其对基准的平行度和垂直度，还要注意控制自身的平面度和尺寸公差。只有综合控制各项技术要求，才能以最少的工时完成工件的加工，并达到所有技术要求，同时也避免出现加工废品。

（2）锉削钢六角

1）生产实训图 生产实训图如图 3-20 所示。

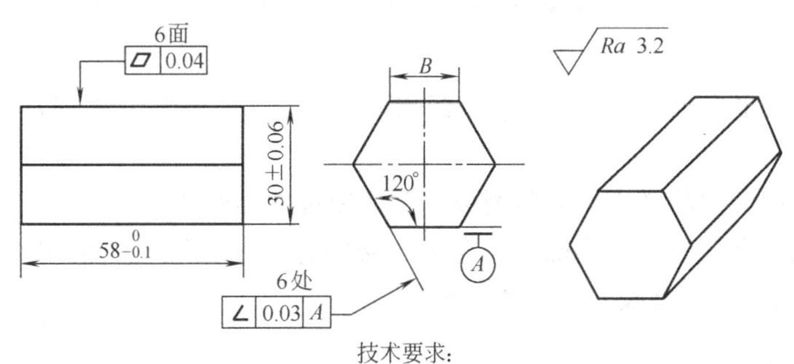

技术要求：
1. 30mm 尺寸处，其最大与最小尺寸的差值不得大于0.08mm。
2. 六角边长B应均等，误差不超过0.1mm。
3. 各锐边均匀倒棱。

图 3-20 锉削钢六角

2）实训准备

① 工具和量具：钳工锉、游标卡尺、钢板尺、刀口直尺、塞尺、直角尺、角度样板、万能角度尺、常用划线工具等。

② 辅助工具及材料：软钳口衬垫、锉刷和涂料等。

③ 备料：35 圆钢，尺寸为 ϕ36mm×60mm，每人一件。

3）实训步骤

① 用游标卡尺检查来料直径 d。

② 粗、精锉第一面（基准面）[图 3-21（a）]，平面度达到 0.04mm，$Ra \leqslant 3.2\mu m$，同时保证与圆柱母线的距离 $M\left(M=d-\dfrac{d-30}{2}=\dfrac{d+30}{2}\text{mm}\right)$（图 3-22）。

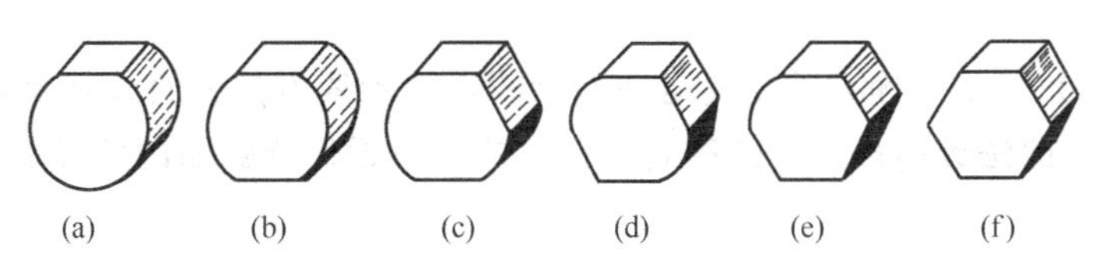

图 3-21 六角体加工步骤

③ 粗、精锉相对面［图 3-21（b）］，以第一面为基准划出相距尺寸 30mm 的平面加工线，然后锉削。在保证自身平面度和粗糙度的同时，重点检查其相对于基准的尺寸（30mm±0.06mm）和平行度要求。

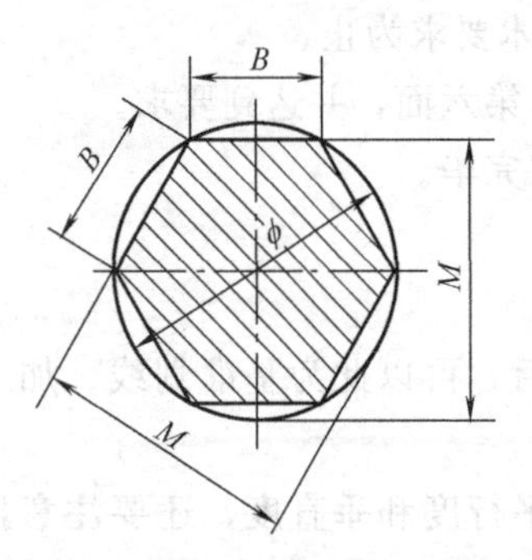

图 3-22　以外圆为定位基准控制六角体边长

④ 锉削第三面［图 3-21（c）］，达到技术要求，同时保证尺寸 M，并用万能角度尺或角度样板检查控制其与第一面的夹角 120°。

⑤ 锉削第三面的相对面［图 3-21（d）］，达到技术要求。

⑥ 用同样方法锉削第五、第六面［图 3-21（e）、（f）］，达到技术要求。

⑦ 全面复检，并做必要的整修，最后将各锐边倒棱后送验。

4）操作要点

① 本课题是锉削基本实训的后期，故必须达到锉削姿势的全部正确。

② 为保证表面粗糙度，须经常用锉刷清理残留在锉齿间的锉屑，并在齿面上涂上粉笔灰。

③ 加工时要防止片面性，要综合分析出现的误差及其产生原因，要兼顾全面精度要求。

④ 测量时要把工件的锐边去毛刺倒棱，保证测量的准确性。

⑤ 使用万能角度尺时，要准确测得角度，必须拧紧止动螺母。使用时要轻拿轻放，避免测量角发生变动，并经常校对测量角的准确性。

三、曲面锉削

曲面由各种不同的曲线形面所组成。基本的曲面是单一的外圆弧面和内圆弧面。掌握内、外圆弧面的锉削方法和技能，是掌握各种曲面锉削的基础。

（一）外圆弧面的锉削

外圆弧面使用平锉刀进行锉削。锉削时，锉刀在外圆弧面上同时完成两个运动：锉刀前进和锉刀绕工件圆弧中心的转动（图 3-23）。锉削方法有以下两种。

1. 顺向滚锉法

如图 3-23（a）所示，锉削时，锉刀头向下紧靠工件，右手抬高，左手压低，向前推锉，使锉刀头逐渐由下向前上方作弧形运动。左右两手要动作协调，压力均匀，速度适当。顺向滚锉法的锉纹都是顺着曲面的，美观整齐，故一般用于精锉圆弧表面。

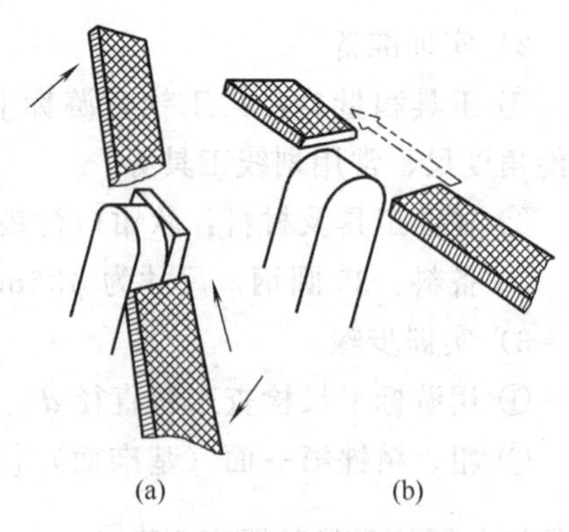

图 3-23　锉削外圆弧面

2. 横向滚锉法

如图 3-23（b）所示，锉刀的主要运动是沿圆弧的轴线方向做直线运动，同时锉刀不断沿着圆弧面摆动。此法锉削量大，效率高，但只能锉成近似圆弧面的多棱形面，多用于圆弧面的粗锉。

（二）内圆弧面的锉削

锉削内圆弧面的锉刀可选用圆锉、组锉（圆弧半径较小时选用）、半圆锉、方锉（圆弧半径较大时选用）等。锉削时，锉刀同时完成以下三个运动（图 3-24）。

① 沿轴向做前进运动，以保证沿轴向全程切削。

② 向左或向右移动半个或一个锉刀直径，以避免加工表面出现棱角。

③ 绕锉刀轴线转动（约 90°）。

只有同时具备这三种运动，才能锉出光滑、准确的内圆弧面。

（三）球面的锉削

球面的锉削方法如图 3-25 所示，锉刀在沿外圆弧面做顺向滚锉的同时，还要绕球面的球心做周向摆动。

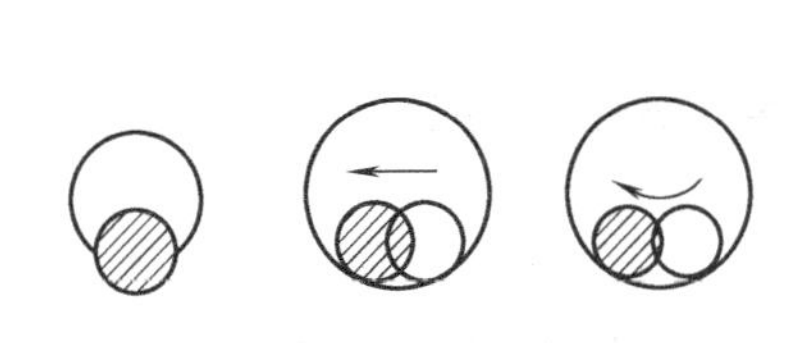

图 3-24 锉削内圆弧面

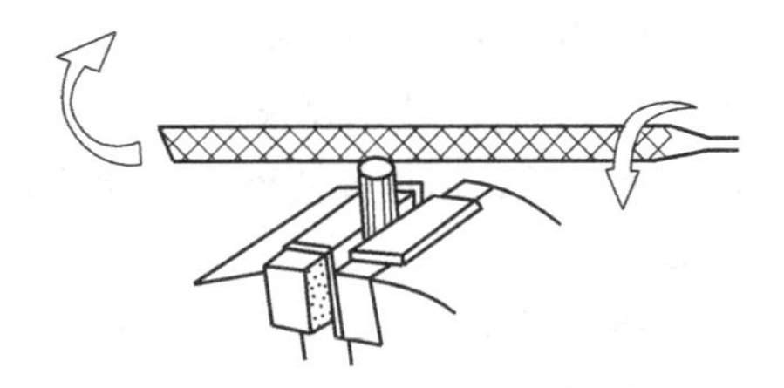

图 3-25 球面锉削方法

（四）曲面锉削实训

1. 生产实训图

生产实训图如图 3-26 所示。

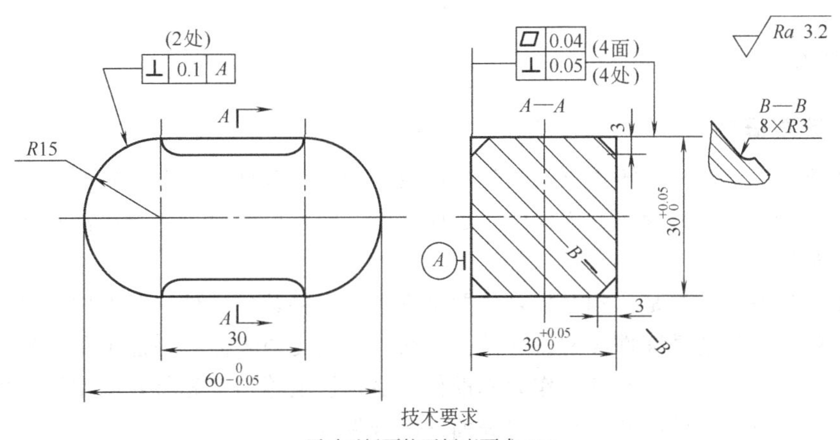

图 3-26 圆头键

2. 实训准备

① 工具和量具：粗板锉、细板锉、半圆锉、钢板尺、直角尺、外卡钳、游标卡尺、划线工具等。

② 辅助工具及材料：软钳口衬垫、锉刷和涂料等。

③ 备料：长方形毛坯（Q235A）经刨、铣加工，尺寸 35mm×35mm×65mm，每人一块。

3. **实训步骤**

① 检查来料尺寸。

② 制作 R15mm 及 R3mm 样板。

③ 平面锉削六方体四个大平面，尺寸达到 $30^{+0.05}_{0}$mm，垂直度达到 0.05mm。平面锉削两端面，尺寸达到 60mm。

④ 按图样划 3mm 倒角线及 R3mm 圆弧位置的加工线。

⑤ 用圆锉粗锉 8×R3mm 内圆弧面，然后用粗、细板锉锉倒角到加工线，再精锉 R3 圆弧并与倒角平面光滑连接。最后用 150mm 半圆锉推锉，达到锉纹全部为直向，表面粗糙度 $Ra \leqslant 3.2\mu m$。

⑥ 按图样划 R15mm 圆弧面加工线。用 300mm 粗板锉横向锉削外圆弧面至接近 R15mm 加工线，然后顺锉圆弧，留 0.15mm 的加工余量，再用 250mm 细板锉采用顺圆弧面的精锉，达到各项技术要求。

⑦ 全面复检，用推锉法修正尺寸公差和表面粗糙度，各锐边倒角。

4. **操作要点**

① 划线线条要清晰，不打样冲眼。

② 在锉 R15mm 圆弧面时，可先用倒角方法锉至接近加工线，再用横向滚锉法进行锉削。

③ 在锉 R15mm 圆弧面时，不要只注意锉圆而忽略了与基准面的垂直度。

④ 在采用顺向滚锉法锉削时，锉刀上翘下摆的幅度要大，才易于锉圆。

⑤ 在锉 R3mm 内圆弧面时，横向锉削一定要把形体锉正，便于推锉圆弧面时容易锉光。推锉圆弧时，锉刀要做些转动，防止端部坍角。

四、锉配

（一）锉配概述

通过锉削加工，使一个零件（基准件）能放入另一个零件（配合件）的孔或槽内，并达到要求的配合精度，这种操作称为锉配，也叫镶配。锉配广泛地应用于机器装配、修理以及工模具的制造中。

锉配加工的基本方法是：相互配合的两个零件，先将其中一件（基准件）锉到符合图样要求，再根据已锉好的基准件锉配另一件。一般外表面比内表面容易加工和测量，所以通常选用具有外表面的配合件（凸件）作为基准件，通过锉削等加工先将其制作好，使其符合图样要求，而后依据基准件再锉配具有内表面的配合件（凹件）。

锉配是一项比较精密的加工，应注意以下几点。

① 锉配的关键是基准件的制作精度，特别是有翻转和转位配合要求的基准件，往往同时有多项技术要求，尤其是对称度要求，因此加工时千万不可只以达到单项公差要求为满足，而应综合考虑，做到使所有技术要求同时都合格。其次，在加工时应尽量减小公差带宽度，以使基准件的各要素尽量接近公差带的中间值，也就是应使基准件尽量接近理想形状。这一点，对顺利实现配合要求非常重要。

② 在以基准件为基准加工配合件实现配合要求时，一般不得再对基准件进行加工，除非基准件本身存在较大误差。

③ 试配时应采用透光法、涂色法或配合塞尺进行检查修正，使配合达到规定的要求。

④ 锉配时，要随时注意内尺寸的清根。

（二）生产实训

1. 生产实训图

生产实训图如图 3-27 所示。

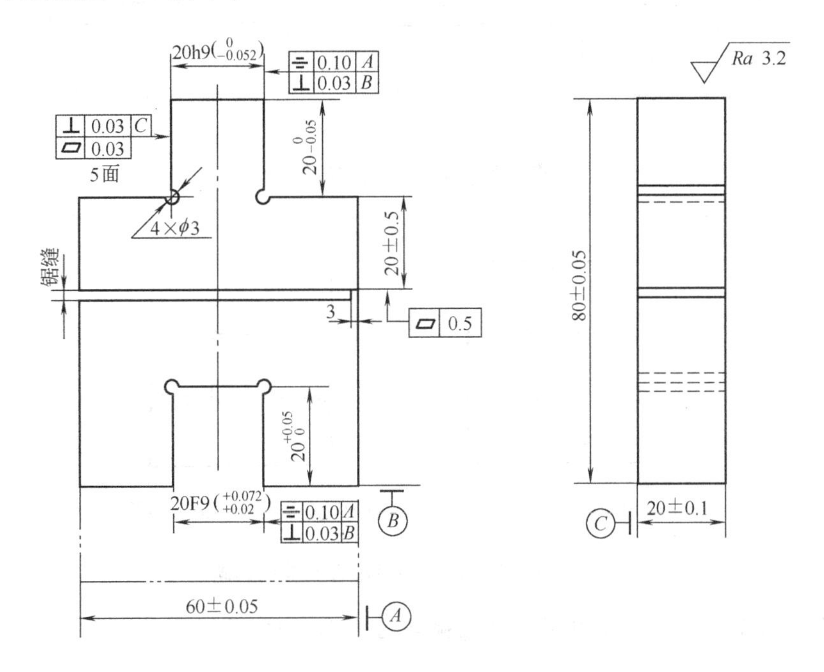

图 3-27 锉配凹凸体

2. 实训准备

① 工具和量具：游标卡尺、千分尺、直角尺、刀口形直尺、塞尺、钻头、整形锉、异形锉、钳工锉、划针等。

② 辅助工具：软钳口衬垫、锉刷、涂料等。

③ 备料：HT150 灰口铸铁 $80^{+0.2}_{0}$mm×$60^{+0.2}_{0}$mm×(20±0.1)mm（刨削），每人一块。

3. 操作要点

① 为能对 20mm 凸、凹形的对称度进行测量控制，60mm 处的实际尺寸必须测量准确，并应取其各点实测值的平均数值。

② 采用间接测量法来控制工件的尺寸精度，必须控制好有关的工艺尺寸。例如为保证 20mm 凸形面的对称度要求，加工时，只能先去掉一垂直角余料，通过控制凸形面的实际尺寸来保证对称度要求（图 3-28）。图 3-28（a）所示为凸形面的最大与最小控制尺寸；图3-28（b）所示为在最大控制尺寸下，凸块取得最小极限 19.948mm 时的情况，这时对称度误差最大左偏差为 0.05mm；图 3-28（c）所示为在最小控制尺寸下，凸块取得最大极限尺寸 20mm 时的情况，这时对称度误差最大右偏差为 0.05mm。

③ 必须控制凸、凹件的尺寸误差，保证互配件的间隙要求。

④ 必须控制垂直度误差在最小范围内，保证配合后转位互换精度。否则，由于凹、凸形面没有控制好垂直度，互换配合后会出现最大间隙（图 3-29）。

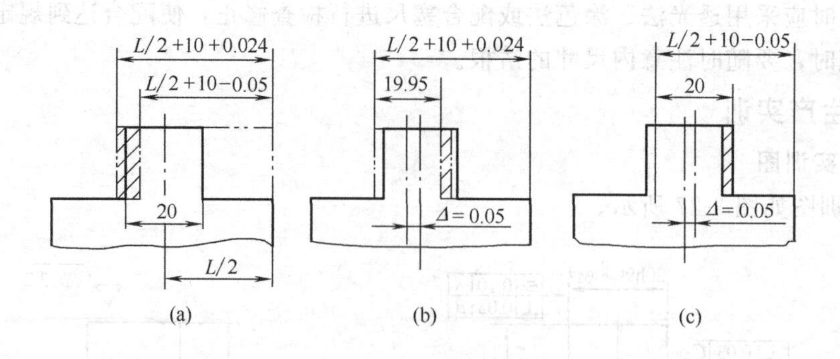

图 3-28　间接控制时的尺寸

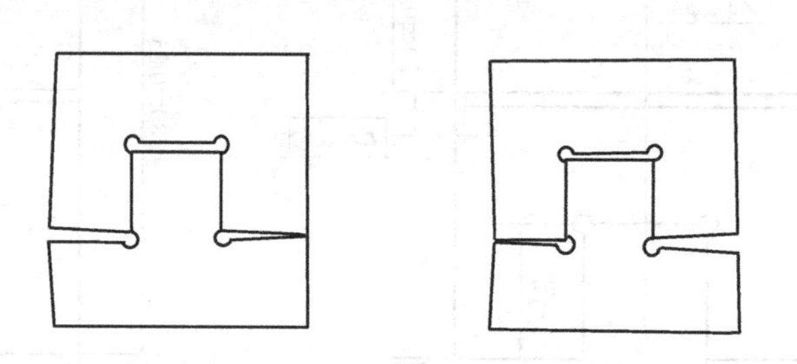

(a) 凸形面垂直度误差产生的影响　(b) 凹形面垂直度误差产生的影响

图 3-29　垂直度误差对配合间隙的影响

⑤ 在加工垂直面时，要防止锉刀侧面碰坏另一垂直面。

4. 操作步骤

① 按图样要求锉削好外轮廓基准面，达到尺寸 60mm±0.05mm、80mm±0.05mm 及垂直度和平行度要求。

② 划出凸、凹体加工线。

③ 钻工艺孔 4×ϕ3mm。

④ 加工凸形面。

a. 按划线锯掉垂直一角，粗、细锉两垂直面。通过控制尺寸 $L/2+10^{+0.024}_{-0.05}$ mm 保证凸块的对称度，通过控制 80mm 的实际尺寸 $-20^{\ 0}_{-0.05}$ mm，保证凸块高度 $20^{\ 0}_{-0.05}$ mm。

b. 按划线锯掉另一垂直角，粗、细锉两垂直面。严格控制尺寸，保证 20mm 的尺寸要求。

⑤ 加工凹形面。

a. 用钻头钻出排孔，锯除凹形面的多余部分，然后粗锉到接触线条。

b. 细锉凹形顶端面，根据 80mm 的实际尺寸，控制 60mm 的尺寸误差值，保证凹槽尺寸 $20^{+0.05}_{\ 0}$ mm。

c. 细锉两侧垂直面，根据外形尺寸 60mm 和凸块的实际尺寸，通过控制 20mm 的尺寸误差值，保证达到与凸块的配合精度要求，同时也保证其对称度在 0.10mm 内。

d. 全部锐边倒角，检查全部尺寸精度。

e. 锯割，要求达到尺寸 20mm±0.5mm，锯面平面度 0.5mm，留有 3mm 不锯，最后修去锯口毛刺。

复习思考题

1. 锉刀的种类有哪些？
2. 如何根据加工对象正确地选择锉刀？
3. 锉刀的粗细规格用什么表示？锉刀的尺寸规格如何表示？
4. 锉削平面和曲面的操作要点各有哪些？
5. 锉削加工后，如何修光加工面？
6. 怎样正确使用和保养锉刀？

锯割

第一节　锯割基础知识

用手锯将材料或工件切断或切槽的加工方法，称为锯割。锯割是钳工的一项基本操作，也是零件加工、机器维修中不可缺少的一种手段。锯割主要用于锯断各种原材料或半成品、锯掉工件上多余部分或在工件上开槽等。锯割的工作范围如图 4-1 所示。

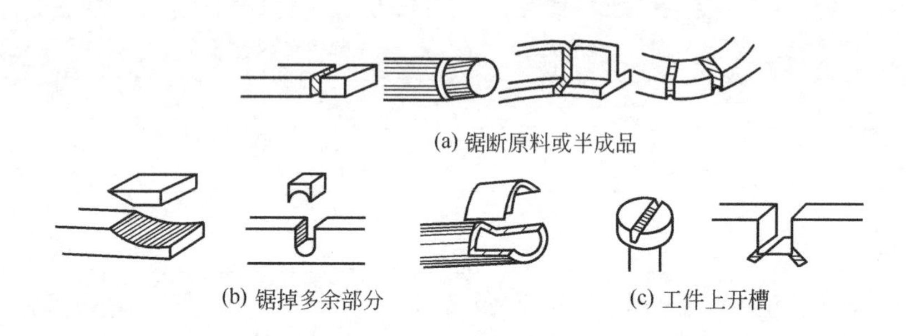

(a) 锯断原料或半成品

(b) 锯掉多余部分　　(c) 工件上开槽

图 4-1　锯割的应用

一、手锯

手锯是锯割的主要工具，由锯弓和锯条两部分组成。

(一) 锯弓

锯弓的作用是用来安装和张紧锯条。根据其构造的不同，锯弓分为固定式和可调节式两种（图 4-2）。固定式锯弓只能安装一种长度规格的锯条；可调节式锯弓的安装距离可以调节，可适用于安装几种长度规格的锯条。

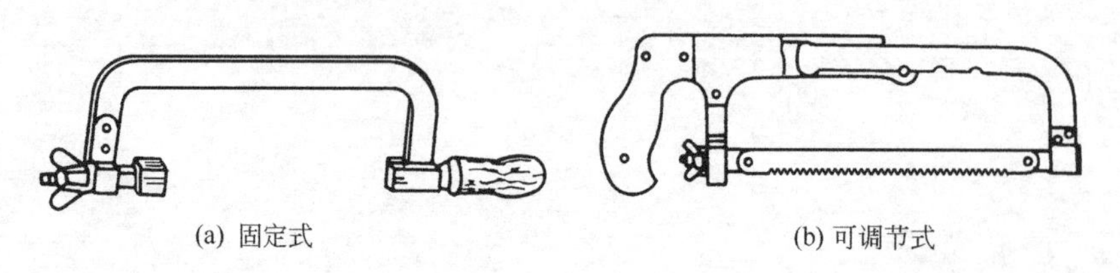

(a) 固定式　　(b) 可调节式

图 4-2　锯弓

(二) 锯条

锯条是手锯的切削部分。一般用低碳钢冷轧渗碳而成，经热处理淬硬。也有用碳素工具钢或合金钢制造。锯条的规格是以两端安装孔的中心距来表示的，钳工常用的是300mm(12in)的一种。分为A型和B型两种，厚度为0.65mm，A型宽度有10.7mm和12mm，B型宽度有22mm和25mm。

1. 锯齿的切削角度

锯条单面有齿，是锯条的切削部分。锯齿相当于一排同样形状的錾子，每个齿都有切削作用，工作效率特别高。锯齿的切削角度为：前角 $\gamma=-2°\sim2°$，后角 $\alpha=40°$，当齿距为0.8mm、1.0mm、1.2mm时，楔角 $\beta=46°\sim53°$，当齿距为1.4mm、1.5mm、1.8mm时，楔角 $\beta=50°\sim58°$，如图4-3所示。

2. 锯路

制造锯条时，锯齿按一定的规律左右错开，排成一定的形状，称为锯路。锯路分交叉形和波浪形两种（图4-4）。

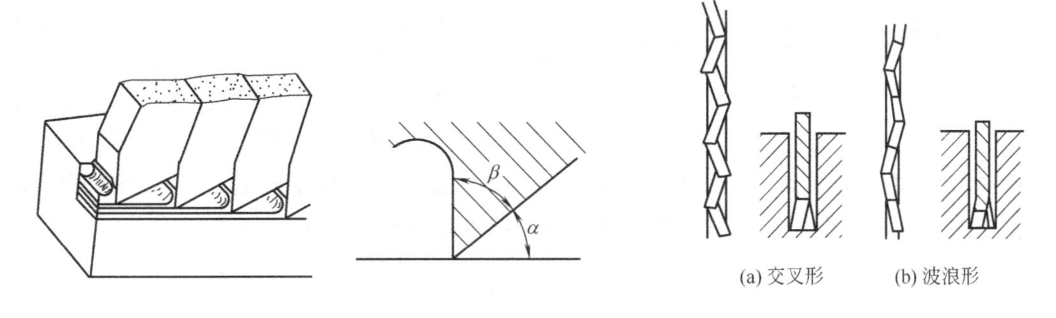

图4-3 锯齿的切削角度

图4-4 锯路

锯路的作用是使工件的锯缝宽度大于锯条的厚度，防止锯割时锯条卡住；减少锯条与锯缝间的摩擦，便于排屑，同时减少锯条发热和磨损，延长锯条使用寿命。

3. 锯条的选择

锯齿的粗细用每25mm长度内齿的个数来表示。可分为：粗齿（14～18齿）、中齿（22～24齿）和细齿（32齿）三种。

锯齿粗细的选择应根据被加工材料的硬度和尺寸大小来决定。

(1) 粗齿锯条

适宜锯割软材料和厚材料，因在这些情况下锯屑较多，为防止产生堵塞现象，要求锯条有较大的容屑空间。如铜、铝、铸铁和低碳钢等的锯割。

(2) 细齿锯条

适宜加工硬材料及管子或薄材料。对于硬材料，一方面锯齿不易切入，切屑少，另一方面，细齿锯条齿数多，同时参加切削的齿数多，可提高锯割效率。对于管子或薄板，主要是防止锯齿被钩住，甚至使锯条折断。如高碳钢、合金钢、管材和薄材等的锯割。

4. 锯条的安装

锯弓两端都装有夹头，将锯条装在两端夹头的销子上，安装时锯齿的齿尖方向朝前，切不可装反。调节翼形螺母装紧锯条，松紧程度要适当，一般以大拇指和食指的扭力检查，有结实感而又不致过硬。锯条应与锯弓在同一中心平面内（图4-5）。

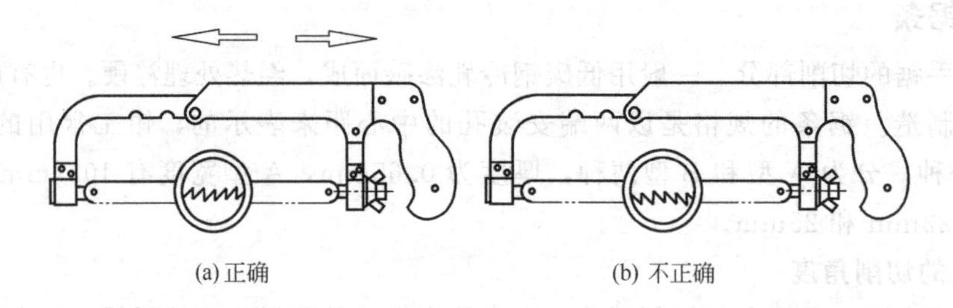

图 4-5　锯条的安装

二、锯割操作

1. 握锯法

右手自然握稳锯弓手柄，左手轻扶在锯弓前端，压力不可过大，推力和压力由右手控制，左手协助右手扶正锯弓（图 4-6）。

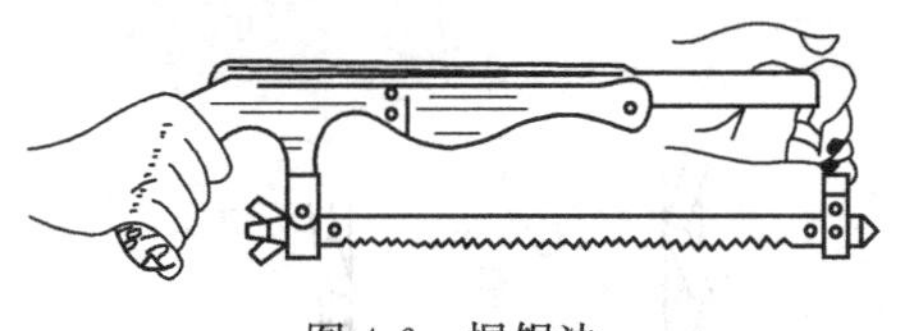
图 4-6　握锯法

2. 锯割姿势

锯割时，站立位置与錾削姿势相似。夹持工件的台虎钳以一拳一肘高度为宜。锯弓向前推进时，身体稍向前倾，与竖直方向成 10°左右，随着行程加大，身体逐渐向前倾。行程达 2/3 时，身体倾斜 18°左右。锯割最后 1/3 行程时，用手腕推进锯弓，身体反向退回到 15°角位置。回程时，左手扶持锯弓不加力，锯弓稍提起一些，身体退回原位（图 4-7）。

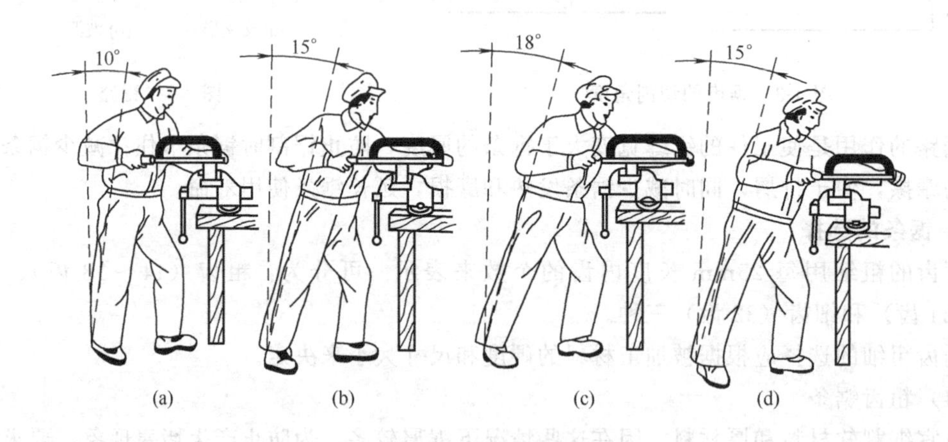

图 4-7　锯割姿势

3. 起锯法

起锯质量的好坏直接影响到锯割的质量。起锯时，用大拇指挡住锯条，将锯齿控制在加工线上，锯缝深达 3mm 以上时，将大拇指离开。常用的起锯法有远起锯和近起锯两种（图 4-8）。

起锯时，起锯角度要小一些，一般不大于 15°。起锯角过大，锯齿易被工件的棱边卡住，造成锯齿崩断；而起锯角太小，锯条不易切入，造成锯齿滑出，锯伤工件表面。

4. 锯割时的压力、速度和往复长度

锯割时压力和速度的控制主要依据所加工材料的性质。压力大小应与材料硬度相适应，

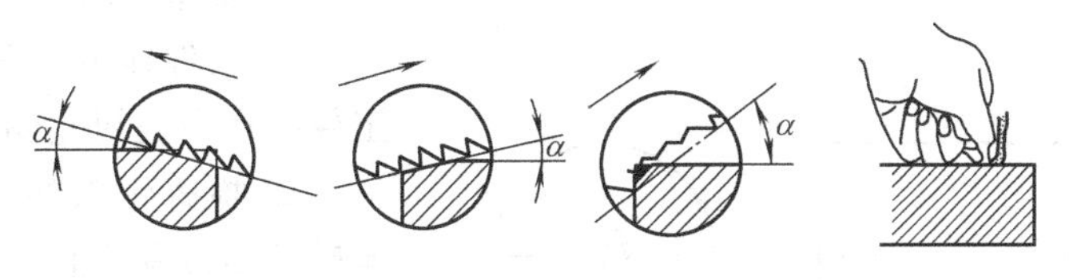

(a) 远起锯　(b) 近起锯　(c) 起锯角太大　(d) 用拇指挡锯条起锯

图 4-8 起锯法

加工较硬的材料时，压力应大一些，加工较软材料时，压力应小一些。锯割前进时，压力逐渐加大；后退时不加压力，锯弓应提起，轻轻带过，以减少锯条的磨损，延长使用寿命。

锯割速度一般以每分钟 20～40 次为宜。锯割软材料可快一些，锯割硬材料可适当慢一些。

锯割时，应使用锯条的全长，锯条的行程应不小于全长的 2/3，这样既可提高锯割效率，又可延长锯条的使用寿命。

5. 锯条损坏原因分析

(1) 锯条过早磨损原因

① 锯割速度过快而造成锯条过热，使锯齿磨损加快。

② 锯割过硬材料或锯割过硬材料时没有使用冷却润滑液。

(2) 锯齿崩断原因

① 锯齿粗细选择不当。

② 起锯方法不正确。

③ 锯割时，突然碰到砂眼、杂质或突然加大压力。

(3) 锯条折断原因

① 锯条安装不当，过松或过紧。

② 工件装夹不正确，夹持不稳或工件从钳口外伸过长，锯割时发生颤动。

③ 起锯时，锯缝偏离加工线，强行借正，使锯条扭断。

④ 推锯时，用力太大或突然加力。

⑤ 工件未锯断而更换锯条，新锯条在旧锯缝中卡住而折断。

⑥ 工件将锯断时，没有减小压力，锯条碰在台虎钳或其他物件上而折断。

第二节 锯割基本训练

一、锯割棒料

1. 生产实训图

生产实训图如图 4-9 所示。

2. 实训准备

① 工具和量具：锯条若干支、锯弓、钢板尺、划针等。

② 辅助工具及材料：软钳口衬垫、V 形槽木垫和润滑油等。

③ 备料：Q235A 圆钢 ϕ22mm×80mm。

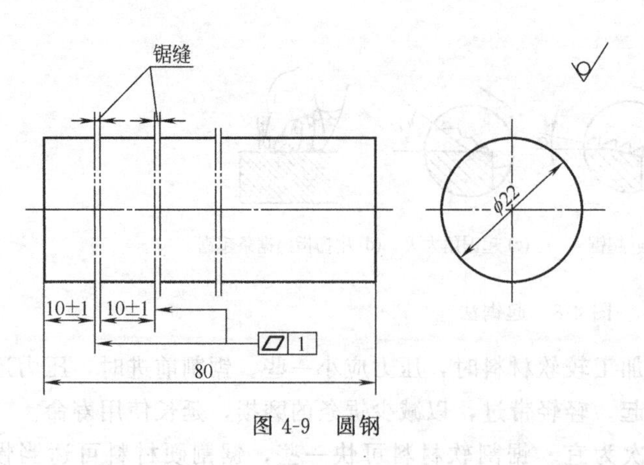

图 4-9　圆钢

3. 操作要点

① 工件伸出台虎钳口不宜过长，工件夹在台虎钳左侧较方便。

② 检查锯条的松紧程度，有结实感又不过硬为宜。

③ 适当加注润滑油，以减少锯条过热磨损。

④ 要求锯缝在规定的加工线内。

4. 操作步骤

① 根据图样在毛坯上划线。

② 将工件夹持稳固。

③ 按划线进行锯割，锯割速度适中，工件将要锯断时，用左手扶持住工件。

④ 锯割完成后，除去毛刺和飞边，检查尺寸和加工质量，达到规定要求。

二、 锯割板料

1. 生产实训图

生产实训图如图 4-10 所示。

2. 实训准备

① 工具和量具：手锯、钢板尺、划针等。

② 辅助工具及材料：木块、涂料等。

③ 备料：薄金属板，规格不限。

3. 操作要点

① 锯割薄板件应从宽面上起锯。

② 若从窄面上锯割，则将板件夹在木块或木板中间，连同木块或木板一起锯割。

③ 若将薄板料夹在台虎钳上，则横向斜锯割。

4. 操作步骤

① 按图样划线。

② 将工件夹在木块中间，紧固在台虎钳上。

③ 锯割薄板。

④ 锯割完成后，去除毛刺、飞边，检查尺寸。

三、锯割管料

1. 生产实训图

生产实训图如图 4-11 所示。

2. 实训准备

① 工具和量具：手锯、细齿锯条数支、钢板尺、划针等。

② 辅助工具及材料：V 形槽木垫、软钳口衬垫、涂料等。

③ 备料：3/4″钢管，长度 80mm。

3. 操作要点

① 使用带 V 形槽的木垫夹持管子，夹紧力应合适，以防管子被夹扁或表面出现凹痕。

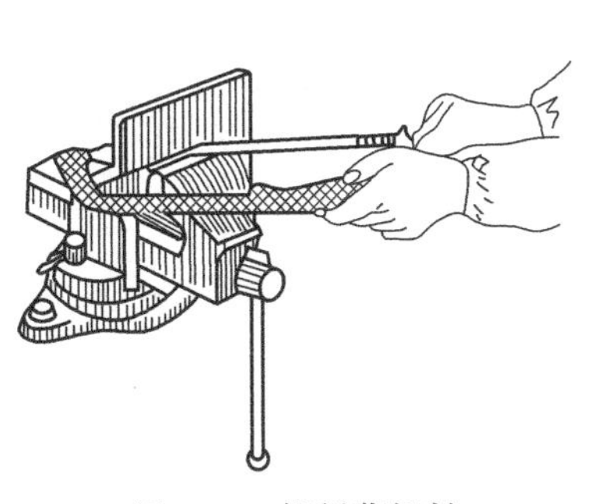
图 4-10　锯割薄板料

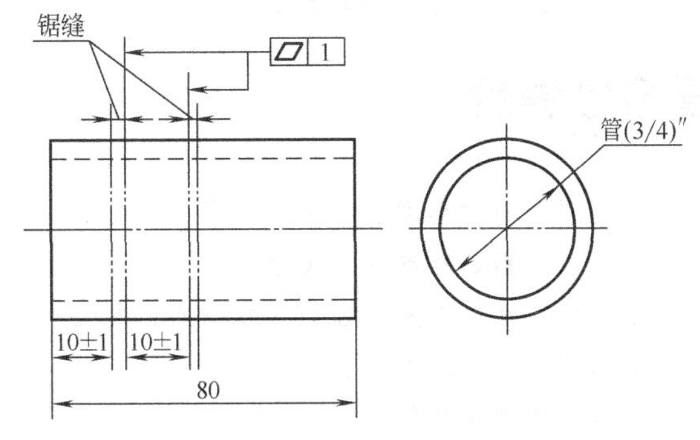

图 4-11　钢管

② 锯割时，当锯条锯到内壁时，应将管子转换一个角度，不断转换角度，直到锯断为止。切不可一个方向将管子锯断，否则锯齿容易在管壁上勾住而崩断。

③ 锯割时，适当加注润滑油进行润滑，以减少锯条因过热而磨损。

4. 操作步骤

① 在管子上按要求划线。

② 加 V 形木垫夹紧工件。

③ 按划线锯割。

④ 去除毛刺和飞边，检查尺寸。

四、开深槽

1. 生产实训图

生产实训图如图 4-12 所示。

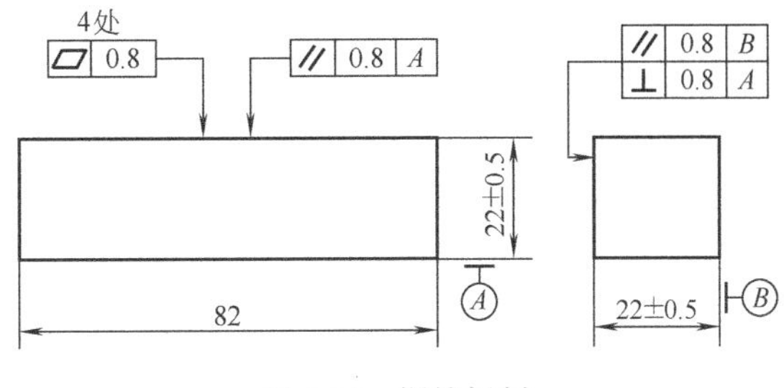

图 4-12　深缝锯割

2. 实训准备

① 工具和量具：手锯、锯条若干支、钢板尺、直角尺、划针等。

② 辅助工具及材料：软钳口衬垫、涂料等。

③ 备料：圆钢 ϕ36mm×82mm。

3. 操作要点

① 锯割时，注意变动工件夹持位置和锯割方向。

② 掌握锯条平直。

③ 锯缝深度超过锯弓垂直高度时，将锯条旋转 90°角进行锯割。

4. 操作步骤

① 划加工线。

② 锯 *A* 面，达到平面度尺寸要求。

③ 锯 *A* 面对应面，使之达到平面度 0.8mm、平行度 0.8mm、尺寸 22mm±0.5mm 的要求。

④ 锯 *B* 面，达到平面度 0.8mm、对 *A* 面的垂直度 0.8mm 的要求。

⑤ 锯 *B* 面的对应面，达到平面度 0.8mm、垂直度 0.8mm、平行度 0.8mm、尺寸 22mm±0.5mm 的要求。

⑥ 去毛刺、飞边，检查尺寸。

复习思考题

1. 何谓锯条的锯路？它有什么作用？
2. 锯条的锯齿粗细如何表示？
3. 如何按加工对象正确地选择锯条的粗细？
4. 锯割操作应注意什么问题？
5. 锯割管料时如何防止崩齿？
6. 为什么推锯速度不宜过快和过慢？

钻孔、扩孔、锪孔和铰孔

第一节 钻　　孔

一、钻孔概述

钻孔是用钻头在实体材料上加工出孔的一种机械加工方法。

钻孔时，钻头装在钻床上，工件固定不动，依靠钻头与工件之间的相对运动来完成钻削加工。钻孔时钻头必须同时完成两个运动：一个是主运动，即钻头绕其轴线的旋转运动，它是将切屑切下所需的基本运动；二是进给运动，即钻头沿轴线方向的直线运动，它是使被切削金属继续投入切削的运动。两种运动同时进行，所以钻头以螺旋运动形式来钻孔（图 5-1）。

钻削的加工精度较低，尺寸精度只能达到 IT10～IT11，表面粗糙度只能达到 Ra25～100μm，适用于孔的粗加工或对孔的质量要求不高的零件。

钻头的种类很多，主要有麻花钻、锪孔钻和中心钻等，本节主要介绍麻花钻和锪孔钻等。

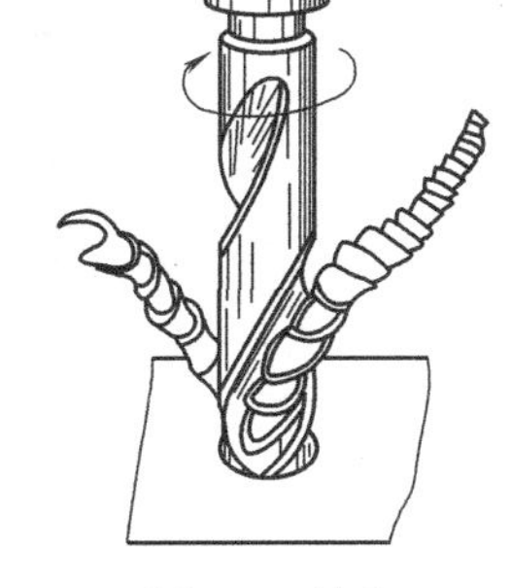

图 5-1　钻孔

二、麻花钻的构造及切削角度

（一）麻花钻的构造

麻花钻一般由 W6Mo5Cr4V2 或同等性能的高速钢（代号 HSS）制成，淬火后硬度达 62～68HRC。麻花钻由柄部、颈部和工作部分组成（图 5-2）。

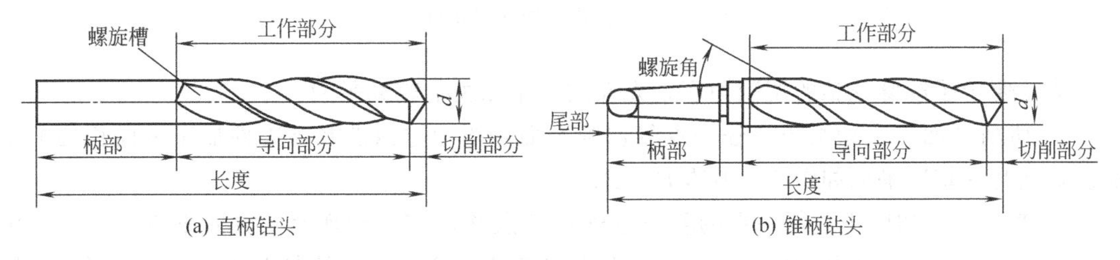

图 5-2　麻花钻

柄部是钻头的夹持部分，有直柄和锥柄两种，用来传递钻孔时的扭矩和轴向力。直柄所能传递的扭矩较小，用于直径在 13mm 以下的钻头；锥柄可以传递较大的扭矩，故直径大于 13mm 的钻头都用锥柄。麻花钻锥柄的锥度为莫氏锥度，如表 5-1 所示。

表 5-1　莫氏锥柄的钻头直径

莫氏锥柄号	1	2	3	4	5	6
直径 D/mm	6～15.5	15.6～23.5	23.6～32.5	32.6～49.5	49.6～65	65～80

颈部位于柄部和工作部分之间，作用是为磨制钻头时供砂轮退刀用。其上刻印有钻头的商标、规格和材料等，以供选择和识别。

工作部分是钻头的主要部分，由切削部分和导向部分组成。切削部分主要起切削工件的作用，两条螺旋槽形成切削刃，并起排屑和输送冷却液的作用。导向部分的作用是保证钻头钻孔时的正确方向和修光孔壁，同时还是切削部分的后备部分。导向部分有两条窄的螺旋形棱边，直径略有倒锥，直径尺寸向柄部逐渐减小，倒锥大小为每 100mm 长度内减小约 0.05～0.1mm，这样既可以引导钻削方向，又可以减少钻头与孔壁的摩擦。

（二）麻花钻的切削角度及对切削的影响

麻花钻螺旋槽表面形成切削部分的前刀面；切削部分顶端的两个曲面为后刀面，它与工件的加工表面相对；钻头的棱边称刃带，也称副后刀面；前刀面与后刀面的交线为主切削刃（简称切削刃）；前刀面与副后刀面的交线称副切削刃；两个后刀面的交线称横刃（图 5-3）。所以，麻花钻的切削部分共有六面五刃。

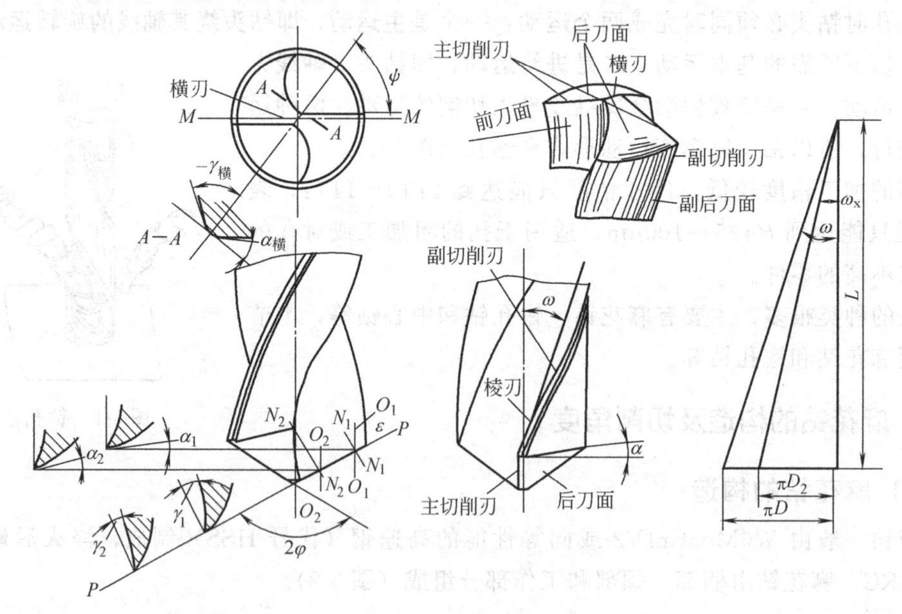

图 5-3　麻花钻的几何角度

为了便于了解麻花钻的切削角度，先介绍几个相关的辅助平面。

① 切削平面　主切削刃上任一点的切削平面是指通过该点并与工件加工表面相切的平面。钻孔时的切削平面如图 5-3 中的 $P—P$。

② 基面　主切削刃上任一点的基面是通过该点并与该点切削速度方向垂直的平面。由于钻头的主切削刃不在径向线上，各点的切削速度方向不一样，故各点的基面不一样。为简

便起见，将主切削刃上各点的基面近似地看成同一个垂直于切削平面的平面。

③ 主截面 通过主切削刃上任一点，并同时垂直于切削平面和基面的平面。

1. 顶角 2φ

顶角为两主切削刃在其平行平面 M—M 上的投影之间的夹角（又称锋角或顶尖角）。

顶角的大小可根据加工条件由钻头刃磨时决定。标准麻花钻的顶角 $2\varphi=118°\pm2°$，这时两切削刃呈直线形。

顶角大小影响主切削刃上轴向力的大小。顶角越小，轴向力越小，外缘处刀尖角 ε 增大，有利于散热和提高钻头耐用度。但顶角减小后，在相同条件下，钻头所受的扭矩增大，切屑变形加剧，排屑困难，影响冷却液的注入。

2. 螺旋角 ω

螺旋角为螺旋槽上最外缘的螺旋线展开成直线后与钻头轴线的夹角。在钻头不同半径处，螺旋角的大小不相等，自外缘向中心逐渐减小。标准麻花钻 $\omega=18°\sim30°$，直径越小，ω 越小。

3. 前角 γ

前角为主切削刃上任一点的前刀面与基面在主截面上投影的夹角。前角的大小与螺旋角、顶角等有关，而影响最大的是螺旋角，螺旋角越大，前角也就越大。在整个主切削刃上，前角的大小是变化的，越靠近外缘处，前角越大（$\gamma=25°\sim30°$），靠近钻头中心 $D/3$ 的范围内为负值。如接近横刃处的前角 $\gamma=-30°$，在横刃上的前角 $\gamma=-(54°\sim60°)$（图5-3 A—A 剖面）。前角大小决定着切削的难易程度和切屑在前刀面上的摩擦阻力大小。前角越大，切削越省力。但在钻削铜、铝等硬度较低、韧性较大的材料时，过大的前角易产生扎刀现象，反而会降低切削性能。

4. 后角 α

后角是在圆柱截面内，主切削刃上任一点的切削平面与后刀面之间的夹角。

主切削刃上各点的后角是不等的，外缘处后角最小，越近中心则越大。外缘处的后角按钻头直径大小分为：$D<15mm$，$\alpha=10°\sim14°$；$D=15\sim30mm$，$\alpha=9°\sim12°$；$D>30mm$，$\alpha=8°\sim11°$。

钻心处的后角 $\alpha=20°\sim26°$，横刃处的后角 $\alpha=30°\sim36°$。

后角越小，钻头后刀面与工件切削表面间的摩擦越严重，切削强度越高。因此钻硬材料时，后角可适当小些，以保证刀刃强度；钻软材料时，后角可稍大一些，以使钻削省力。

5. 横刃斜角 ψ

横刃斜角是在垂直于钻头轴线的端面投影中，横刃和主切削刃所夹的锐角。它的大小与后角的大小密切相关。后角大时，横刃斜角相应减小，横刃变长，轴向阻力增大，钻削时不易定心。标准麻花钻的横刃斜角 $\psi=50°\sim55°$。

三、标准麻花钻的修磨

（一）标准麻花钻的缺点

① 横刃较长。横刃前角为负值，钻削时，横刃处于挤刮状态，产生很大的轴向力，使钻头容易发生抖动，定心不良。据试验，钻削时 50%的轴向力和 15%的扭矩是由横刃产生的，这是钻削中切削热产生的重要原因。

② 主切削刃上各点的前角大小不一样。从外缘处约+30°到靠近钻心处约−30°，外缘处

前角过大，而里侧前角又过小，切削性能差，产生热量大，磨损严重。

③ 钻头的副后角为零，靠近切削部分的棱边与孔壁的摩擦比较严重。

④ 主切削刃外缘处的刀尖角较小，前角很大，此处的切削速度最高，摩擦最剧烈，磨损极为严重。

⑤ 主切削刃长，且全长参与切削，切屑宽，各点上切屑流出速度大小和方向相差很大，因而钻屑成螺旋卷，排屑不顺利，冷却液也不易注入到切削刃部。

（二）标准麻花钻的修磨

由于标准麻花钻存在以上缺点，为改善其性能，通常在使用时针对具体加工情况对麻花钻的切削部分进行修磨。修磨的办法有以下几种。

1. 修磨横刃

克服麻花钻的缺点，最重要的就是修磨横刃。修磨横刃的方法，其一，是直接磨短横刃，使修磨后的横刃为原长度的 1/5～1/3，可显著减小轴向抗力，提高钻头的定心作用。但由于并未改变横刃本身的切削条件，挤刮现象仍然存在。其二，是修磨前角（图 5-4），将钻心处的前刀面磨去一些，以增大横刃前角，减小挤刮现象。修磨横刃后形成内刃，内刃倾角 $\tau=20°\sim30°$，内刃前角 $\gamma_\tau=-15°\sim0°$。其三，是同时使用上述两种方法。

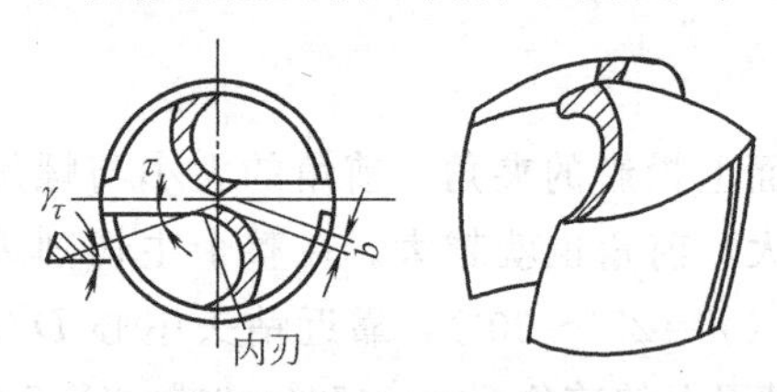

图 5-4　修磨横刃

2. 修磨主切削刃

修磨主切削刃的方法主要是修磨出第二顶角 $2\varphi_0=70°\sim75°$。在钻头外缘处磨出过渡刃（$f_0=0.2d$），以增大外缘处的刀尖角，改善散热条件，增强主切削刃与棱边交角处的耐磨性，延长钻头的寿命，减少孔壁的残留面积，提高加工质量（图 5-5）。

3. 修磨前刀面

将外缘处的前刀面磨去一部分，提高钻头的切削强度，钻削软材料时可避免“扎刀”现象（图 5-6）。

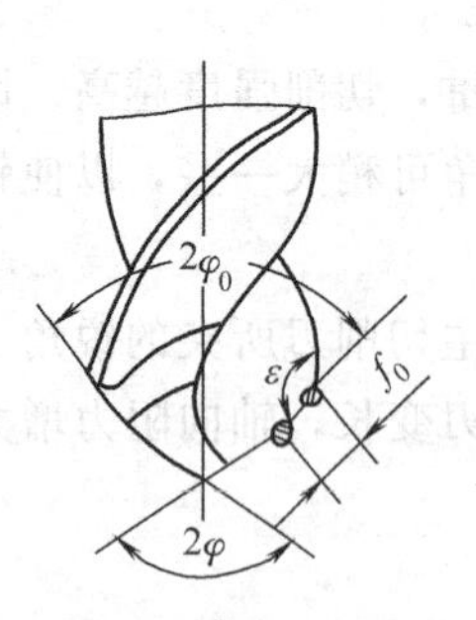

图 5-5　修磨主切削刃

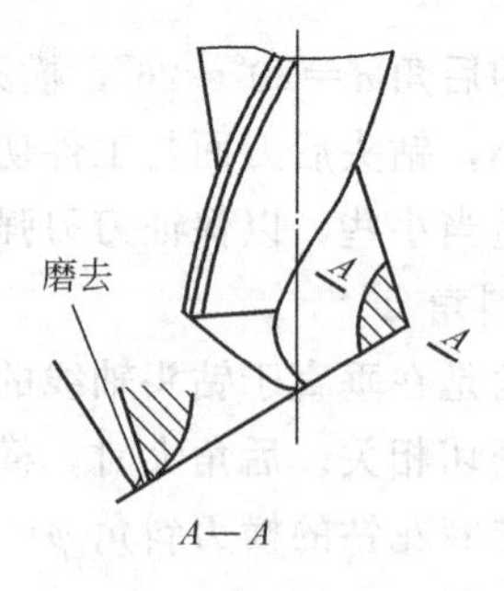

图 5-6　修磨前刀面

4. 修磨分屑槽

直径在 15mm 以上的钻头都可以磨出分屑槽。在两个后刀面上磨出几条相互错开的分屑槽，使切屑变窄，以利排屑，可以提高钻头的切削性能，使其易于加工钢料（图 5-7）。

5. 修磨棱边

在靠近主切削刃的一段棱边上，磨出 6°～8°的副后角（图 5-8），并保留棱边宽度为原来的 1/3～1/2，可减少钻头对孔壁的摩擦，提高钻头的耐用度。

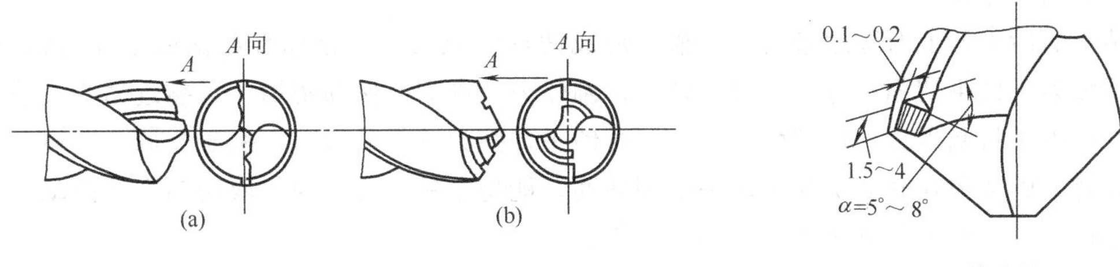

图 5-7　修磨分屑槽　　　　图 5-8　修磨棱边

(三) 群钻

1. 标准群钻

标准群钻是在标准麻花钻的基础上，经过修磨改变切削部分形状及几何参数，克服了麻花钻的缺点，提高了使用效率和加工质量，延长了使用寿命。标准群钻切削部分形状及几何参数如表 5-2 所示。

表 5-2　标准群钻切削部分形状及几何参数

钻头直径 D	尖高 h	圆弧半径 R	外刃长 l	槽距 l_1	槽宽 l_2	横刃长 b	槽深 c	槽数 Z	外刃顶角 2φ	内刃顶角 $2\varphi'$	横刃斜角 ψ	内刃前角 γ_τ	内刃斜角 τ	外刃后角 α	圆弧后角 α_R
mm								条	(°)						
15～20	0.55	1.5	5.5	1.4	2.7	0.45									
20～25	0.7	2	7	1.8	3.4	0.6									
25～30	0.85	2.5	8.5	2.2	4.2	0.75	1	1	125	135	65	−15	25	12	15
30～35	1	3	10	2.5	5	0.9									
35～40	1.15	3.5	11.5	2.9	5.8	1.05									
40～45	1.3	4	13	2.2	3.25	1.15									
45～50	1.45	4.5	14.5	2.5	3.6	1.3	1.5	2					30	10	12
50～60	1.65	5	17	2.9	4.25	1.45			125	135	65	−15			
5～7	0.2	0.75	1.3	—	—	0.2									
7～10	0.28	1	1.9	—	—	0.3	—	—					20	15	18
10～15	0.38	1.5	2.7	—	—	0.4									

注：参数按直径范围的中间值来定，允许偏差为±。

标准群钻主要用来钻削碳钢和各种合金钢。其修磨措施如下。

(1) 磨出月牙槽

在钻头的后刃面上对称地磨出月牙槽，形成凹形圆弧刃，这是标准群钻最主要的特点。磨出的圆弧刃，使主切削刃分成三段：外刃、圆弧刃、内刃。圆弧刃增大了靠近钻心处前角的数值，减少了挤刮现象，使切削省力，同时使主切削刃分成几段，有利于分屑、断屑和排屑。钻孔时，圆弧刃在孔底上切削出一道圆环筋，能稳定钻头的方向，限制钻头的摆动，加强了定心作用，有利于提高进给量和钻孔质量。

(2) 磨短横刃

使横刃为原来的1/7～1/5，使新形成的内刃上的前角也大大增加，以减少轴向抗力，改善定心作用，提高切削能力。

(3) 磨出单边分屑槽

在一条外刃上磨出凹形分屑槽，以利于排屑和减小切削力。

综上所述，标准群钻的形状特点是：三尖七刃，两种槽。三尖是由于磨出月牙槽，主切削刃形成三个尖；七刃是两条外刃、两条圆弧刃、两条内刃、一条横刃；两种槽是月牙槽和单边分屑槽。

2. 薄板群钻

在薄板上钻孔，不能用普通麻花钻。这是由于普通麻花钻钻尖较高，钻尖先钻透工件，钻头失去定心作用，加上工件弹动，使孔不圆、孔口飞边或毛刺很大等，甚至扎刀或折断钻头。一般在钻薄钢板、黄铜皮等材料时，用薄板群钻。薄板群钻切削部分形状和几何参数见表5-3。

表5-3 薄板群钻切削部分形状和几何参数

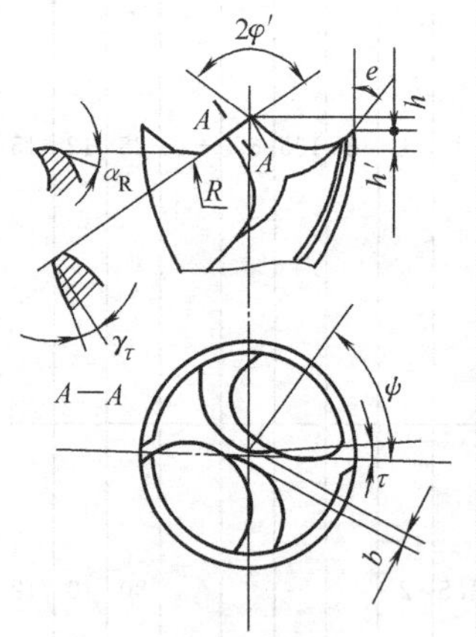

<table>
<tr><th>钻头直径
D</th><th>横刃长度
b</th><th>尖高
h</th><th>圆弧半径
R</th><th>圆弧深度
h'</th><th>内刃顶角
$2\varphi'$</th><th>刃尖角
ε</th><th>内刃前角
γ_τ</th><th>圆弧后角
α_R</th></tr>
<tr><td colspan="5">mm</td><td colspan="4">(°)</td></tr>
<tr><td>5～7
>7～10
>10～15</td><td>0.15
0.2
0.3</td><td>0.5</td><td>用单圆弧连接</td><td rowspan="3">>(δ+1)</td><td rowspan="3">110</td><td rowspan="3">40</td><td rowspan="3">−10</td><td>15</td></tr>
<tr><td>>15～20
>20～25
>25～30</td><td>0.4
0.48
0.55</td><td>1</td><td rowspan="2">用双圆弧连接</td><td rowspan="2">12</td></tr>
<tr><td>>30～35
>35～40</td><td>0.65
0.75</td><td>1.5</td></tr>
</table>

注：1. δ是指材料厚。
2. 参数按直径范围的中间值来定，允许偏差为±。

薄板群钻是把麻花钻的两条主切削刃磨成圆弧形切削刃，钻尖高度磨低，切削刃外缘磨成锋利的刀尖，与钻心刀尖相差仅0.5～1.5mm。钻孔时，钻心尖先切入工件起定心作用，同时两外刃尖在工件上划出圆环槽，迅速将中间的圆片切离。

四、钻头的刃磨

钻头的切削刃用钝或切削部分损坏后，必须进行刃磨，以恢复其正确的几何形状和切削能力。刃磨方法的正确与否，对钻削质量、生产效率及钻头的耐用度有显著的影响。钻头刃磨在砂轮机上进行，砂轮磨粒为刚玉，粒度号数为 46～80，砂轮硬度采用中软级，其粒度粗细与钻头直径相适应：大直径钻头用粗砂轮，小直径钻头用细砂轮。钻头的刃磨方法如下。

1. 修磨主切削刃

将主切削刃置于水平状态，钻头中心线和砂轮圆柱面母线在水平面内形成的夹角等于钻头顶角的一半。刃磨时，右手握住钻头的头部作定位支点，左手握住钻柄，将刃口平行接触砂轮面，逐渐刃磨。在刃磨时，将钻头沿轴线顺时针转动 35°～40°，钻柄向下摆动约等于后角。如此反复进行 2～3 次，即可磨好一条主切削刃（图 5-9）。再反转 180°磨另一条主切削刃，此时应保持钻头只绕其轴线做转动，而不改变空间位置，这样即可磨出与轴线对称的顶角。

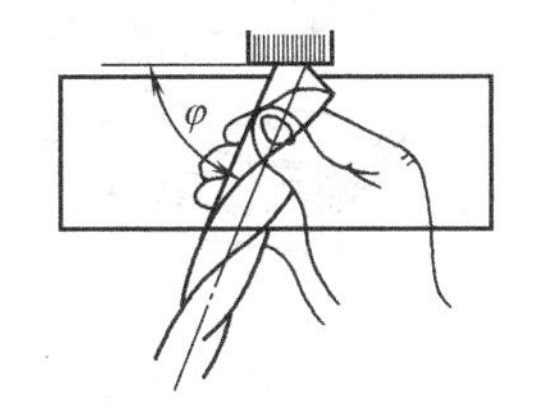

图 5-9 修磨主切削刃

钻头刃磨时压力不宜过大，且经常蘸水冷却，防止因过热退火而降低硬度。

2. 修磨横刃

先使刃背接触砂轮，然后转动钻头磨至切削刃的前刃面，磨削量由大到小。同时控制内刃前角、内刃斜角和横刃宽度（图 5-10）。修磨横刃的砂轮直径要小，砂轮圆角半径也应小一些，否则不易修磨好。

3. 修磨圆弧刃

修磨时，切削刃水平放置，刃磨在砂轮中心平面上进行。钻头中心线与砂轮中心平面的夹角就是圆弧刃后角 α_R（图 5-11）。刃磨时，钻头不能上下摆动或平移，但可做微量移动。刃磨时应控制圆弧半径、内刃顶角、横刃斜角、外刃长度和钻头高五个参数。

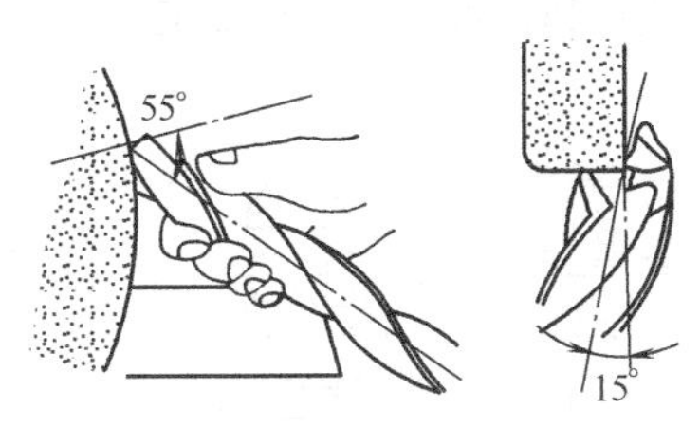

图 5-10 修磨横刃

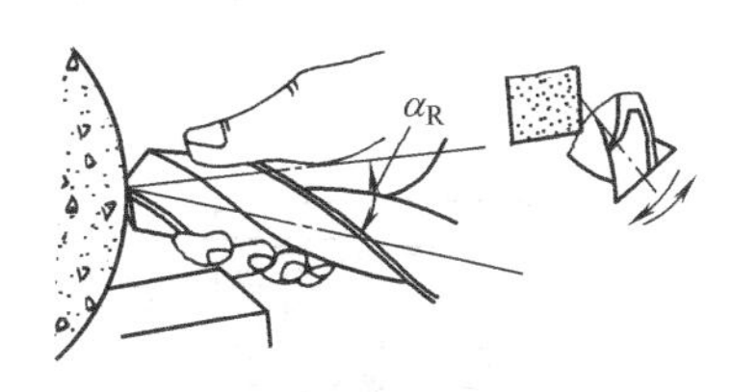

图 5-11 修磨圆弧刃

五、钻床与钻夹头

（一）钻床

1. 台式钻床

台式钻床简称台钻，是一种小型钻床，一般用于钻直径 13mm 以下的孔。台钻规格按钻孔最大直径分，有 6mm、12mm 等几种，其中 12mm 台钻应用较为广泛。

台式钻床结构如图 5-12 所示，其电动机 1 通过三角带传动，主轴可获得五种转速。本体 10 可在立柱 5 上做上下移动，并可绕立柱轴线转动到合适的位置，然后用锁紧手柄 2 锁紧。保险环 4 用螺钉 3 锁紧在立柱上，并紧靠本体的下端面，以防本体突然下滑。工作台 9 可在立柱上进行上下移动和转动，并用手柄锁紧在合适的位置。当松开螺钉 8 时，工作台在垂直平面内可以左右旋转 45°角。钻削小工件时，工件放在工作台上；工件较大或较高时，

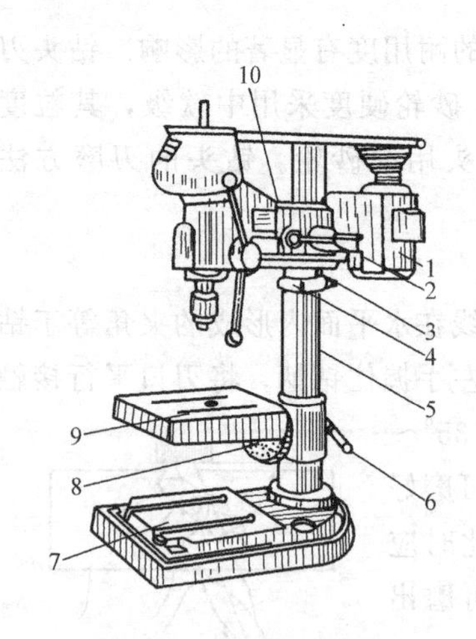

图 5-12　台式钻床

1—电动机；2—锁紧手柄；3—螺钉；4—保险环；5—立柱；6—手柄；7—底座；8—螺钉；9—工作台；10—本体

可将工作台转到一边，直接将工件放在底座 7 上进行钻孔。

2. 立式钻床

立式钻床简称立钻，一般用来钻中型工件上的孔，其钻孔最大直径有 25mm、35mm、40mm 和 50mm 等几种。立钻有自动进给装置，允许采用较大的切削用量，并可获得较高的效率和加工质量。其主轴转速和进给量有较大的变动范围，可对各种不同材料进行钻孔、扩孔、锪孔和铰孔。

立式钻床结构如图 5-13 所示，床身 2 固定在底座 1 上，变速箱 4 固定在床身 2 上，进给箱 5 固定在床身的导轨上，可以沿导轨上下移动。床身内挂有平衡作用的链条和重块，绕过滑轮与主轴套筒相接，以平衡主轴的重量。工作台 7 装在床身 2 下方，可沿导轨上下移动，以适应钻削不同高度的工件。立钻一般都有冷却装置，用专用冷却泵供应工作时所需的冷却液。

3. 摇臂钻床

摇臂钻床（图 5-14）适用于在较重的大型工件上及多孔工件上钻孔。它是靠移动钻轴对准工件进行钻孔的。摇臂钻主轴变速箱 3 能在摇臂 2 上做大范围的移动，而摇臂又能回转 360°，所以摇臂钻能在很大范围内钻孔。工件不太大时，可压紧在工作台（图中未画出）上加工，如工作台上放不下，可将工作台吊走，把工件直接放在底座 1 上加工。根据工件高度的不同，摇臂 2 可在立柱 4 上做上下移动。钻床主轴移动到所需位置后，摇臂可用电动闸锁紧在立柱上，主轴变速箱也可用电动锁紧装置固定在摇臂上，这样加工时保证了主轴的稳定性。摇臂钻床主轴的转速范围及进给量范围很广，可进行钻孔、扩孔、锪孔、铰孔、镗孔和攻螺纹等各种加工。

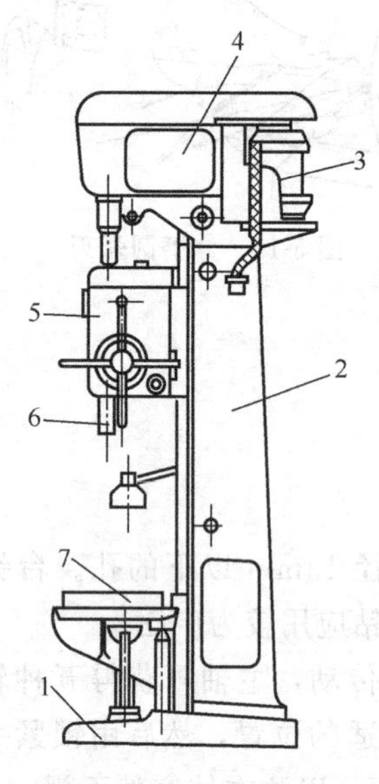

图 5-13　立式钻床

1—底座；2—床身；3—电动机；4—变速箱；5—进给箱；6—主轴；7—工作台

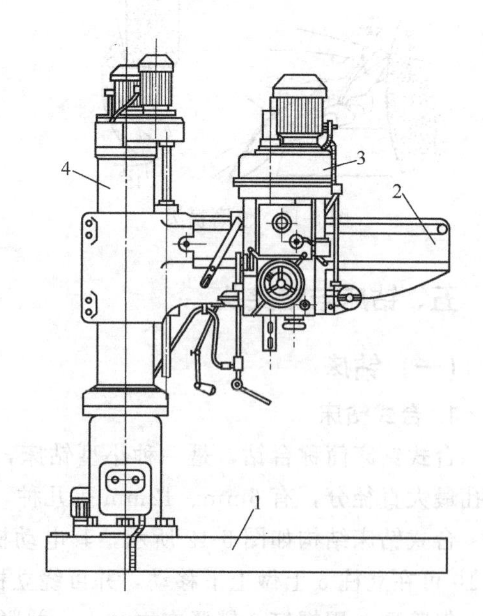

图 5-14　摇臂钻床

1—底座；2—摇臂；3—变速箱；4—立柱

（二）装卡钻头工具

1. 钻夹头

钻夹头用来装夹直径 13mm 以下的直柄钻头。如图 5-15 所示，夹头体 1 上部有一锥孔，用于紧配入夹头柄，而夹头柄的另一端为莫氏锥柄，可装入钻床主轴锥孔内。钻夹头中的三个夹爪 4 用来夹紧直柄钻头。用带小伞齿轮的钥匙 3 插入钻夹头体上的小孔，小伞齿轮带动夹头套 2 上的大伞齿轮，使压入夹头套 2 内的内螺纹圈 5 一起旋转，通过三个夹爪上部的牙齿使三个夹爪推出或缩进，以夹紧或放松钻头。

2. 钻头套

钻头套用来装夹带锥柄的钻头。一套钻头套有五个［图 5-16（a）］，使用时，根据钻头锥柄的莫氏锥度的号数选用相应的钻头套。

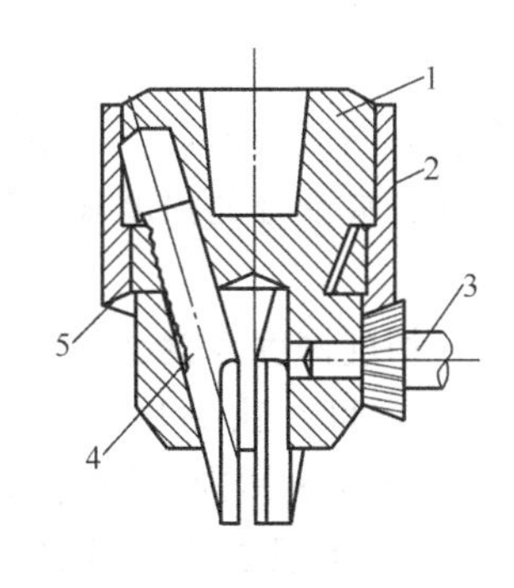

图 5-15　钻夹头

1—夹头体；2—夹头套；3—钥匙；4—夹爪；5—内螺纹圈

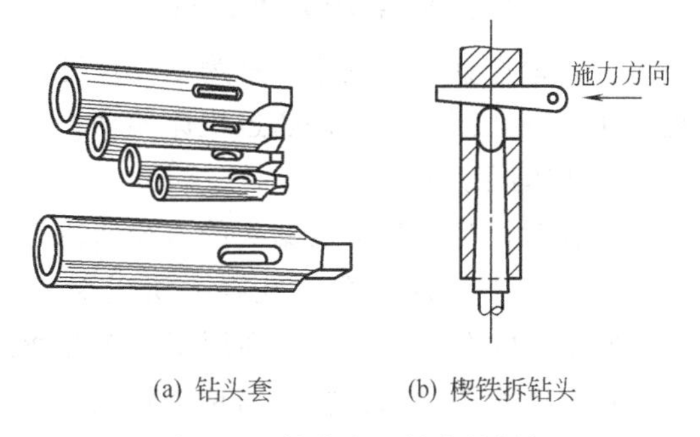

图 5-16　钻头套和钻头的拆卸

五种钻头套的规格和适用范围如下。

1 号钻头套：内锥孔为 1 号莫氏锥度，外圆锥为 2 号莫氏锥度，适用于直径为 15.6mm 以下的钻头。

2 号钻头套：内锥孔为 2 号莫氏锥度，外圆锥为 3 号莫氏锥度，适用于直径在 15.6～23.5mm 之间的钻头。

3 号钻头套：内锥孔为 3 号莫氏锥度，外圆锥为 4 号莫氏锥度，适用于直径在 23.6～32.5mm 之间的钻头。

4 号钻头套：内锥孔为 4 号莫氏锥度，外圆锥为 5 号莫氏锥度，适用于直径在 32.6～49.5mm 之间的钻头。

5 号钻头套：内锥孔为 5 号莫氏锥度，外圆锥为 6 号莫氏锥度，适用于直径在 49.6～65mm 之间的钻头。

图 5-16（b）表示用楔铁拆卸钻头的方法。拆卸钻头时，应将楔铁圆弧的一边朝上，平面朝下，退下钻头时，要用手把持住钻头，或在钻头与钻床间垫上木板，以免打楔铁时钻头落下损坏钻床和钻头。

六、钻孔的切削用量和冷却润滑

（一）钻孔切削用量

钻孔时的切削用量包括切削速度、进给量和切削深度三要素。

1. 切削速度 v

切削速度 v 是钻孔时钻头直径上最外一点的线速度，可由下式计算

$$v=\pi Dn/1000 \ (\mathrm{m/min})$$

式中 D——钻头直径，mm；

n——钻床主轴的转速，r/min。

2. 钻孔时的进给量 s

钻孔时的进给量是钻头每转一周向下移动的距离，单位以 mm/r 计算。

3. 切削深度 a_p

切削深度是指已加工表面与待加工表面间的垂直距离，对于钻孔而言，切削深度为 $a_p=D/2$ (mm)，即等于钻头的半径。

（二）钻孔切削用量的选择

合理地选择切削用量，是为了在保证加工精度和刀具合理耐用度的前提下，最大限度地提高生产率，同时不允许超过机床的功率和机床、刀具、工件、夹具等的强度和刚度。

1. 切削深度的选择

钻孔时，切削深度由钻头的直径所决定，钻头直径越大，切削深度也就越大。而钻头的直径又决定于所加工孔的孔径。所以对直径小于 30mm 的孔，可一次钻出；而对直径为 30～80mm 的孔，为减小切削深度以降低所需机床功率，一般分两次钻削，即先用 (0.5～0.7)D (D 为要求的孔径) 的钻头钻孔，然后用直径为 D 的钻头将孔扩大。这样不仅可以提高钻孔的质量，同时也可以保护机床。

2. 进给量的选择

选择切削用量的基本原则是：在允许的范围内，尽量选较大的进给量。但进给量的增大会使所加工孔的尺寸和表面的精度降低，同时也受到钻头强度和刚度的限制。钻孔时进给量的选择可参考表 5-4。

表 5-4 高速钢标准麻花钻的进给量

钻头直径 D/mm	<3	3～6	6～12	12～25	>25
进给量 s/(mm/r)	0.025～0.05	0.05～0.10	0.10～0.18	0.18～0.38	0.38～0.62

当孔的加工质量要求较高和表面粗糙度要求较小时，应取较小的进给量。当钻孔深钻头较长，刚度和强度较低时，也应取较小的进给量。

3. 切削速度的选择

钻头的直径和进给量确定后，切削速度按钻头的合理耐用度进行选择。选择时可参考表 5-5 或有关手册，也可根据经验进行选取。当材料的强度、硬度高，钻孔直径较大时，宜用较低的切削速度，转速也相应降低些，进给量也应减小。反之，则可选用较高的转速，进给量也可适当增加。当钻头直径小于 5mm 时，应选用很高的转速，但进给量不能过大，一般应采用手动进给，以免折断钻头。

（三）钻孔时的冷却润滑

钻孔一般属于粗加工，又是半封闭状态加工，钻头与工件摩擦严重，产生切削热，且散热困难，往往造成钻头切削部分退火，严重降低钻头的切削性能，所以钻孔时应采取冷却润滑措施，即注入冷却润滑液，其目的主要以冷却为主。

表 5-5 高速钢标准麻花钻的切削速度

加工材料	硬度(HB)	切削速度 v /(m/min)	加工材料	硬度(HB)	切削速度 v /(m/min)
低碳钢	100～125 125～175 175～225	27 24 21	可锻铸铁	110～160 160～200 200～240 240～280	42 25 20 12
中、高碳钢	125～175 175～225 225～275 275～325	22 20 15 12	球墨铸铁	140～190 190～225 225～260 260～300	30 21 17 12
合金钢	175～225 225～275 275～325 325～375	18 15 12 10	铸钢	低碳 中碳 高碳	24 18～24 15
灰铸铁	100～140 140～190 190～220 220～260 260～320	33 27 21 15 9	铝合金、镁合金 铜合金 高速钢	 200～250	75～90 20～48 13

钻孔时，由于加工的材料和加工要求不一，所用的冷却润滑液的种类和作用也不一样。归纳起来，冷却润滑液主要有冷却、润滑和冲洗三方面的作用。钻孔时，应根据不同的材料和加工要求选用不同的冷却润滑液。如在强度高、塑性韧性较大的材料上钻孔时，因钻头上承受的压力较大，要求润滑油膜有较高的强度，可选用润滑性能好的冷却润滑液，如硫化切削油等。常用冷却润滑液的选用可参考表 5-6。

表 5-6 钻孔时冷却润滑液的选用

工件材料	冷却润滑液	工件材料	冷却润滑液
各类结构钢	3%～5%乳化液，70%硫化乳化液	铸铁	不用，5%～8%乳化液，煤油
不锈钢，耐热钢	3%肥皂加 2%亚麻油水溶液，硫化切削油	铝合金	不用，5%～8%乳化液，煤油，煤油与菜油的混合油
紫铜，黄铜，青铜	不用，5%～8%乳化液	有机玻璃	5%～8%乳化液，煤油

七、钻孔方法

(一) 工件的夹持

工件在钻孔前必须夹紧，以防钻孔时因工件的移动而折断钻头或使钻孔位置偏移。工件的夹持方法要根据工件的大小和形状而定。

对于小型工件和薄板件钻孔时，可用手虎钳夹持，如图 5-17 (a) 所示。

对于小而厚、形状规整的工件，可用平口钳夹持，如图 5-17 (b) 所示。

在较长工件上钻较小的孔，可用手直接把持。为确保安全，可在钻床工作台面上用螺钉靠住，如图 5-17 (c) 所示。

对于较大的工件而且钻孔直径在 12mm 以上时，可直接用压板、螺钉或垫铁将其固定在工作台面上，如图 5-17 (d) 所示。搭压板时应注意以下问题。

① 压板的厚度与压紧螺栓的直径比例应适当。

② 压板螺栓应尽量靠近工件，垫铁应比工件压紧表面稍高，以保证有较大的压紧力。

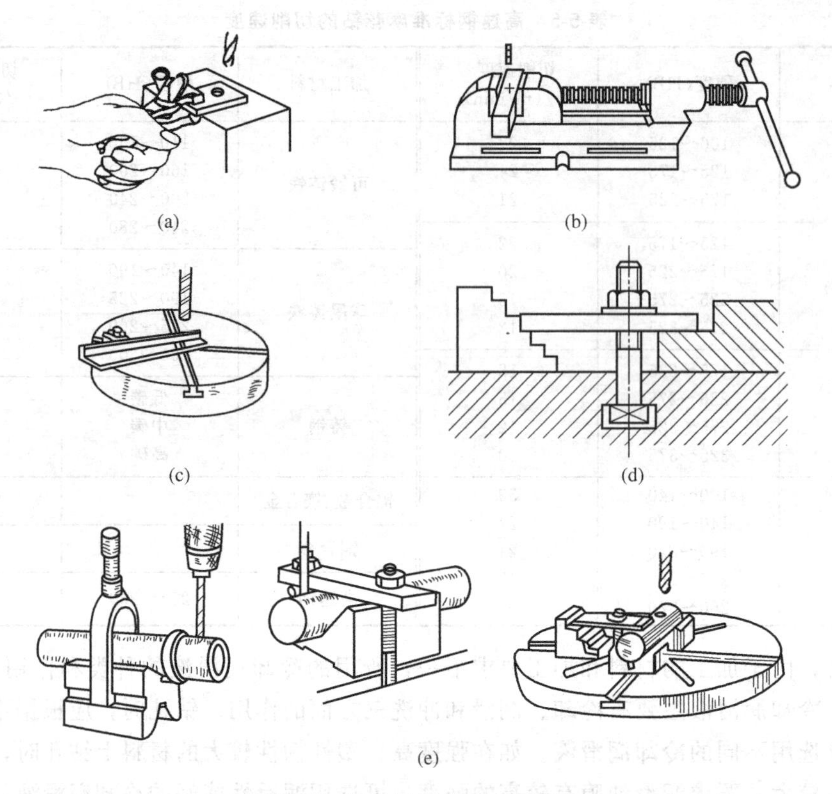

图 5-17 钻孔时工件的夹持方法

③ 工件压紧表面若已精加工，则表面应垫上铜皮等软金属，以防被压板压出印痕。

在圆柱形工件上钻孔时，为防止加工过程中工件转动，应把工件放在 V 形铁上，然后用压板压紧，如图 5-17（e）所示。

对于底面不平或加工基准在侧面的工件，则应将工件定位夹持在角铁上，角铁则固定在工作台上。

（二）钻孔方法

1. 一般工件的钻孔

（1）划线

为保证所钻孔的位置精度，在钻孔前要进行划线。划线时，不仅要划出孔的十字中心线，还要划出孔的圆周线（加工界线），然后在圆心处打一较大的样冲眼，以便钻孔时钻头横刃能落入样冲眼内，钻头不易偏离钻孔中心。

（2）试钻

起钻的位置是否准确，将直接影响到孔的位置精度。因此起钻时，一定要使钻头的钻尖对准孔的中心。通过在相互垂直的两个方向进行观察，确认对正后，然后试钻一浅坑，看钻出的锥坑与所划的钻孔圆周线是否同心。如果同心，就可继续钻孔，否则要进行借正。

（3）借正

借正就是对偏斜的锥坑进行必要的纠正。其方法是，如果偏离较多，可用扁錾在需要多钻去的部位錾出几条槽，减少材料对钻头的阻力，如图 5-18 所示；如果偏离较少，可用样冲在需要去掉的部位冲眼纠偏，然后进行试钻，直到完全校正为止。注意，无论何种方法，都必须在锥坑外圆小于钻头直径之前完成。

在钻通孔将要钻通时，应减小进给量和压力，防止因钻削阻力的突然减小而造成钻头的折断和钻孔质量的降低。如果是自动进给，应及时改为手动进给。

在钻直径超过 30mm 的孔时，应分两次进行钻孔。先钻出直径为要求直径的 0.5～0.7 倍的孔，然后按要求的直径扩孔。

2. 圆柱体工件上钻孔

如果圆柱体上所钻的孔通过圆柱体的轴线并与轴线垂直，且对称度要求较高时，须做一个定心工具，如图 5-19（a）所示。钻孔前，先将定心工具夹持在钻夹头内，用千分表找正其圆锥部分与钻床主轴间的同轴度，使其摆动量在 0.01～0.02mm 之内。下降钻轴，使定心工具的圆锥部分和 V 形铁贴合，用压铁固定 V 形铁。然后换上钻头，将工件置于 V 形铁上，用直角尺或其他工具找正工件的钻孔位置，如图 5-19（b）所示，使钻头对准钻孔中心后，压紧工件，即可进行试钻。

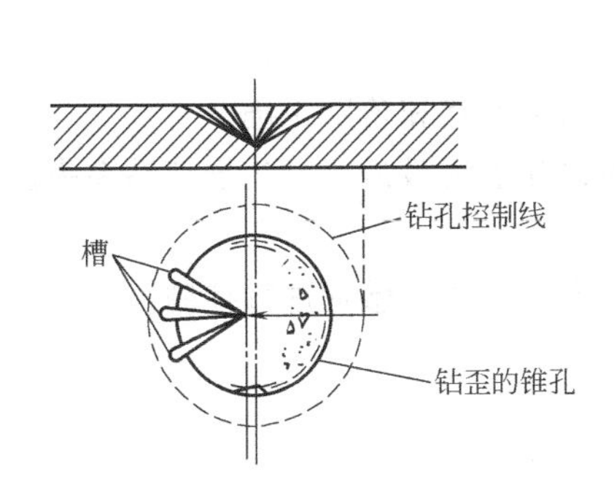

图 5-18 纠正钻偏的方法

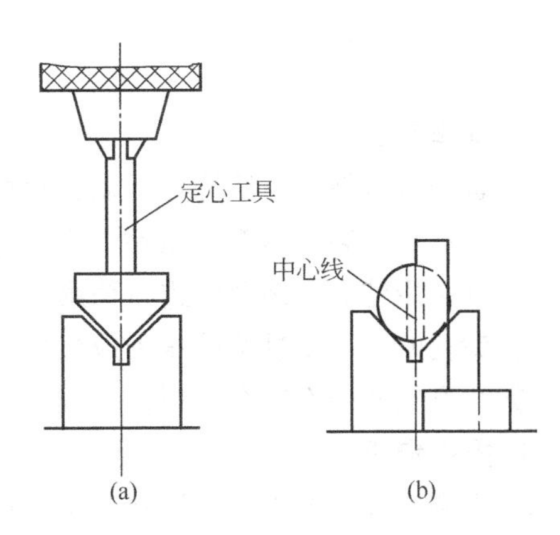

图 5-19 在圆柱形工件上钻孔

钻孔时，试钻一浅坑，观察中心位置是否准确，如有偏差，往往是横刃过长，钻尖不够锋利所致，可重新修磨横刃，适当减小顶角后，再行试钻。

当对称度要求不太高时，可不用定心工具，直接用钻头尖对正 V 形铁中心位置进行找正，然后用直角尺找正工件一端的中心线，进行试钻和钻孔。

3. 钻半圆孔

钻半圆孔与一般钻孔不同，最好用半孔钻。半孔钻是将钻头的钻心修磨成凸凹形，以凹为主，突出两个外刃尖，使钻孔时切削表面形成凸筋，限制了钻头的偏移，可以进行单边切削。适宜采用低速手动进给。

对于需钻半圆孔的工件，还可采用把两件合起来一起钻。若只钻一件时，可与另一块相同材料合并在一起，夹在台虎钳上进行钻孔（图 5-20）。

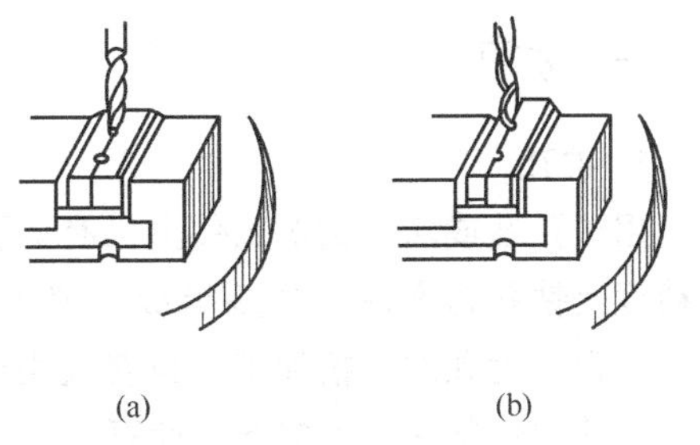

图 5-20 钻半圆孔

钻半圆孔时，应在夹持牢固的两件接合缝处打中心眼、划线，然后进行钻孔。为防止两组合件之间相对位移，常采用销和螺钉进行止动或紧定。两组合件材料往往软硬不同，钻孔时会造成偏向软材料一边。为防止和减小偏斜，应尽量选用短钻头，减小钻头的弯曲度，增加钻头的刚度。其次，还可采用钻头向硬材料一面“借”的办法，就是在划线时，向硬材料一面借过去一些，最后钻出的孔可能正好在两材料中间。这要求钳工有一定的操作经验。

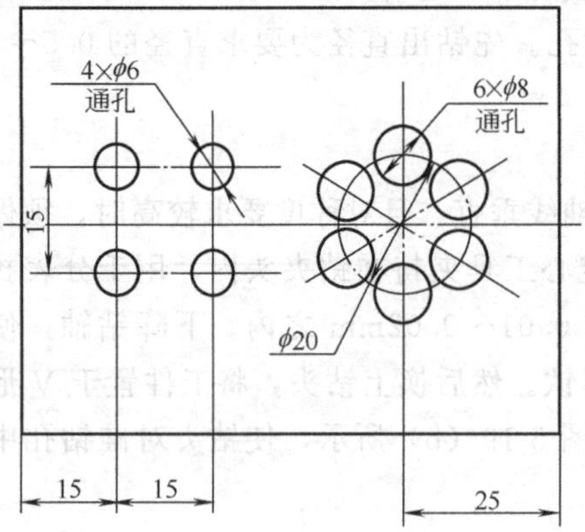

图 5-21　钻孔

八、钻孔实训

1. 生产实训图

生产实训图如图 5-21 所示。

2. 实训准备

① 工具和量具：钻头、划针、样冲、划针盘、钢板尺和钻头等。

② 辅助工具及材料：压板、螺栓、冷却润滑液及涂料等。

③ 备料：长方铁（HT150），厚 60mm。

3. 操作要点

① 首先进行钻头刃磨练习，做到刃磨姿势、钻头几何形状和角度正确。

② 用钻夹头装夹钻头要用钻夹头钥匙，不得用楔铁和手锤敲击，以免损坏钻夹头。

③ 钻头用钝后必须及时进行修磨。

④ 钻孔时，手动进给的压力应根据钻头的工作情况以目测和感觉进行控制。

⑤ 注意钻孔操作安全事项。

4. 操作步骤

① 刃磨钻头。要求几何形状和角度正确。

② 毛坯形状和尺寸检查，清理表面，涂色。

③ 按要求划钻孔加工线。

④ 调整钻床达到要求。

⑤ 完成钻孔。

⑥ 检查工件质量。

第二节　扩孔和锪孔

一、扩孔

1. 扩孔

用扩孔钻或麻花钻对工件上已有的孔进行扩大加工的操作方法称为扩孔（图 5-22）。扩孔精度比钻孔精度高，公差等级一般可达 IT9～IT10，表面粗糙度可达 Ra12.5～3.2μm。故扩孔常作为孔的半精加工，也普遍用作铰孔前的预加工。

扩孔的切削深度 t 按下式计算

$$t=(D-d)/2$$

式中　D——扩孔后孔的直径，mm；

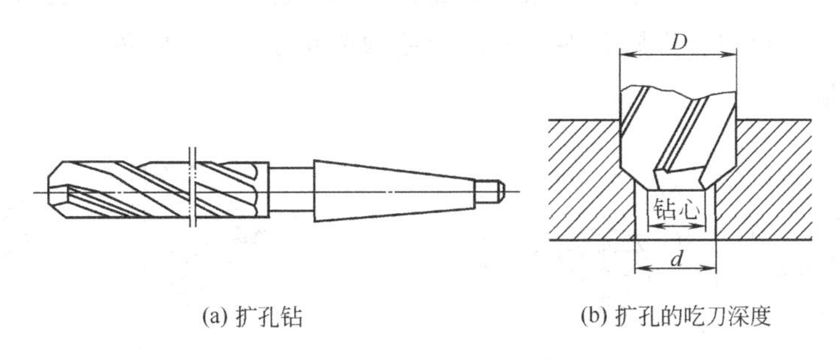

(a) 扩孔钻　　(b) 扩孔的吃刀深度

图 5-22　扩孔与扩孔钻

d——预加工孔的直径，mm。

用扩孔钻扩孔时，扩孔前的钻孔直径为孔径的 0.9 倍；用麻花钻扩孔时，扩孔前的钻孔直径为孔径的 0.5～0.7 倍。

2. 扩孔钻

与麻花钻相比较，扩孔钻具有以下结构特点。

① 由于容屑槽较小，扩孔钻有较多的切削刃，即有较多的刀齿棱边刃，增强了导向作用，切削较为平稳，因而扩孔质量比钻孔质量高。

② 由于扩孔钻的钻心较粗，具有较好的刚度，故可以增大进给量。扩孔的进给量为钻孔的 1.5～2 倍，但切削速度约为钻孔的 1/2。

③ 由于中心不切削，没有横刃，切削刃只做成靠边缘的一段，故可避免由横刃引起的一些不良影响。

④ 由于切削深度较小，排屑容易，切削角度可取较大值，故加工表面质量较好。

二、锪孔

(一) 锪孔与锪孔钻

用锪孔钻在孔口上加工出一定形状的孔和表面的操作，称为锪孔（图 5-23）。锪孔类型主要有：圆柱形沉孔、圆锥形沉孔和孔口的凸台面。锪孔的作用是为了保证孔与连接件具有正确的相对位置，使连接更可靠。

锪孔的工具主要是锪孔钻。锪孔钻主要有以下几种。

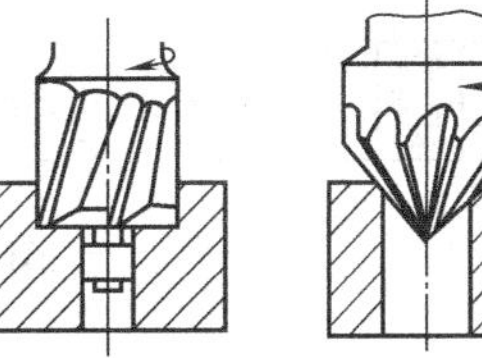
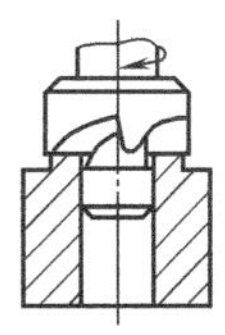

(a) 锪圆柱形沉孔　(b) 锪圆锥形沉孔　(c) 锪凸台面

图 5-23　锪孔

1. 柱形锪钻

柱形锪钻（图 5-24）用于锪圆柱形沉孔，主切削刃是端面刀刃，螺旋槽的斜角就是它的前角 $\gamma=\omega=15°$，后角 $\alpha=8°$。副切削刃是外圆柱面上的刀刃，起修光孔壁的作用。柱形锪钻的前端有导柱，导柱直径与已有孔相配合，使柱形锪钻具有良好的定心作用和导向性，其前端的导柱有装卸式和整体式两种。柱形锪钻可由麻花钻改制而成，即将麻花钻头前端磨制成圆柱形，端面上刀刃在锯片砂轮上磨出后角。

2. 锥形锪钻

锥形锪钻（图 5-25）用于锪圆锥形沉孔，锥角有 60°、75°、90°和 120°四种，其中 90°的应用最多。锥形锪钻的直径在12～60mm之间，切削刃数为4～12个。每隔一刀刃有一槽，目的是改善刀尖处的容屑、排屑条件。锥形锪钻的前角 $\gamma=0°$，后角 $\alpha=6°\sim8°$。锥形锪钻也可由麻花钻改制。

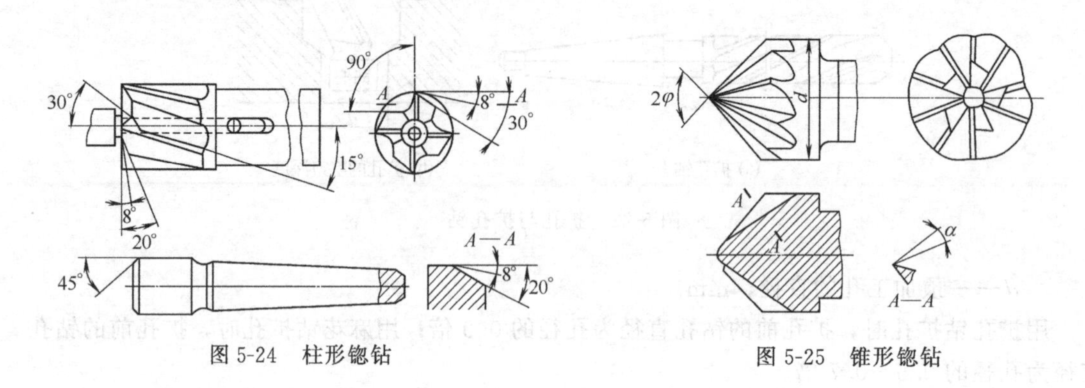

图5-24 柱形锪钻　　图5-25 锥形锪钻

3. 端面锪钻

端面锪钻用于锪凸台端面。简单的端面锪钻如图5-26所示，它的刀片由高速钢刀条磨成，并用螺钉紧固在刀杆上。前角大小应根据加工材料而定，锪铸铁时，$\gamma=5°\sim10°$，锪钢材时，$\gamma=15°\sim25°$；后角一般为 $\alpha=6°\sim8°$。刀杆上的方孔要与刀杆轴线相垂直，刀片与方孔采用h6的间隙配合。刀杆导向部分与工件孔采用f7的间隙配合，起引导作用，保证锪出的端面与孔的轴线垂直。

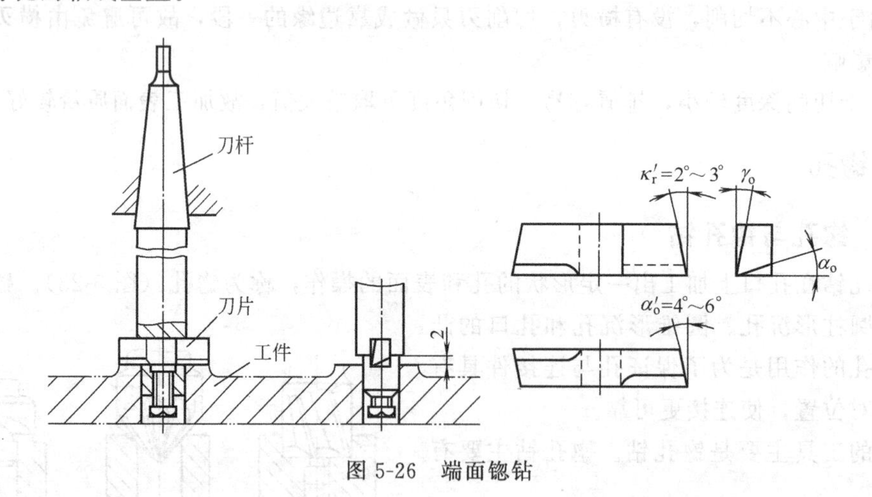

图5-26 端面锪钻

图5-27所示为多齿端面锪钻。刀杆与套式锪钻相配合，刀杆上有槽，靠紧定螺钉来带动锪钻旋转。

4. 薄板上锪大孔的套料工具

当薄板上需加工大直径的孔时，若将大直径的麻花钻磨成薄板钻，既费工时，也很不经济，这时可以用一种套料工具（图5-28）。其刀杆可以在刀体方槽中做适当的调节移动，以达到所需的锪孔直径。锪孔前，先在工件上钻出一个孔，刀体下部的定心圆柱与孔配合，锪孔开始。钻头转速要缓慢，进给量要小，工件应压紧，板料下面要垫空。将要钻透时，减低压力，使进给量变得相当小，或停止进刀，未切透部分可用手锤敲下来，防止刀头陷进而折断或带动工件而造成事故。

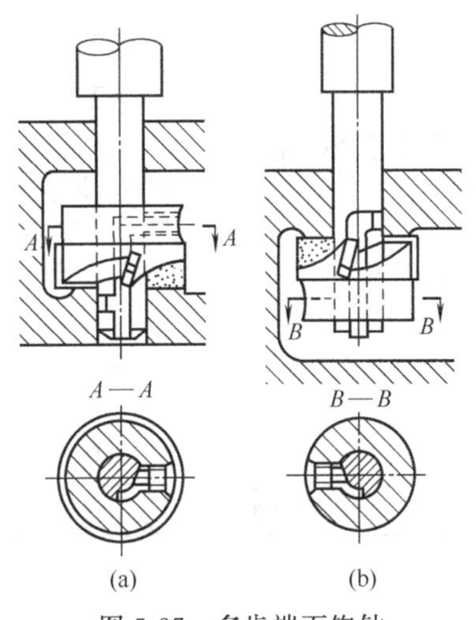

图 5-27 多齿端面锪钻

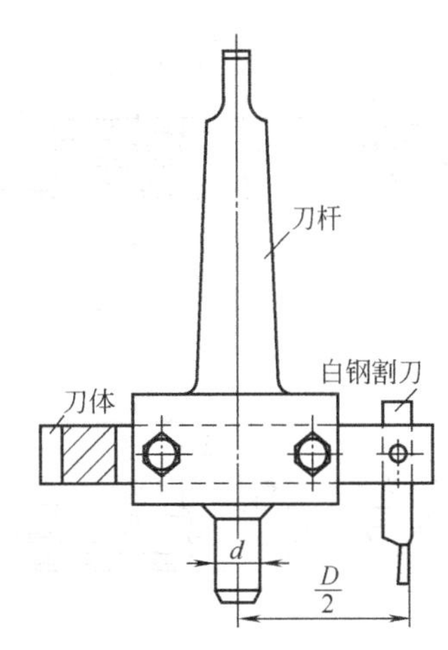

图 5-28 锪大孔的套料工具

(二) 锪孔操作要点

① 锪孔时，进给量可大些，一般可为钻孔的 2～3 倍。而切削速度应比钻孔低，一般为钻孔的 1/3～1/2。精锪时，往往利用钻床停车后主轴的惯性来锪孔，以减少振动。

② 若用麻花钻改制锪钻，则要尽量选用较短的钻头来磨，并注意修磨前角，减小前角，以防止扎刀和振动，选用较小后角，防止产生多角形。

③ 锪钢件时，因切削发热量大，应对导柱和切削表面进行冷却和润滑。

④ 注意安全生产，确保刀杆和工件装夹可靠。

第三节 铰 孔

用铰刀从工件孔壁上切除微量金属层，以提高孔的尺寸精度和降低表面粗糙度的加工方法，称为铰孔。铰孔用的刀具叫铰刀，它是一种尺寸精确的多刃刀具。由于铰刀的刀刃数量多（6～12 个），切削余量小，导向性好，刚性好，故加工精度高，其尺寸精度一般可达 IT7～IT9，表面粗糙度 $Ra \leqslant 3.2\mu m$。铰孔是精密制造中经常采用的孔加工方法之一。

一、铰刀的种类

铰刀的种类很多，钳工常用的有以下几种。

1. 标准圆柱直铰刀

标准圆柱直铰刀由工作部分、颈部和柄部三部分组成，如图 5-29（a）所示。

（1）工作部分

铰刀的工作部分如图 5-29 所示，由切削部分和校准部分组成。切削部分（l_1 部分）呈锥形，担任主要切削工作。一般手铰刀的锥角 2φ 为 $1°～3°$，定心作用好，轴向力较小，操作省力。机铰刀工作时的导向和进给由机床保证，故锥角较大，在铰削钢材及其他韧性材料通孔时，$2\varphi=30°$，铰削铸铁及其他脆性材料通孔时，$2\varphi=6°～10°$，而在铰盲孔或阶梯孔时，为使剩余的圆锥部分尽量短，锥角 $2\varphi=90°$。为便于将铰刀引入孔中，在工作部分最前端有一引导锥（l_3 部分），引导锥的锥度为 90°。

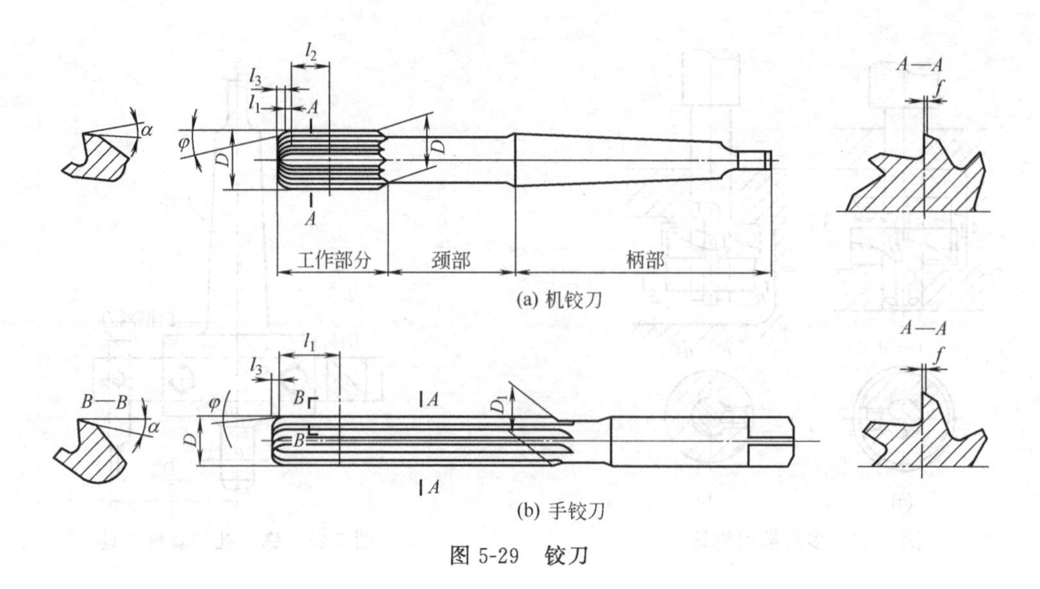

(a) 机铰刀

(b) 手铰刀

图 5-29 铰刀

紧接切削部分的后边为铰刀的校准部分。校准部分的作用是导向、校准和修光孔壁，同时校准部分又是铰刀的备磨部分。机铰刀的校准部分由圆柱形校准部分（l_2 部分）和倒锥校准部分两段组成，而手铰刀只有倒锥校准部分。校准部分的刀刃上有无后角的棱边，用来引导铰削的方向和修整孔的尺寸。为减小棱边和孔壁的摩擦，棱边应较窄，一般为 $f=0.1\sim0.3$mm（图 5-29）。机铰刀的校准部分做得很短，而且倒锥量大一些（0.4～0.8mm）。手铰刀切削速度低，全靠校准部分导向，所以校准部分较长，整个校准部分都做成倒锥，倒锥量较小（0.005～0.008mm）。

铰孔的切削余量很小，切屑变形也小，一般铰刀前角 $\gamma=0°$（加工韧性材料时，为减小变形，前角可适当大些），使铰削近似于刮削，故可得到较小的表面粗糙度。切削部分和校准部分的后角一般都磨成 $\alpha=6°\sim8°$。

标准铰刀的齿数用 Z 表示。当直径 $D<20$mm 时，$Z=6\sim8$；当 $D>20\sim50$mm 时，$Z=8\sim12$。为便于测量铰刀直径，铰刀齿数多取偶数。

一般手铰刀的齿距在圆周上分布是不均匀的［图 5-30（a)］，这是因为若刀齿均匀分布，孔壁容易产生周期性的轴向振痕，另外，孔壁上黏留有切屑或材料组织中有硬点时，铰刀产生让刀，会在相对方向的孔壁上切出凹痕。若使用不等距手铰刀，则可避免以上缺点。而机用铰刀为了制造方便，刀齿在圆周上等距分布［图 5-30（b)］。

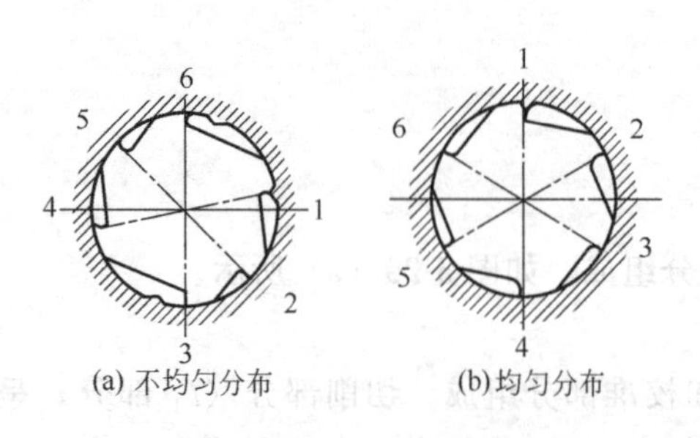

(a) 不均匀分布　(b) 均匀分布

图 5-30 铰刀刃的分布

（2）颈部

颈部为加工刀刃时供退刀用，一般刻有商标和规格。

（3）柄部

柄部用于铰刀的装夹和传递扭矩。

2. 可调节的手铰刀

可调节的手铰刀如图 5-31 所示，刀体上开有六条斜底直槽，将六条具有相同斜度的刀片嵌在槽内，刀片的两端用调节螺母和压圈压紧。只要调节两端螺母，可使刀片沿斜槽移动，从而改变铰刀的直径。可调节的手铰刀的最大特点是直径可在一定范围内调节，故主要用于单件小批量的生产中。

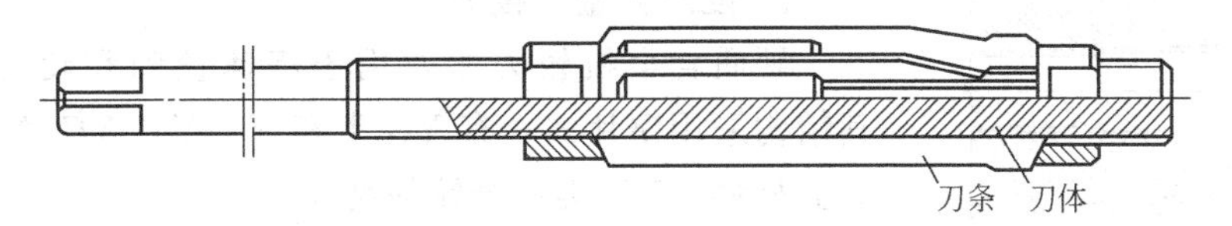

图 5-31 可调节的手铰刀

3. 螺旋手铰刀

螺旋手铰刀（图 5-32）的切削刃沿螺旋线分布，铰孔时切削连续平稳，铰出的孔壁光滑，尤其是有键槽的孔，此种铰刀刃齿不会被键槽侧边勾住。螺旋槽的方向一般为左旋，以免铰削时因铰刀的正向旋转而产生自动旋进现象，同时左旋刀刃容易使切屑向下，易于排屑。

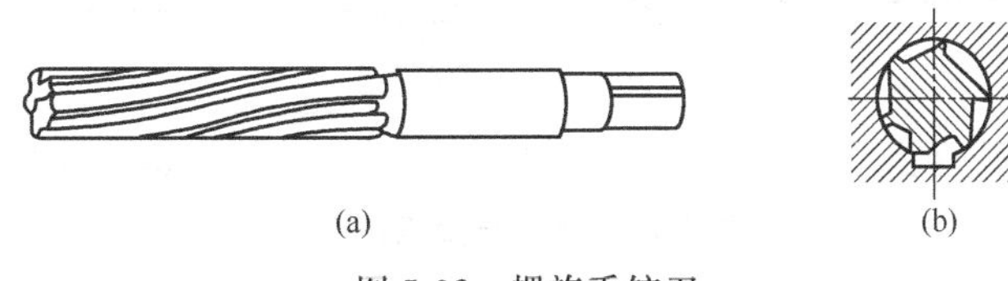

图 5-32 螺旋手铰刀

4. 锥铰刀

锥铰刀如图 5-33 所示，是用来铰削圆锥孔的，根据锥孔的种类不同，锥铰刀主要有以下几种。

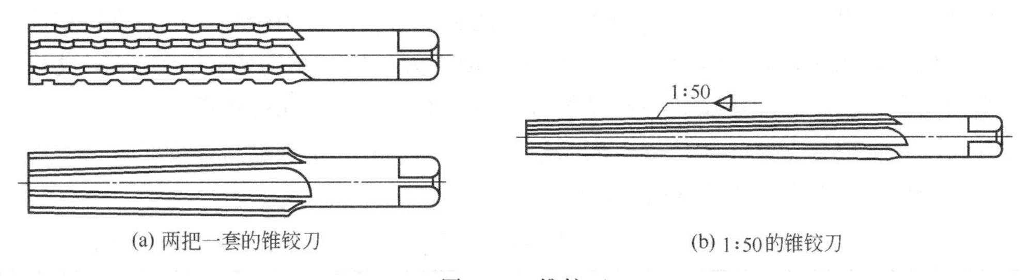

图 5-33 锥铰刀

(1) 1∶10 锥铰刀

用于铰削联轴器上与圆柱销配合的锥孔。

(2) 1∶30 锥铰刀

用于铰削套式刀具上的锥孔。

(3) 莫氏锥铰刀

其锥度近似于 1∶20 [(1∶20.4)～(1∶19)]，用于铰削 0～6 号的莫氏锥孔。

(4) 1∶50 锥铰刀

用于铰削锥形定位销孔。

1∶10 锥铰刀和莫氏锥铰刀一般 2～3 把为一套，一把为精铰刀，其余是粗铰刀。

用锥铰刀铰孔，加工余量大，其刀刃全部参加切削，铰削时比较费力。为减轻粗铰时的负荷，在粗铰刀上开有呈螺旋形分布的分屑槽。另外，可将铰削孔的底孔钻成阶梯孔（图5-34），其最小直径为锥孔小端直径，并留有铰削余量。

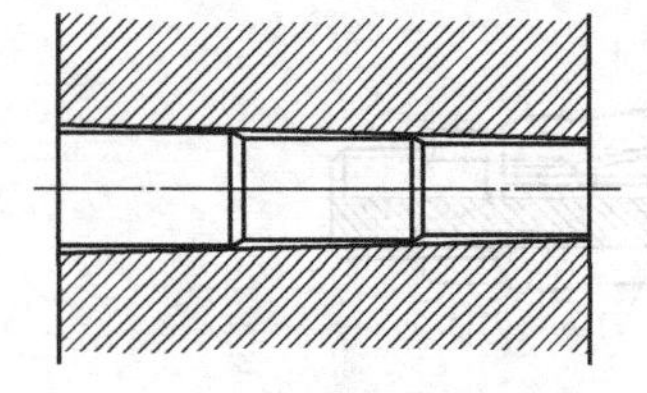
图 5-34　铰前钻成的阶梯孔

5. **硬质合金机铰刀**

硬质合金机铰刀主要用于高速铰削和硬材料的铰削。其结构采用镶片式，有 YG 类和 YT 类。YG 类适合铰削铸铁类材料，YT 类适合铰削钢件。

目前，硬质合金机铰刀有直柄式和锥柄式两种（图 5-35）。直柄硬质合金机铰刀按直径分为 6mm、7mm、8mm、9mm 四种规格；按公差分为 1 号、2 号、3 号、4 号，可分别直接铰出 IT7、IT8、IT9、IT10 级的孔。锥柄硬质合金机铰刀直径范围为 10～28mm，按公差分为 1 号、2 号、3 号，可分别铰出 IT9、IT10、IT11 级的孔。

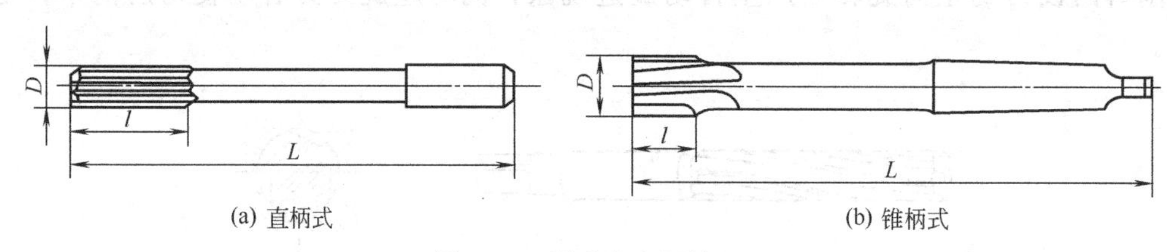

(a) 直柄式　(b) 锥柄式

图 5-35　硬质合金机铰刀

二、铰孔时的铰削用量和冷却润滑

（一）铰削用量的选择

1. 铰削余量的选择

铰削余量指上道工序完成后留下的直径方向的加工余量。铰削余量过小，难以消除上道工序留下的残痕，孔壁质量达不到要求；铰削余量过大，切削负荷大，会使切削过程不稳定，切削热增多，铰刀直径热胀，使孔径扩张，铰刀磨损加剧，孔壁粗糙。

选择铰削余量应根据铰孔的精度、表面粗糙度、孔径的大小、材料硬度和铰刀类型来确定。余量大小参考表 5-7 所列的铰削余量范围。

表 5-7　铰削余量　单位：mm

铰孔直径	<5	5～20	21～32	33～50	51～70
铰削余量	0.1～0.2	0.2～0.3	0.3	0.5	0.8

2. 机铰时的切削速度和进给量

切削速度和进给量选择要适当。如果选择过大，会加快铰刀的磨损，也可能产生积屑瘤而影响加工质量；如果选择过小，又影响生产效率。

当使用普通标准高速钢铰刀时：

对铸铁进行铰孔，切削速度≤10m/min，进给量为 0.8mm/r；

对钢件进行铰孔，切削速度≤8m/min，进给量为 0.4mm/r。

（二）铰孔时的冷却润滑

铰孔时，产生的切屑很细，易黏附在刀刃或铰刀与孔壁之间，使已加工表面被拉毛，孔径扩大，散热困难，使工件和铰刀变形、磨损。故铰削时必须加入适当的冷却润滑液，对工件和刀具进行散热和冲去切屑，提高加工质量，延长刀具寿命。冷却润滑液的选择见表5-8。

表 5-8 铰孔时的冷却润滑液选择

加工材料	冷却润滑液	加工材料	冷却润滑液
钢	10%～20%乳化液 铰孔要求高时，采用 30%菜油加 70%肥皂水 铰孔的要求更高时，可用菜油、柴油等	铸铁	煤油会引起孔径缩小，最大缩小量达 0.02～0.04mm 低浓度的乳化液
		铝	煤油
铸铁	可不使用冷却润滑液	铜	乳化液

三、铰孔操作和铰刀刃磨方法

1. 铰孔操作要点

① 铰孔时，工件要夹正、装夹要可靠。但夹紧力不可过大，防止工件变形而影响加工精度。

② 手铰时，两手用力要均衡，以免在进口处出现喇叭口或孔径扩大。进给时应一边旋转，一边轻轻加压，否则孔表面会很粗糙。

③ 铰孔时，铰刀只能顺转，否则会使孔壁拉毛，甚至崩刃。

④ 铰孔时，进给量和切削速度要均匀适当，并不断加注润滑液。

⑤ 当手铰刀被夹住时，不要猛力扳转铰手，应及时取出铰刀，清除切屑，检查铰刀后再继续缓慢进给。

⑥ 机铰退刀时，应先退出刀后再停车。

⑦ 机铰要注意机床主轴、铰刀和待铰孔三者的同轴度是否符合要求，对高精度孔，必要时应采用浮动铰刀夹头装夹铰刀。

2. 铰刀的刃磨

新出厂的标准铰刀，直径尺寸上留有研磨余量。在铰削质量要求较高时，铰孔前应先进行研磨，使其达到使用技术要求。常用铰刀的刃磨方法如下。

① 用什锦三角油石刃磨铰刀前面，提高刃口的锋利程度。

② 用油石刃磨铰刀后面，使刃带宽度在一定尺寸内。

③ 用油石沿锥度方向修磨铰刀的切削部分。

④ 研磨铰刀的外径。常用的三种研具如下。

a. 整体式研具。制作简单，无调整量，适用于单件加工，研磨质量不太高（图 5-36）。

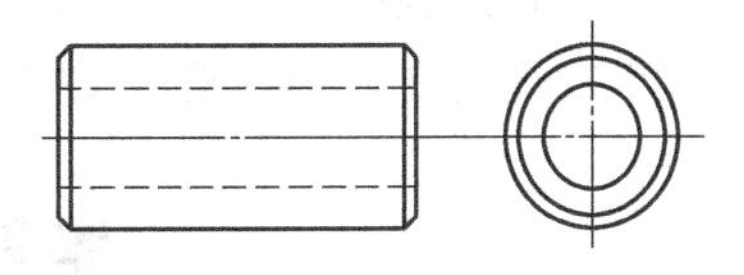

图 5-36 整体式研具

b. 径向调整式研具。由壳套、研套和调整螺钉组成（图 5-37）。研套尺寸的胀缩依靠开有斜缝的弹性变形，由调整螺钉控制。这种研具使用较为普遍，但孔径因研套胀缩不均，尺寸精度不高。

c. 轴向调整式研具。由壳套、研套、调整螺母和限位螺钉组成（图 5-38）。旋转两端调整螺母，使带槽的研套在限位螺钉的控制下，作轴向移位，即可调整孔径尺寸。由于研具胀缩均匀、准确，能控制尺寸公差在很小的范围内，适于研磨高精度的铰刀。

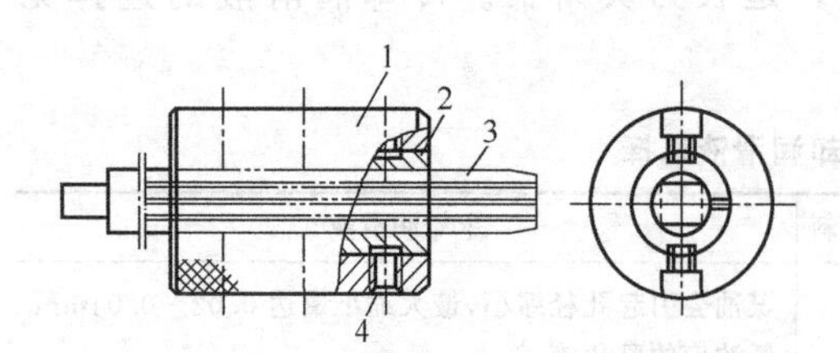

图 5-37 径向调整式研具

1—壳套；2—研套；3—铰刀；4—调整螺钉

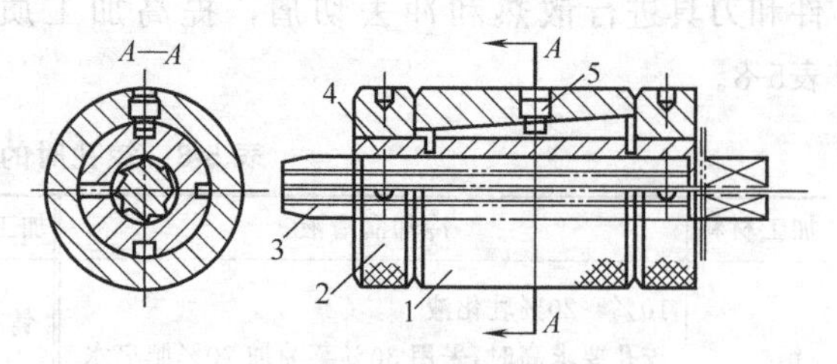

图 5-38 轴向调整式研具

1—壳套；2—调整螺母；3—铰刀；4—研套；5—限位螺钉

3. 铰孔实训

（1）生产实训图

生产实训图如图 5-39 所示。

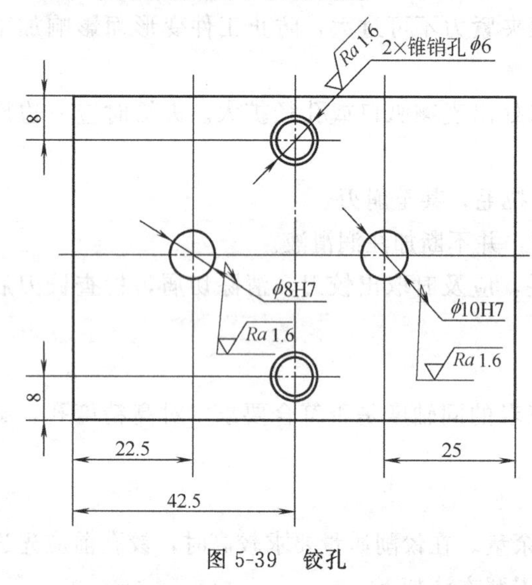

图 5-39 铰孔

（2）实训准备

① 工具和量具：所需的钻头、铰刀、划线工具等。

② 辅助工具及材料：试配用的圆柱销和圆锥销，软钳口衬垫、油石和涂料等。

③ 备料：长方铁（HT150）。

（3）操作要点

① 铰刀是精加工刀具，注意保护好切削刃。刀刃上如有毛刺或切屑黏附，可用油石小心磨去。

② 起铰后，右手垂直加压，左手转动，两手用力均匀，速度不可过快，保持稳定。

③ 适当控制进给量，锥铰刀有自锁性，以防铰刀被卡住。

④ 从锥孔中取出铰刀时，顺时针旋转，不可倒转。

（4）操作步骤

① 按图样划出孔位置加工线。

② 钻孔。考虑应有的铰孔余量，选定各铰孔前的钻头规格，对孔口进行 0.5mm×45°倒角。

③ 铰各圆柱孔，用圆柱销试配检验。

④ 铰锥销孔，用圆锥销试配检验，达到正确的配合尺寸要求。

第四节 特殊孔的加工

一、深孔加工技术

1. 深孔加工

深孔一般是指孔深与孔径之比大于 5 的孔。这里所讨论的深孔加工，是机修钳工在日常维修过程中，利用普通钻床，对那些尺寸精度、孔壁表面粗糙度及孔的位置精度要求不是很高的深孔的加工。深孔加工的不利因素有：钻头细长，刚性差，易折断，孔轴线易偏移，排屑与冷却困难。直径越小，以上问题越突出。为改善上述状况，常采用以下措施。

① 适当降低切削速度和进给量。

② 尽可能选用新钻头。并在主切削刃上修磨分屑槽，使钻刃分段切削，切屑可成窄长条形，减小切屑的卷曲程度，从而减少切屑所占空间及切屑与钻头、孔壁的摩擦，使切屑容易排出。

③ 钻头需接长时，可用标准麻花钻头焊接加长杆的方法，增大钻头长度，但不宜过长，以满足孔深即可。同时注意修磨焊接处并检查麻花钻头与加长杆的同轴度，误差值越小越好。

④ 提高划线精度，并用中心钻钻出圆心的准确位置。选用 0.5～0.7 倍孔径的钻头，钻削至该钻头最大深度，再用接长的与深孔直径相同的钻头钻到要求深度。这样可使加长钻头钻削时，获得一段较好的导向部分。

⑤ 在钻孔过程中，要经常提起钻头排屑、散热、清理孔底切屑，防止连续钻入排屑不畅，切屑阻塞而扭断钻头。同时，使用冷却润滑液降低切削温度，以提高孔的加工质量。

⑥ 如果所钻深孔两端面平行且为通孔时，也可采用对钻、对扩的方法。但应采取相应的工艺措施保证两面孔的同轴度。

2. 小孔加工

小孔是指直径在 3mm 以下的孔。

(1) 钻削小孔时存在的问题

① 钻头直径小，强度低，螺旋槽较窄而使排屑和冷却困难，所以钻头容易折断。

② 钻头刚性差，容易弯曲，钻孔易偏斜，尤其是在起钻时。

③ 由于钻头直径小刚性差，进给量必须小，为提高生产率，而必须选择高的切削速度，因此产生的热量多，使钻头磨损较快。

④ 因常用手动进给，进给量难以控制，稍不注意就会折断钻头。

(2) 加工小孔的方法

① 选用精度较高的钻床和钻夹头。

② 钻头的装夹应尽可能短，以增加钻头的刚度。

③ 起钻时，进给力要小，防止钻头弯曲和滑移，以保证起钻的正确位置。

④ 进给时要控制好手的力度，感觉阻力不正常时要立即停止进给，以防折断钻头。

⑤ 要经常提钻排屑，并加注充足的冷却润滑液进行冷却。

⑥ 选择合理的转速。一般情况下，钻头直径为 2～3mm 时，转速可选 1500～2000r/min，钻头直径小于 1mm 时，转速可选 2000～3000r/min，甚至更高。

⑦ 钻削直径 0.5mm 以下的小孔时，可用适当长度和直径的钢丝，自己制造小扁钻头进行加工。

二、斜孔加工技术

斜孔是指孔的中心线与钻孔工件表面不垂直的孔。通常有在斜面上钻孔和在平面上钻斜孔等。若直接用钻头在斜面上钻孔，由于钻头在单向径向力的作用下，切削刃受力不均而产生偏切，使钻头偏歪、滑移，不易钻进，即使钻进，孔的圆度和轴线的位置也难以保证，甚至可能折断钻头。所以，斜面上钻孔要采用以下方法。

① 钻孔前，用錾子在斜面上錾出一个小平台，或用样冲在钻孔中心打出一个较大的中心眼，使钻头的切削刃不受工件斜面的影响。

② 先用中心钻钻出一个较大的锥坑，或先用小钻头钻出一段底孔，这样钻头有了定心坑或定心小孔，然后再钻孔。

③ 使用圆弧刃多能钻，直接在斜面上钻孔，这种钻头用麻花钻磨制而成，它相当于一把立铣刀。开始时，用手动进给且进给力要小些，待钻头进入工件后，可换上普通钻头钻孔。

④ 若孔的精度较高，则可用与钻孔直径相同的立铣刀铣出一个小平台，然后再钻孔。

三、高精度孔加工技术

高精度孔的加工技术是指通过钻孔、扩孔（无须铰孔）获得高尺寸精度和表面粗糙度的孔及高位置度孔的加工方法。

1. 精孔的钻削

在不具备孔的其他精加工条件时，可采用精孔钻头扩孔的办法来解决麻花钻钻孔精度和表面粗糙度不高的问题。其孔的尺寸精度可达 IT7～IT8，表面粗糙度可达 $Ra1.6\mu m$。精孔钻用标准麻花钻修磨而成，图 5-40 所示为铸铁精孔钻和钢料精孔钻。使用精孔钻头需注意以下几点。

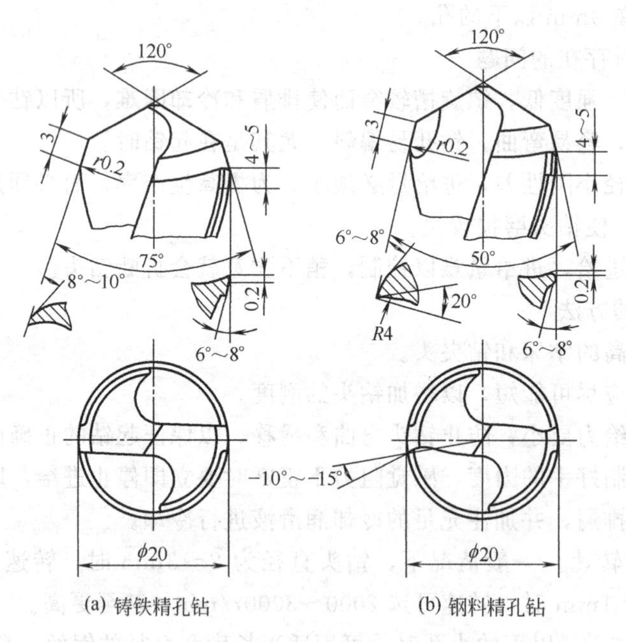

(a) 铸铁精孔钻　(b) 钢料精孔钻

图 5-40　精孔钻

① 先用麻花钻粗钻底孔，给精孔钻留有 0.5～1mm 的扩孔余量，扩孔时使用冷却润滑液。

② 修磨钻头时，特别注意将钻头的两切削刃修磨对称，两刃的轴向摆动量在 0.05mm 内。

③ 将主切削刃的前、后刀面用细油石修磨，打光刃口处的毛刺，改善该处的表面粗糙度，减小切削中的摩擦。

④ 钻头的径向摆动应小于0.03mm，选用精度较高的钻床或采用浮动夹头装夹钻头。

⑤ 控制好进给量。

2. 高位置度孔的加工

位置度要求高的孔，往往其本身的尺寸精度和表面粗糙度要求也高，一般需经钻、扩、粗铰和精铰才能达到要求。这里只讲加工时位置精度的保证，一般可采用以下方法。

(1) 精密划线方法

① 使用高精度量具（量块、正弦规等）进行划线，用三爪中心冲准确地冲出中心孔。

② 选择精度高的钻床，使用几何形状正确的钻头及高精度的夹具。

③ 用比要求直径小的钻头进行钻孔。为消除钻头引偏，也可采用中心钻进行预钻。

④ 检查孔的位置精度，如不符合技术要求，则可用圆锉锉削的办法等进行修正。

⑤ 达到孔的位置精度要求后，即可进行扩孔、粗铰和精铰以达到孔的尺寸和表面精度要求。

(2) 用量棒、芯轴配合量块调整的方法

对位置度要求高的孔系，可先粗、精加工一个孔（基准孔）使其达到图样规定的尺寸和表面质量要求，其余各孔用比要求直径小的钻头进行钻孔，并留一定的扩、铰加工余量。然后将工件放在钻床工作台上，在精加工孔中插入芯轴，在钻床主轴孔内装一量棒，把量块夹在量棒和芯轴之间，调整好孔距，紧固工件，卸下量棒，换上扩孔钻进行扩孔。按同样方法调整钻削其余各孔。最后粗铰、精铰各孔达到图样技术要求。

复习思考题

1. 简述麻花钻各部分的名称及作用。
2. 试述麻花钻头切削部分各角度的意义和对钻削工作的影响。
3. 对麻花钻的缺点，应采取怎样的修磨措施?
4. 选择钻削用量的原则是什么?
5. 钻孔时如何选用切削液?
6. 扩孔的作用是什么?
7. 锪孔有几种?
8. 简述锪孔时产生振痕的原因及防止方法。
9. 手铰刀的齿距为什么做成不等分的?
10. 如何确定铰削用量?
11. 深孔加工时常采用哪些措施?
12. 试述斜面上钻孔的方法。

攻螺纹与套螺纹

第一节　攻螺纹与套螺纹基础知识

一、攻螺纹

用丝锥在工件孔中加工出内螺纹的操作称为攻螺纹。

（一）攻螺纹工具

1. 丝锥

（1）丝锥的构造

丝锥是加工内螺纹的工具，由碳素工具钢或高速钢经热处理淬硬而制成。丝锥由切削部分、定径（修光）部分和柄部组成，如图 6-1（a）所示。

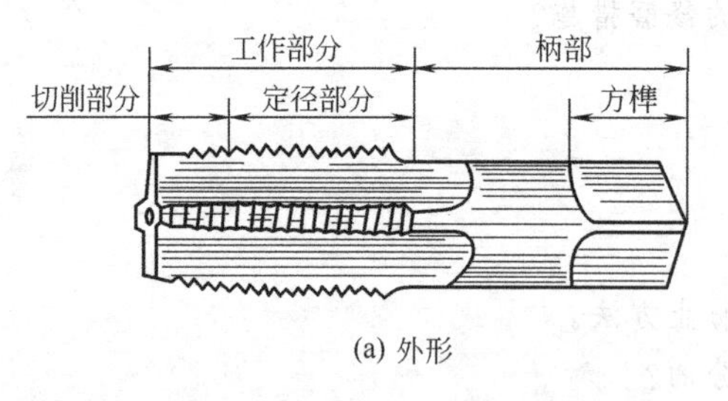

(a) 外形

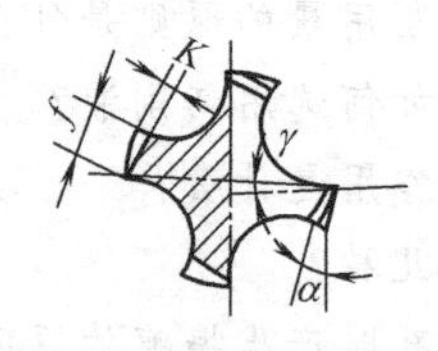

(b) 切削部分及角度

图 6-1　丝锥

① 切削部分。切削部分有锋利的切削刃，起切削作用。丝锥前端磨出锥角，切削时起引导作用。切削部分和定径部分沿轴向有几条直槽，称容屑槽，起排屑作用和注入冷却润滑液。丝锥切削部分前角 $\gamma=8°\sim10°$，后角 $\alpha=4°\sim6°$，如图 6-1（b）所示。

② 定径部分。也称校准部分，用来确定螺孔的直径及修光螺纹，是丝锥的备磨部分，其后角 $\alpha=0°$。为了减少定径部分与螺孔的摩擦，也为了减少所攻螺纹的扩张量，定径部分的大径、中径、小径均有（0.05～0.12)/100 的倒锥。

③ 柄部。柄部为方榫结构，用以夹持和传递扭矩。丝锥的规格标志也刻印在柄部。

（2）丝锥的种类

丝锥的种类很多，钳工常用的丝锥有手用丝锥、机用丝锥和管子丝锥等。

① 手用丝锥是修理钳工常用的切削内螺纹的工具，一般每两支组成一套，称为头锥和二锥，以分担切削量。也有一套三支的。手用丝锥制造时一般都不经磨削，工作时的速度较低，通常都用 9SiCr、GCr9 钢制造。

② 机用丝锥在使用时将丝锥装夹在机床上进行加工。其形状与手用丝锥相似，不同的是柄部除铣有方榫外，还割有一条环槽。因机用丝锥攻螺纹时的切削速度较高，故常采用 W18Cr4V 高速钢制造。机用丝锥一套也有两支，但在攻通孔螺纹时，一般都用切削部分较长的头锥一次攻出，只有攻不通孔螺纹时才用二锥再攻一次，以增加螺纹的有效长度。机用丝锥切削部分的后角大，$\alpha=10^{\circ}\sim12^{\circ}$，而且定径部分也有后角，切削轻快。丝锥柄部较长，便于装夹在机床上。

③ 管子丝锥是攻制管螺纹的工具，有圆柱管螺纹丝锥和圆锥管螺纹丝锥两种（图 6-2）。圆柱管螺纹丝锥工作部分较短，两支一套。圆锥管螺纹丝锥直径从头到尾逐渐增大，而螺纹牙形始终与丝锥轴线垂直，保证内外螺纹牙形两边保持良好的接触。通常圆锥管螺纹丝锥是两支一套，但也有一支一套的。

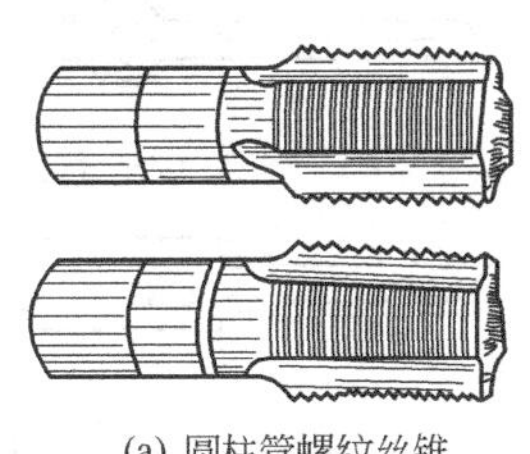

(a) 圆柱管螺纹丝锥

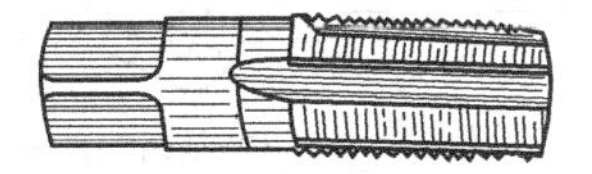

(b) 圆锥管螺纹丝锥

图 6-2 管子丝锥

(3) 成套丝锥切削用量的分配

为了减小丝锥在攻螺纹时的切削力，提高丝锥的耐用度和所加工螺纹的质量，一般将整个切削工作量分配给几支丝锥来承担，这就是所谓的成套丝锥。通常 M6～M24 的丝锥一套有两支；M6 以下及 M24 以上的丝锥一套有三支；细牙螺纹丝锥为一套两支。成套丝锥对每支丝锥切削用量的分配方式有两种：锥形分配和柱形分配（图 6-3）。

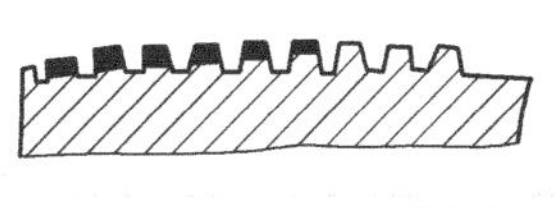

(a) 锥形分配

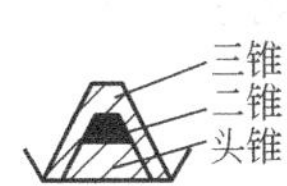

(b) 柱形分配

图 6-3 成套丝锥切削用量的分配

① 锥形分配是在一组丝锥中，每支丝锥的大径、中径和小径都相等，只是切削部分的长度和锥角不同［图 6-3（a）］。头锥切削部分的长度为 5～7 个螺距；二锥切削部分的长度为 2.5～4 个螺距；三锥切削部分的长度为 1.5～2 个螺距。所以，当攻通孔螺纹时，只用头锥即可一次完成螺纹的攻削。锥形分配的丝锥又叫等径丝锥。

② 柱形分配是在一组丝锥中，每支丝锥的大径、中径和小径都不相等。头锥、二锥的大径、中径和小径都比三锥小，而头锥、二锥的中径相等，但大径不一样，头锥小、二锥大。这种丝锥的切削量分配比较合理，三支一套的丝锥按 6∶3∶1 分担切削量，两支一套的丝锥按 7.5∶2.5 来分担切削量。这样的分配，可使各支丝锥磨损均匀，因而丝锥寿命较长，攻螺纹时也较省力。同时，因最后一锥的两侧刃也参加切削，所以加工的螺纹表面粗糙度较好。柱形分配的丝锥也叫不等径丝锥。这种丝锥的制造成本比较高，且攻通孔螺纹时也要攻两次或三次，一组丝锥的顺序也不能搞错。所以，对于直径 M12 以上的丝锥才采用柱形分配，而直径 M12 以下的丝锥则采用锥形分配。因此，在攻 M12 及其以上的螺纹时，一定要用最末一支丝锥攻过，才能得到正确的螺纹直径。

（4）丝锥的标记

每一种丝锥都有相应的标记，熟悉标记对正确使用和选择丝锥是很重要的。一般在丝锥柄部上标有以下内容：制造厂商标、螺纹代号、丝锥公差带代号（H4 允许不标）、材料代号（高速钢标 HSS，碳素工具钢或合金工具钢可不标）及不等径成组丝锥粗细代号（头锥一条圆环，二锥两条圆环或顺序号Ⅰ、Ⅱ）。

2. 铰手

铰手也叫铰杠，是手工攻螺纹时用来夹持丝锥的工具。铰手有普通铰手（图 6-4）和丁字铰手（图 6-5）两种。

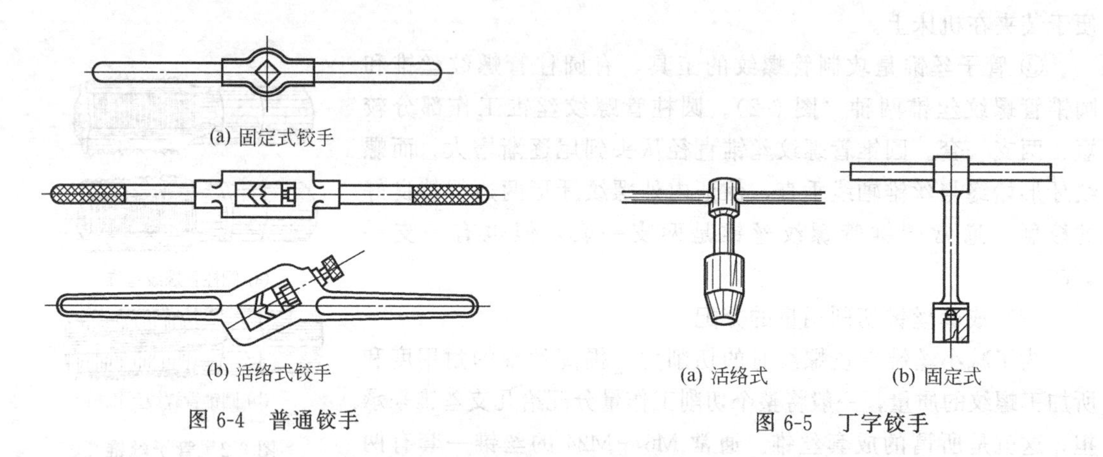

图 6-4 普通铰手

图 6-5 丁字铰手

普通铰手有固定式铰手和活络式铰手两种。固定式铰手的方孔尺寸和柄长符合一定的规格，使丝锥的受力不会过大，丝锥不易被折断，一般用于攻 M5 以下的螺纹孔；活络式铰手可以调整尺寸，应用范围较广。活络式铰手有 150～300mm 六种规格，其适用范围如表 6-1 所示。

表 6-1 活络式铰手适用范围

活络式铰手规格/mm	150	230	280	380	580	600
适用的丝锥范围	M5～M8	M8～M12	M12～M14	M14～M16	M16～M22	M24 以上

当攻制带有台阶工件侧边的螺纹孔或攻制机体内部的螺纹时，必须采用丁字铰手。小型丁字铰手也分为固定式和活络式。活络式丁字铰手是一个可调节的四爪弹簧夹头，一般用以装 M6 以下的丝锥。大尺寸的丁字铰手一般都是固定式的，它通常按实际需要而制成。

(二) 螺纹底孔的加工

1. 攻螺纹时材料的塑性变形

丝锥切削内螺纹时，会对材料产生挤压作用，从而使材料发生塑性变形，螺纹牙顶会凸起一部分。塑性材料攻螺纹前的底孔直径必须大于螺纹标准规定的螺纹小径，这样攻螺纹时挤压出的金属就能填满螺纹槽，形成完整的螺纹；脆性材料攻螺纹时，金属不会被挤出，底孔直径就可以比塑性大的材料小一些，以得到完整的螺纹。

2. 螺纹底孔直径的确定

攻螺纹前底孔直径的大小要根据工件材料的塑性大小及钻孔扩张量考虑，按经验公式计算得出。

① 在加工钢和塑性较大的材料及扩张量中等的条件下

$$D_{钻}=d-P$$

② 在加工铸铁和塑性较小的材料及扩张量较小的条件下

$$D_{钻}=d-(1.05\sim1.1)P$$

式中 $D_{钻}$——攻螺纹钻螺纹底孔用钻头直径，mm；

d——螺纹直径（大径），mm；

P——螺距，mm。

常用的粗、细牙普通螺纹攻螺纹前钻底孔用钻头直径也可从表 6-2 查得。常用英制螺纹、圆柱管螺纹和圆锥管螺纹攻螺纹前钻底孔用钻头直径可从表 6-3、表 6-4 查得。

表 6-2 普通螺纹攻螺纹前钻底孔用钻头直径 单位：mm

螺纹直径 d	螺距 P	钻头直径 D	
		铸铁、青铜、黄铜	钢、可锻铸铁、紫铜、层压板
2	0.4	1.6	1.6
	0.25	1.75	1.75
2.5	0.45	2.05	2.05
	0.35	2.15	2.15
3	0.5	2.5	2.5
	0.35	2.65	2.65
4	0.7	3.3	3.3
	0.5	3.5	3.5
5	0.8	4.1	4.2
	0.5	4.5	4.5
6	1	4.9	5
	0.75	5.2	5.2
8	1.25	6.6	6.8
	1	6.9	7
	0.75	7.1	7.2
10	1.5	8.4	8.5
	1.25	8.6	8.7
	1	8.9	9
	0.75	9.1	9.2
12	1.75	10.1	10.2
	1.5	10.4	10.5
	1.25	10.6	10.7
	1	10.9	11
14	2	11.8	12
	1.5	12.4	12.5
	1	12.9	13
16	2	13.8	14
	1.5	14.4	14.5
	1	14.9	15
18	2.5	15.3	15.5
	2	15.8	16
	1.5	16.4	16.5
	1	16.9	17
20	2.5	17.3	17.5
	2	17.8	18
	1.5	18.4	18.5
	1	18.9	19
22	2.5	19.3	19.5
	2	19.8	20
	1.5	20.4	20.5
	1	20.9	21
24	3	20.7	21
	2	21.8	22
	1.5	22.4	22.5
	1	22.9	23

表 6-3 英制螺纹、圆柱管螺纹攻螺纹前钻底孔用钻头直径

英制螺纹				圆柱管螺纹		
螺纹直径/in	每英寸牙数	钻头直径/mm		螺纹直径/in	每英寸牙数	钻头直径/mm
		铸铁、青铜、黄铜	钢、可锻铸铁			
3/16	24	3.8	3.9	1/8	28	8.8
1/4	20	5.1	5.2	1/4	19	11.7
5/16	18	6.6	6.7	3/8	19	15.2
3/8	16	8	8.1	1/2	14	18.9
1/2	12	10.6	10.7	3/4	14	24.4
5/8	11	13.6	13.8	1	11	30.6

续表

英制螺纹				圆柱管螺纹		
螺纹直径/in	每英寸牙数	钻头直径/mm		螺纹直径/in	每英寸牙数	钻头直径/mm
		铸铁、青铜、黄铜	钢、可锻铸铁			
3/4	10	16.6	16.8	1¼	11	39.2
7/8	9	19.5	19.7	1⅜	11	41.6
1	8	22.3	22.5	1½	11	45.1
1⅛	7	25	25.2			
1¼	7	28.2	28.4			
1½	6	34	34.2			
1¾	5	39.5	39.7			
2	4½	45.3	45.6			

表 6-4 圆锥管螺纹攻螺纹前钻底孔用钻头直径

55°圆锥管螺纹			60°圆锥管螺纹		
公称直径/in	每英寸牙数	钻头直径/mm	公称直径/in	每英寸牙数	钻头直径/mm
1/8	28	8.4	1/8	27	8.6
1/4	19	11.2	1/4	18	11.1
3/8	19	14.7	3/8	18	14.5
1/2	14	18.3	1/2	14	17.9
3/4	14	23.6	3/4	14	23.2
1	11	29.7	1	11½	29.2
1¼	11	38.3	1¼	11½	37.9
1½	11	44.1	1½	11⅓	43.9
2	11	55.8	2	11½	56

3. 不通孔螺纹的钻孔深度

攻不通孔螺纹时，由于丝锥切削部分有锥角，端部不能切出完整的牙形，故钻孔深度要大于螺纹的有效深度。一般取

$$钻孔深度=所需螺纹深度+0.7d\ (d\ 为螺纹大径)$$

（三）攻螺纹操作

攻螺纹的基本操作步骤如下。

① 依图样划线，打定心冲眼。

② 选择钻头钻底孔，孔口倒角。

③ 沿丝锥中心线加压力并顺时针转动铰手起削。当切入 1～2 圈时，从两个相互垂直的方向检测并校正丝锥的位置。

④ 攻螺纹过程中，起削刃旋进后，不再加压力，两手均匀转动铰手。每旋进 1/2～1 圈时，反转 1/4～1/2 圈，使切屑碎断后排出。

⑤ 攻螺纹时，使用成套丝锥应以头锥、二锥、三锥顺序攻制。

⑥ 攻制钢材料的螺纹时，要注意加冷却润滑液，以减小切削阻力，以便减小所加工螺纹的表面粗糙度和延长丝锥的使用寿命。

（四）丝锥的修磨

当丝锥的切削部分磨损后，可在砂轮上修磨其后刀面。修磨方法是将丝锥竖着磨削后刀

面，这样可以避免因摆动丝锥而将其他切削刃碰坏。修磨时，应注意保持切削部分各刀齿的半锥角，及长度的准确性和一致性。

当定径部分的刃口磨损时，则应修磨丝锥的前刀面。如果磨损少，可用油石涂一些润滑油进行研磨；如果磨损严重，应在工具磨床上用棱角修圆的片状砂轮修磨，修磨时应注意控制丝锥的前角。修磨时应进行冷却，避免丝锥切削刃退火变软。

(五) 从螺孔中取出断丝锥的方法

在攻螺纹过程中，由于丝锥位置不正、用力不均匀或用力过猛、铰手掌握不稳等原因造成丝锥折断在孔中，必须将断丝锥从孔中取出，才能继续进行加工。在取断丝锥时，应先将螺孔中的切屑和丝锥碎屑清理干净，分辨清楚丝锥的旋向，然后采取以下方法将断丝锥从螺孔中取出。

① 用振动法取出尚露出孔口或接近孔口的断丝锥。方法是用尖錾或样冲抵住丝锥容屑槽，顺着退转的切线方向轻轻敲击，使断丝锥发生松动，然后就可容易地退出断丝锥。

② 用弹簧钢丝旋出断丝锥。在带方榫的断丝锥上拧上两个螺母，用几条钢丝（根数与容屑槽数相等）插入断丝锥的容屑槽和螺母的空槽中，用铰手扳动方榫，按退出丝锥的方向慢慢旋转退出断丝锥。

③ 用将断丝锥退火后钻出的方法取出断丝锥。用乙炔火焰或喷灯使断丝锥退火，然后用直径略小于底孔直径的钻头对正断丝锥中心钻孔，钻出孔后，用扁钻头或方头冲打入孔中，然后用扳手旋出断丝锥。

④ 用腐蚀法取出断丝锥。在不锈钢工件上的断丝锥可采取酸蚀，松动后即可取出。

⑤ 采用电火花设备将断丝锥电蚀掉。

二、套螺纹

用板牙在圆杆或管子上切削加工外螺纹的操作称为套螺纹。

(一) 套螺纹工具

套螺纹工具是板牙，铰手用来夹持板牙进行螺纹加工。

1. 板牙

板牙又叫圆板牙，是加工外螺纹的工具，其外形像一个圆螺母，只是在它上面钻有几个排屑孔并形成刀刃。它由碳素工具钢或高速钢制作并经淬火处理。圆板牙由切削部分、定径（修光）部分和排屑孔组成（图 6-6）。

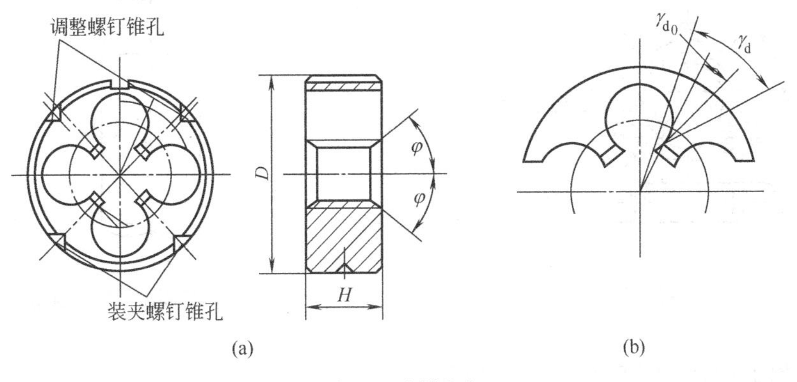

图 6-6　圆板牙

切削部分是板牙两端有锥角（2φ）的部分。它不是圆锥面，而是经过铲磨而成的阿基米德螺旋面，能形成后角 $\alpha=7°\sim9°$。锥角的大小一般是 $2\varphi=40°\sim50°$，如图 6-6（a）所示。圆板牙前刀面就是排屑孔，前角数值沿切削刃变化，小径处的前角 γ_d 最大，大径处的前角 γ_{d_0} 最小，如图 6-6（b）所示。一般 $\gamma_{d_0}=8°\sim12°$，粗牙 $\gamma_d=30°\sim35°$，细牙 $\gamma_d=25°\sim30°$。板牙两端面都有切削部分，一端磨损后，可换另一端使用。

定径部分起修光和导向作用。定径部分会因为磨损使螺纹尺寸变大，超出尺寸公差范围。因此，M3.5 以上的圆板牙外圆上有一条 V 形槽（图 6-6 所示上部外圆处）和四个紧定螺钉锥孔（图 6-6）。其中，下面两个紧定螺钉坑的轴线通过板牙的轴线，是用来将圆板牙固定在板牙架中用来传递扭矩的。上面两个紧定螺钉坑的轴线不通过板牙的轴线，有一定的向下偏移，是起调节作用的。当板牙定径部分由于磨损而尺寸变大时，可将板牙沿 V 形槽用锯片砂轮切割出一条通槽，用板牙架上的两个调整螺钉顶入板牙上面的两个偏心的锥坑内（注意：板牙架上这两个调整螺钉的轴线是通过板牙的轴线的），即可使圆板牙的尺寸缩小。而如果将板牙架上正对 V 形槽的调整螺钉拧紧，则又可使板牙的尺寸增大。板牙尺寸的调节范围为 0.1～0.25mm。

2. **板牙架**

板牙架是装夹板牙的工具（图 6-7）。板牙架的外圆上旋有四只互成 90°的紧定螺钉，其轴线通过板牙架圆孔的轴线。其上还有一只调松螺钉。板牙放入后，用紧定螺钉紧固，即可带动板牙旋转进行套螺纹。

（二）套螺纹前圆杆直径的确定

套螺纹过程与丝锥攻螺纹一样，板牙对螺纹部分材料产生挤压作用，因此螺杆直径应比螺纹直径小一些。一般圆杆直径用下列经验公式计算

$$D=d-0.13P$$

式中 D——圆杆直径，mm；

d——螺纹直径，mm；

P——螺距，mm。

为使板牙起套时容易切入工件并作正确的引导，圆杆端部要倒圆，倒出的斜角为 15°～20°（图 6-8）。倒圆的最小直径可略小于螺纹小径，以使切出的螺纹端部避免出现斜口和发生卷边。

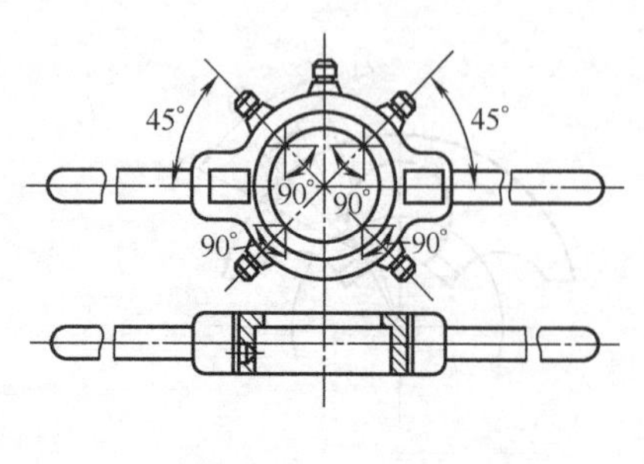

图 6-7 板牙架

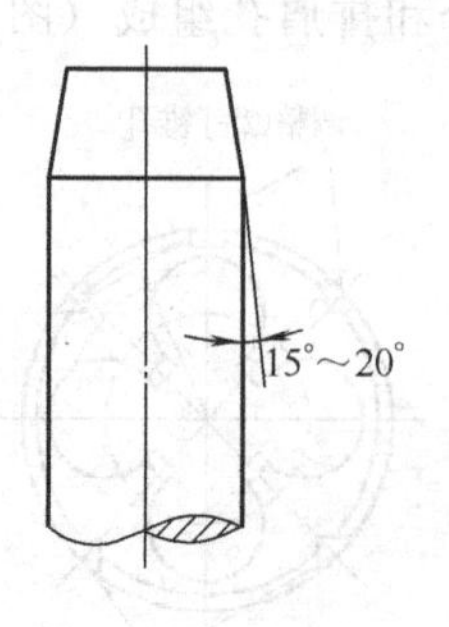

图 6-8 圆杆倒角

套螺纹前圆杆直径也可由表 6-5 中查得。

表 6-5　板牙套螺纹前圆杆的直径　　单位：mm

粗牙普通螺纹				英制螺纹			圆柱管螺纹		
螺纹直径	螺距	螺杆直径		螺纹直径/in	螺杆直径		螺纹直径/in	管子外径	
		最小直径	最大直径		最小直径	最大直径		最小直径	最大直径
M6	1	5.8	5.9	1/4	5.9	6	1/8	9.4	9.5
M8	1.25	7.8	7.9	5/16	7.4	7.6	1/4	12.7	13
M10	1.5	9.75	9.85	3/8	9	9.2	3/8	16.2	16.5
M12	1.75	11.75	11.9	1/2	12	12.2	1/2	20.5	20.8
M14	2	13.7	13.85	—	—	—	5/8	22.5	22.8
M16	2	15.7	15.85	5/8	15.2	15.4	3/4	26	26.3
M18	2.5	17.7	17.85	—	—	—	7/8	29.8	30.1
M20	2.5	19.7	19.85	3/4	18.3	18.5	1	32.8	33.1
M22	2.5	21.7	21.85	7/8	21.4	21.6	1⅛	37.4	37.7
M24	3	23.65	23.8	1	24.5	24.8	1¼	41.4	41.7
M27	3	26.65	26.8	1¼	30.7	31	1⅜	43.8	44.1
M30	3.5	29.6	29.8	—	—	—	1½	47.3	47.6
M36	4	35.6	35.8	1½	37	37.3	—	—	—
M42	4.5	41.55	41.75	—	—	—	—	—	—
M48	5	47.5	47.7	—	—	—	—	—	—
M52	5	51.5	51.7	—	—	—	—	—	—
M60	5.5	59.45	59.7	—	—	—	—	—	—
M64	6	63.4	63.7	—	—	—	—	—	—
M68	6	67.4	67.7	—	—	—	—	—	—

（三）套螺纹操作

① 为防止圆杆夹持出现偏斜和夹伤圆杆，圆杆应装夹在用硬木制成的 V 形夹块或软金属制成的衬垫中，并保证可靠夹紧。

② 起套时，一手用手掌按住板牙架中部，沿圆杆轴向施加压力，另一手作顺向切进，转动要慢，压力要大，并保证板牙端面与圆杆轴线的垂直度。

③ 在板牙切入 2～3 牙时，应及时检查其垂直度并做准确校正。

④ 正常套螺纹时，不要加压，让板牙自然引进，以免损坏螺纹和板牙，且应经常倒转以断屑。

⑤ 在钢件上套螺纹时要加切削液，以延长板牙使用寿命，减小螺纹的表面粗糙度。

第二节　攻螺纹与套螺纹基本训练

一、攻螺纹实训

1. 生产实训图

生产实训图如图 6-9 所示。

2. 实训准备

① 工具和量具：底孔钻头，丝锥 M6、M8、M10、M12 及与丝锥相配的铰手，直角尺，

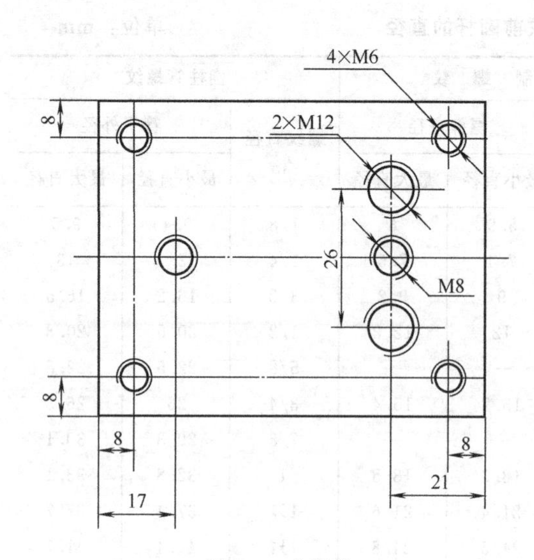

图 6-9　攻螺纹

钢板尺，划针和样冲等。

② 辅助工具及材料：试配用的螺钉、润滑油和涂料等。

③ 备料：长方铁（HT150），经刨削、锉削加工。

3. 操作要点

① 起攻时，要从两个方向进行垂直度的检测校正。

② 注意起攻的正确性，控制两手用力均匀和用力限度。

4. 操作步骤

① 按图样划出各螺孔的加工线。

② 钻螺纹底孔，并对孔口倒角。

③ 按螺纹底孔位置顺序进行攻螺纹。

④ 用相配的螺钉试配检验。

二、套螺纹实训

1. 生产实训图

生产实训图如图 6-10 所示。

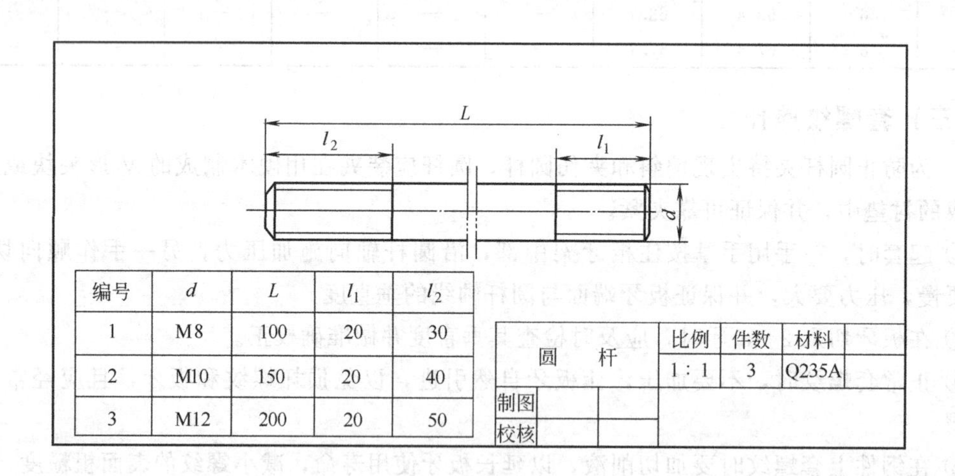

编号	d	L	l_1	l_2
1	M8	100	20	30
2	M10	150	20	40
3	M12	200	20	50

圆　杆	比例	件数	材料
	1∶1	3	Q235A
制图			
校核			

图 6-10　套螺纹

2. 实训准备

① 工具和量具：板牙 M8、M10、M12 及与其相配合的板牙架，直角尺，钢板尺，卡尺，螺纹规或相配螺母等。

② 备料：圆钢棒若干件，规格为 $L=100\text{mm}$、$L=150\text{mm}$、$L=200\text{mm}$。

3. 操作要点

① 起套时，要从两个方向进行垂直度的检测校正。

② 注意起套的正确性，注意控制两手用力均匀和两手用力的限度。

4. 操作步骤

① 按图样下料。

② 圆杆表面加工，端部倒角。

③ 依次进行攻螺纹。

④ 用相配螺母试配检验。

复习思考题

1. 试述丝锥各组成部分的名称、结构特点及其作用。
2. 丝锥用钝后，可用手工修磨哪些部位？
3. 攻螺纹时，如何正确选择润滑液？
4. 试述攻螺纹的操作要点和方法。
5. 试述板牙各组成部分的名称、结构特点及作用。
6. 丝锥断在螺孔中，取出方法有哪些？

弯形与矫正

第一节　弯　　形

一、弯形的概念

将原来平直的板材或型材弯成所需的曲线形状和角度，这种操作叫弯形。弯形操作要求材料具有较高的塑性。工件弯形后，外层材料受拉伸长，内层材料受压缩短，中间一层材料保持原长度不变，称为中性层（图 7-1）。

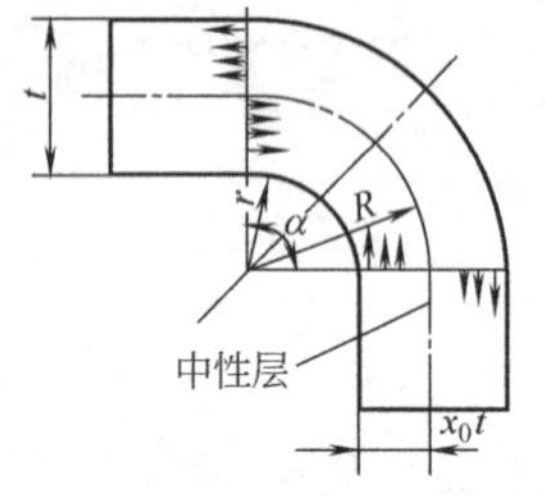

图 7-1　弯形时中性层的位置

二、坯料尺寸计算

弯形时只有中性层长度不变，因此在计算工件毛坯长度时，应按中性层长度来计算。中性层位置一般不在正中，其实际位置与材料的弯形半径 r 和材料厚度 t 有关。在弯形过程中，材料变形的大小与 r/t 值有关。r/t 比值越小，变形越大；r/t 比值越大，变形越小。

由此可见，当材料厚度不变时，弯形半径越大，变形越小，中性层越接近材料的中间处；而当弯形半径一定时，材料厚度越小，变形越小，中性层越接近材料中间处。

表 7-1 为中性层位置系数。从表中 r/t 比值可知，当弯形半径 $r\geqslant16t$ 时，中性层在材料的中间。一般情况下，当 $r/t\geqslant8$ 时，则可按 $x_0=0.5$ 进行近似计算。

表 7-1　弯形中性层位置系数 x_0

r/t	0.25	0.5	0.8	1	2	3	4	5	6	7	8	10	12	14	>16
x_0	0.20	0.25	0.30	0.35	0.37	0.4	0.41	0.43	0.44	0.45	0.46	0.47	0.48	0.49	0.5

由图 7-1 可见，带圆弧制件的毛坯长度等于直线部分加上圆弧中性层的长度。圆弧中性层长度可按下式计算

$$A=\frac{\pi(r+x_0t)\alpha}{180^\circ}$$

式中　A——圆弧部分中性层长度，mm；

r——内弯形半径，mm；

x_0——中性层系数；

α——弯形中心角（弯成整圆时，$\alpha=360°$；弯成直角时，$\alpha=90°$）。

对于内边弯成不带圆弧的直角的制件，求毛坯长度时，可按弯形前后毛坯体积不变的原则，参照实际生产情况，导出简化公式

$$A=0.5t$$

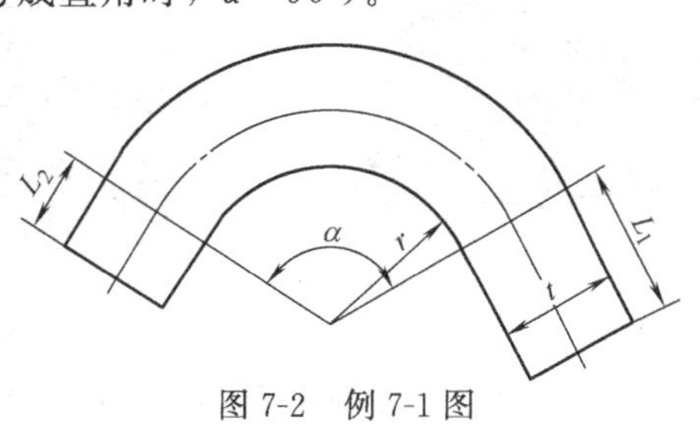

图 7-2 例 7-1 图

【例 7-1】 如图 7-2 所示，已知制件的弯形中心角 $\alpha=120°$，内弯形半径 $r=16$mm，材料厚度 $t=4$mm，边长 $L_1=50$mm、$L_2=100$mm，求落料总长度 L。

解

$$L=L_1+L_2+A$$

$$r/t=16/4=4$$

查表知 $x_0=0.41$

$$A=3.14\times(16+0.41\times4)\times120°/180°=36.93(\text{mm})$$

$$L=50+100+36.93=186.93(\text{mm})$$

【例 7-2】 已知 $L_1=80$mm，$L_2=80$mm，$t=4$mm，弯成内边不带圆弧的直角，求制件的毛坯落料长度。

解 $L=L_1+L_2+A=80+80+0.5t=160+2=162(\text{mm})$

上述毛坯长度的计算方法，由于材料性质的不同和操作者的技术、操作方法的不同，其计算所得结果与实际弯形工件毛坯长度之间仍有误差。因此，在大量生产相同制件时，一定要经过反复实验，确定毛坯的准确长度。这样既可以节约材料，又可防止废品的产生。

三、弯形方法

工件的弯形依据材料的性质和尺寸，分为热弯和冷弯。

热弯是将工件弯形部分加热后再进行弯形，适用于加工材料厚度在 5mm 以上的工件。

冷弯是在常温下进行弯形，适用于加工材料厚度在 5mm 以下的工件。

（一）板料的弯形

1. 材料在厚度方向上的弯形

小的工件可在台虎钳上进行，如图 7-3 所示，先在弯形的地方划好线，然后夹在台虎钳上，使弯形线与钳口平齐，在接近划线处锤击［图 7-3（a）］，或用木垫与铁垫垫住再敲击垫块［图 7-3（b）］。如果台虎钳钳口比工件短时，可用角铁制作的夹具夹持工件（图7-4）。

2. 板料在宽度方向上的弯形

板料在宽度方向上弯形时，可利用金属材料的延展性能，在弯形的外弯部分进行锤击，使材料向一个方向渐渐延伸，达到弯形的目的［图 7-5（a）］。较窄的板料可在 V 形铁或特制的弯形模上用锤击法，使工件弯形［图 7-5（b）］。另外，也可在简单的弯形工具上进行弯形［图 7-5（c）］。

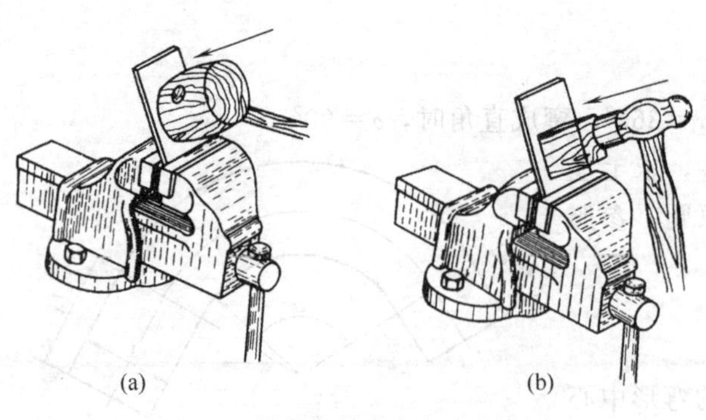

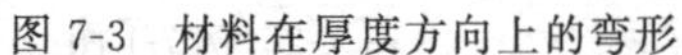

图 7-3 材料在厚度方向上的弯形

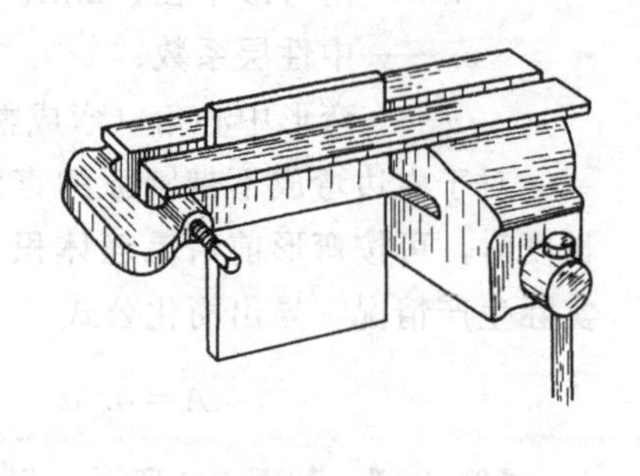

图 7-4 用角铁制作的夹具

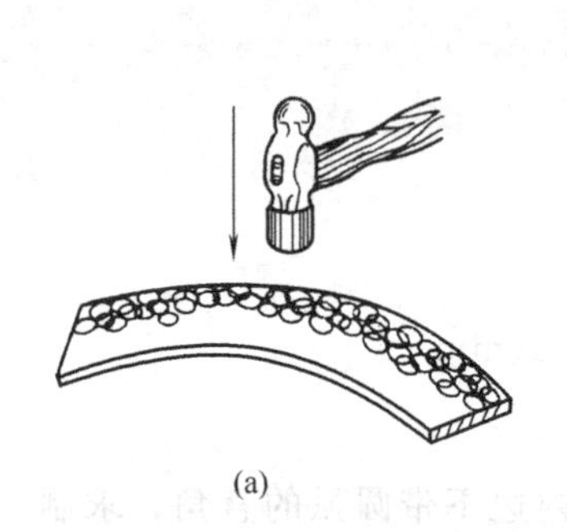

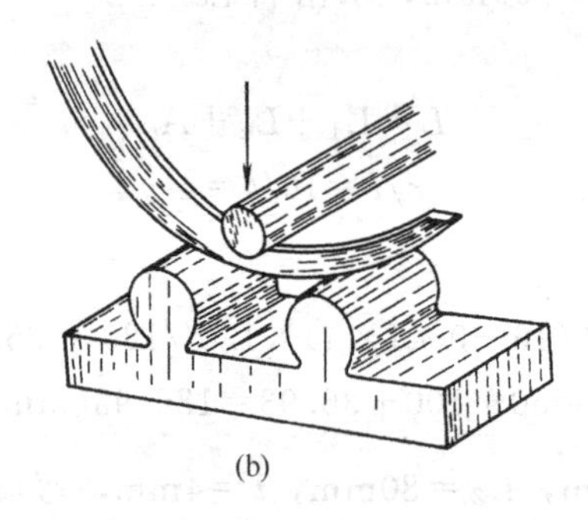

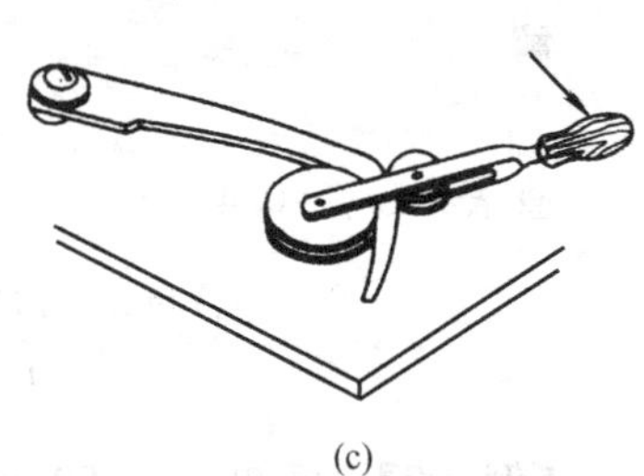

图 7-5 板料在宽度方向上的弯形

（二）管子的弯形

直径在 12mm 以下的管子，一般可用冷弯方法进行。直径在 12mm 以上的管子，则需热弯，且最小弯形半径必须大于管子直径的 4 倍。

当弯形的管子直径在 10mm 以上时，为了防止管子弯瘪，必须在管内灌注干砂，两端用木塞塞紧［图 7-6（a）］。对于有焊缝的管子，焊缝必须放在中性层的位置上，否则会使焊缝裂开［图 7-6（b）］。

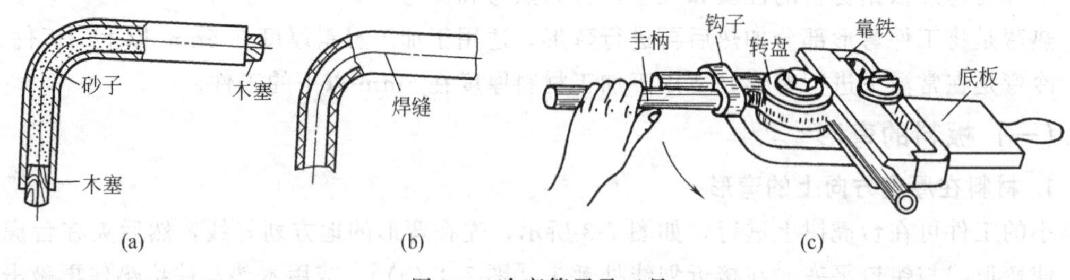

图 7-6 冷弯管子及工具

冷弯管子通常在弯管工具上进行。图 7-6（c）所示是一种结构简单，弯曲小直径管子的弯管工具。它由底板、转盘、靠铁、钩子和手柄等组成，转盘圆周和靠铁侧面上有圆弧槽。圆弧按所弯管子直径而定（最大可制成 6mm），当转盘和靠铁的位置固定后即可使用。使用时，将所弯管子插入转盘和靠铁的圆弧槽中，钩子钩住管子，按所需弯形的位置，扳动手柄，使管子跟随手柄弯制到所需的角度。

第二节 矫 正

一、矫正的概念

消除金属板材、型材的不平、不直或翘曲等缺陷的加工过程称为矫正。

矫正可在机器上进行，也可用手工进行。检修钳工一般经常采用手工矫正方法，在平台、铁砧或台虎钳上进行操作。手工矫正通过扭转、弯曲、延展和伸张等方法，使工件恢复到原来形状。

金属材料的变形有两种情况，即弹性变形和塑性变形。矫正操作适于对塑性好的材料通过塑性变形来进行。塑性差、脆性大的材料则不宜进行矫正，如铸铁、淬火钢等，工件易发生碎裂。

金属板材和型材矫正的实质是使它们产生新的塑性变形来消除原有的不平、不直或翘曲变形。矫正过程中，在外力作用下，金属组织变得紧密，所以矫正后，金属材料表面硬度增加，脆性增大。这种在冷加工塑性变形过程中产生的材料变硬的现象，叫作冷作硬化。冷硬后的材料给进一步的矫正或其他冷加工带来困难，所以对矫正后的材料需进行退火处理，以使材料恢复到原来的力学性能。

1. 手工矫正工具

（1）平板和铁砧

平板是矫正面积大的板料和型材的基座。铁砧是矫正条料、角钢和棒料的砧座。

（2）手锤

矫正一般材料通常使用钳工手锤或方头手锤，即硬手锤。矫正已加工过的表面、薄钢板或有色金属制件等，用软手锤，如铜手锤、木手锤和橡皮锤等。

（3）抽条和拍板

抽条是条状薄板料弯成的简易手工工具，用于抽打面积较大的薄板料。拍板是用质地较硬的木材制成的专用工具，用于敲平板料。

（4）螺旋压力工具

螺旋压力工具用于矫正较长的轴类零件或棒料。

2. 测量工具

测量工具主要有直角尺、钢板尺、钢卷尺和百分表等。

二、矫正的方法

（一）板材的矫正

1. 板料的矫平

板料中间凸起，由变形后中间材料变薄而引起。矫平时，必须锤击板料边缘，使边缘的厚度与凸起部位厚度接近，越接近则越平整。锤击时，由里向外逐渐由轻到重，由稀到密（图 7-7）。

如果板料有几处凸起，应先锤击凸起的交界处，使所有分散的凸起部分聚集成一个总的凸起部分，然后锤击四周而矫平。

如果板料四周呈波浪形而中间平整，这说明板料四边变薄而伸长了。矫平时，按图中箭头方向由四周向中间锤打，密度逐渐变大，力度逐渐增大，经过反复多次锤打，使板料达到平整（图 7-8）。

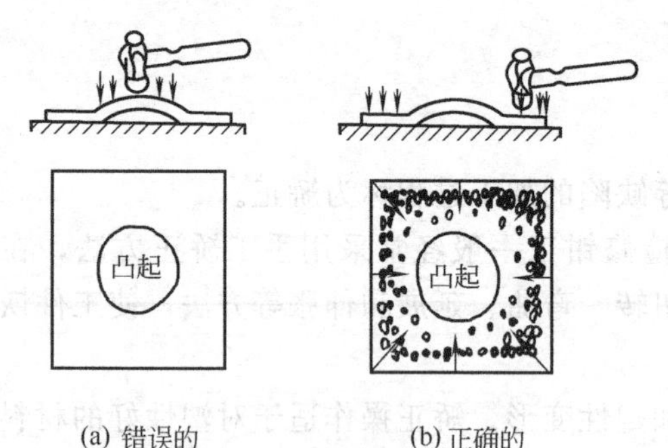

(a) 错误的　(b) 正确的

图 7-7　中凸板料的矫平方法

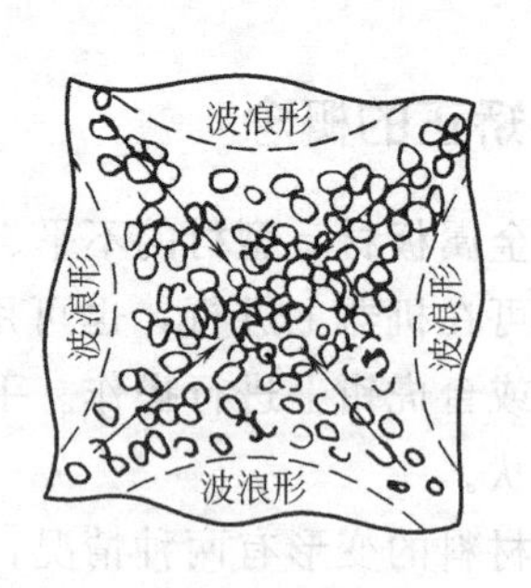

图 7-8　四周呈波浪形板料的矫平方法

(a) 用平木块推压矫正　(b) 用木锤敲平

图 7-9　薄板料的矫平方法

对厚度很薄而性质很软的铜箔一类的材料，可用平整的木块在平板上推压材料的表面，使其达到平整［图 7-9（a）］。有些装饰面板之类的铜、铝制品，不允许有锤击印痕时，可用木锤或橡胶锤锤击［图 7-9（b）］。

如果薄板料有微小扭曲时，可用抽条从左到右按顺序抽打平面。抽条与板料接触面积较大，受力均匀，容易达到平整（图 7-10）。

2. 条料的矫正

条料扭曲变形时，可用扭转的方法进行矫正，如图 7-11 所示。将工件的一端夹在台虎钳上，用类似扳手的工具或活扳手，夹住工件的另一端，左手按住工具的上部，右手握住工具的末端，旋力使工件扭转到原来的形状。

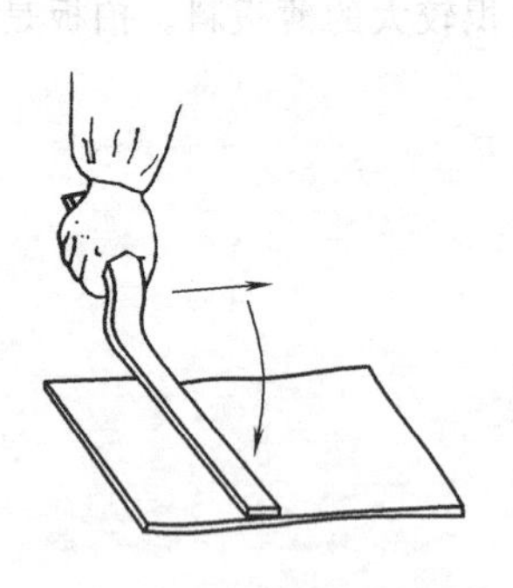
图 7-10　用抽条抽平板料

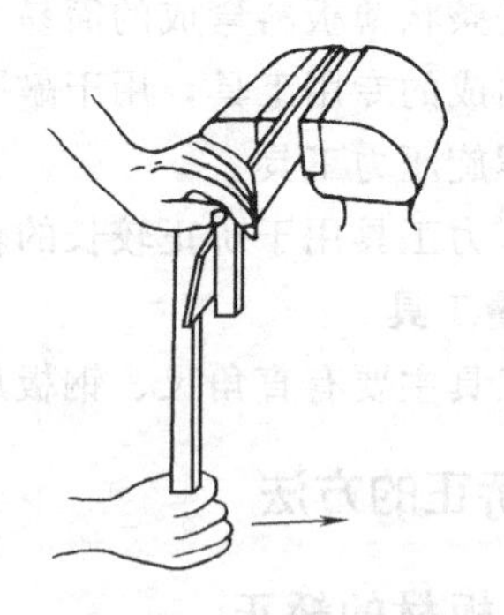
图 7-11　用扭转法矫正条料

矫正条料在厚度上的弯曲时，可把条料近弯曲处夹入台虎钳，然后在它的末端用扳手朝反方向扳动，使其弯曲处初步扳直［图 7-12（a）］；或将条料的弯曲处放在台虎钳口内，利用台虎钳将它初步夹直，以消除显著弯曲现象，然后放到划线平台或铁砧上用手锤锤打，逐步矫直到所要求的平直度［图 7-12（b）］。

矫正条料在宽度方向上的弯曲时，可先将条料的凸面向上放在铁砧上，锤打凸面，然后再将条料平放在铁砧上用延展法来矫直（图 7-13）。延展法矫直时，必须锤打弯曲的内弧一边的材料，经锤打后使这一边材料伸长而变直。如果条料的断面十分宽而薄，则只能直接用延展法来矫直。

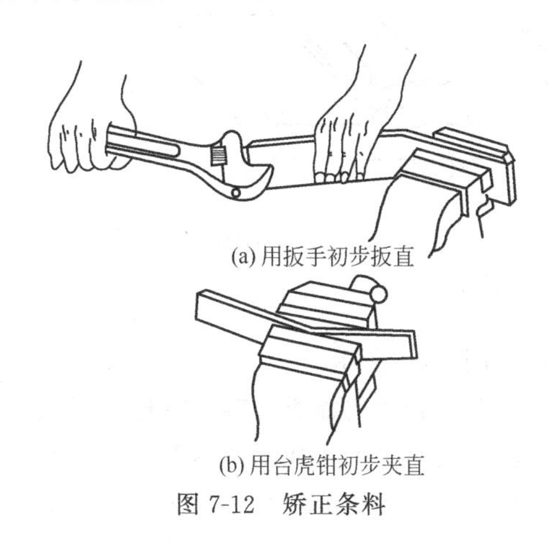

(a) 用扳手初步扳直

(b) 用台虎钳初步夹直

图 7-12　矫正条料

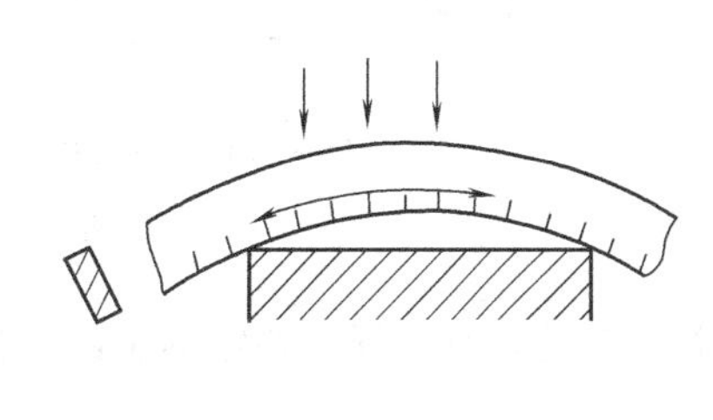

图 7-13　用延展法矫正条料

(二) 角钢的矫正

1. 弯曲变形的矫正

角钢弯曲有外弯和内弯，无论哪一种变形，都可将凸起处向上平放在铁砧上进行矫正，如图 7-14 所示。如果是内弯，应锤击角钢一条边的凸起处，经过由重到轻的锤击，角钢的外侧面会逐渐趋于平直。但必须注意，角钢与砧座接触的一边必须和砧面垂直。如果是外弯，应锤击角钢凸起的一条边，不应锤击凸起的面。经过锤击，角钢的内侧面会随着角钢的边一起逐渐平直。

2. 扭曲变形的矫正

矫正扭曲的角钢，应将平直部分放在铁砧上，锤击上翘的一面，如图 7-15 所示。锤击时，应由边向里，由重到轻。锤击一遍后，反方向再锤击另一面，锤击几遍可使角钢矫正。但必须注意手扶平直的一端离锤击处要远一些，防止锤击时震手。

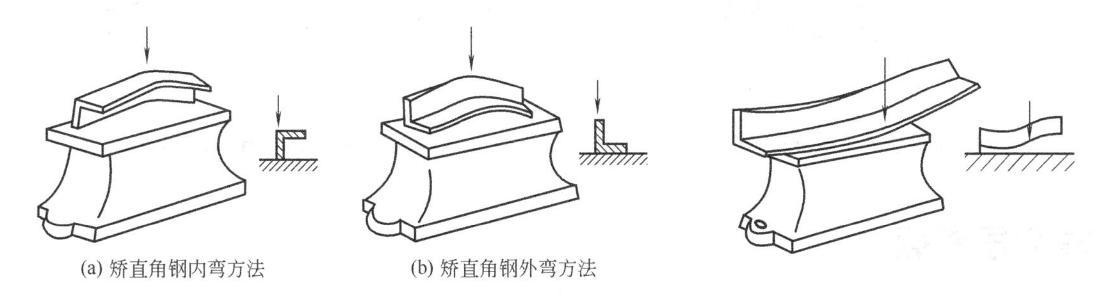

(a) 矫直角钢内弯方法　　(b) 矫直角钢外弯方法

图 7-14　在铁砧上矫正角钢弯曲

图 7-15　在铁砧上矫正角钢扭曲

3. 角度变形的矫正

当角钢发生角度变形时，可以在 V 形架上或平台上锤击矫正，如图 7-16 所示。

(三) 棒类和轴类零件的矫直

棒类和轴类零件的变形主要是弯曲，一般用锤击的方法矫直。矫直前，先检查零件的弯曲程度和弯曲部位，并用粉笔做好记号，然后使凸部向上，用手锤连续锤击凸处，使凸起部位逐渐消除。对于外形要求较高的棒料，为了避免直接锤击损坏其表面，可用合适的摔锤置

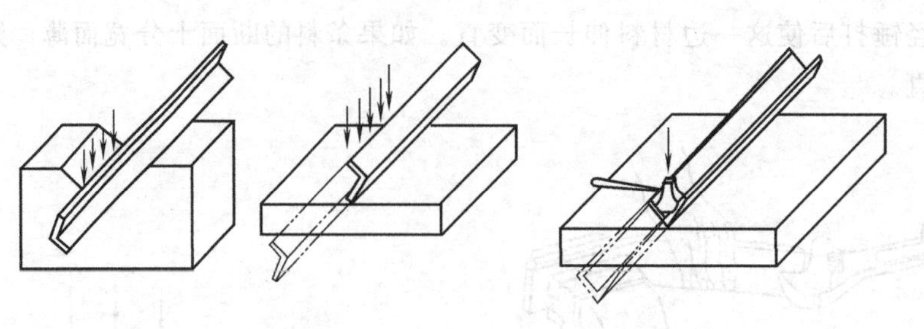

(a) 角钢夹角大于90°的矫正　　(b) 角钢夹角小于90°的矫正

图 7-16　角钢角变形的矫正

于棒料凸起处，然后锤击摔锤的顶部，使其矫直，如图 7-17 所示。

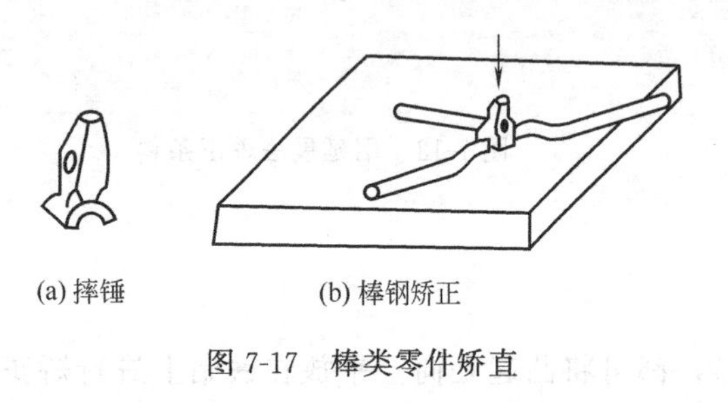

(a) 摔锤　　(b) 棒钢矫正

图 7-17　棒类零件矫直

直径较大的棒类、轴类零件的矫直，先把轴装在顶尖上，找出弯曲部位，然后放在V形架上，用螺旋压力工具矫直（图 7-18）。压时可适当压过一些，以便抵消因弹性变形所产生的回翘。用百分表检查轴的弯曲情况，边矫直，边检查，直到符合要求。

对卷曲的细长线料，可用伸张法来矫正（图 7-19）。将卷曲的线料一端夹在台虎钳上，从钳口处的一端开始，把线在圆木上绕一圈，握住圆木向后拉，使线材伸张而矫直。

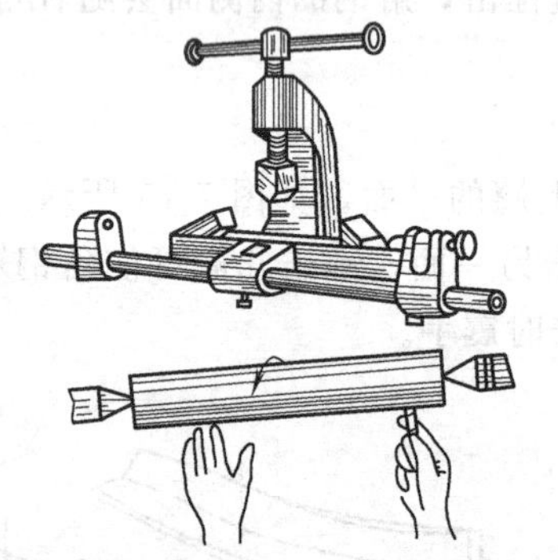

图 7-18　螺旋压力工具矫直轴类零件

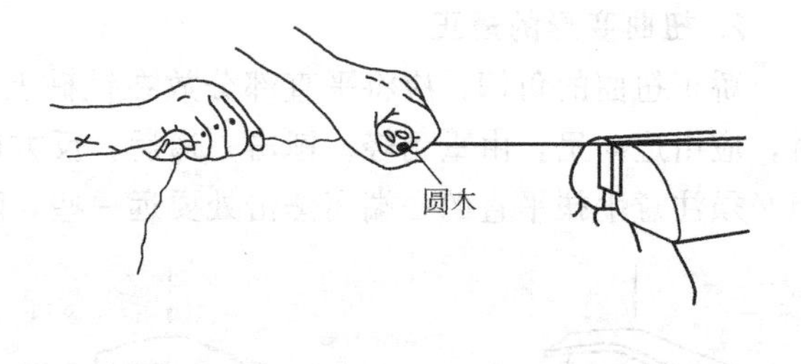

图 7-19　用伸张法矫直细长线料

复习思考题

1. 什么叫弯形？何种材料可以进行弯形？
2. 中性层的位置与哪些因素有关？
3. 什么叫矫正？矫正的实质是什么？
4. 手工矫正方法有几种？
5. 直径较小的轴类零件发生弯曲变形时，如何矫正？
6. 用 ϕ6mm 圆钢弯成外径为 156mm 的圆环，求圆环的落料长度。

刮削

第一节　刮削基础知识

一、刮削概述

用刮刀在已加工工件表面上刮去一层很薄的金属，以提高工件的表面质量和形位精度的操作称为刮削。刮削操作是修理钳工的一项重要的基础操作。

1. 刮削原理

将工件与基准件（如标准平板、校准平尺或已加工过的相配件）互相研合，通过显示剂显示出表面上的高点、次高点，用刮刀削掉高点、次高点。然后互相研合，把又显示出的高点、次高点刮去，经反复多次研刮，从而使工件表面获得较高的几何形状精度和表面接触精度。

2. 刮削的特点和作用

① 在刮削过程中，工件表面多次受到具有负前角的刮刀的推挤和压光作用，使工件表面的组织变得紧密，并在表面产生加工硬化，从而提高了工件表面的硬度和耐磨性。

② 刮削是间断的切削加工，具有切削量小、切削力小的特点，这样就可避免工件在机械加工中的振动和受热、受力变形，提高了质量。

③ 刮削能消除高低不平的表面，减小表面粗糙度，提高表面接触精度，保证工件达到各种配合的要求。因此，它广泛应用于机床导轨等滑行面、滑动轴承的接触面、工具的工作表面及密封用配合表面等的加工和修理工作中。

④ 刮削后的工件表面，形成了比较均匀的微浅凹坑，具有良好的存油条件，从而可改善相对运动件之间的润滑状况。

3. 刮削余量

刮削是一项繁重的手工操作，每刀刮削的量又很少，因此刮削余量不能太大，应以能消除前道工序所残留的几何形状误差和切削痕迹为准，过多或过少都会造成浪费工时、增加劳动强度或达不到加工质量的要求，一般为0.05～0.40mm，具体数值见表8-1或依据经验来确定。在确定刮削余量时，应考虑以下因素：工件面积大时余量大；刮削前加工误差大时余量大；工件刚性差易变形时余量大些。

表 8-1 刮削余量　　单位：mm

<table>
<tr><td colspan="6">平面的刮削余量</td></tr>
<tr><td rowspan="2">平面宽度</td><td colspan="5">平面长度</td></tr>
<tr><td>100～500</td><td>500～1000</td><td>1000～2000</td><td>2000～4000</td><td>4000～6000</td></tr>
<tr><td>100 以下</td><td>0.10</td><td>0.15</td><td>0.20</td><td>0.25</td><td>0.30</td></tr>
<tr><td>100～500</td><td>0.15</td><td>0.20</td><td>0.25</td><td>0.30</td><td>0.40</td></tr>
<tr><td colspan="6">孔的刮削余量</td></tr>
<tr><td rowspan="2">孔径</td><td colspan="5">孔长</td></tr>
<tr><td>100 以下</td><td colspan="2">100～200</td><td colspan="2">200～300</td></tr>
<tr><td>80 以下</td><td>0.05</td><td colspan="2">0.08</td><td colspan="2">0.12</td></tr>
<tr><td>80～180</td><td>0.10</td><td colspan="2">0.15</td><td colspan="2">0.25</td></tr>
<tr><td>180～360</td><td>0.15</td><td colspan="2">0.20</td><td colspan="2">0.35</td></tr>
</table>

4. **刮削的种类**

刮削可分为平面刮削和曲面刮削两种。平面刮削有单个平面刮削（如平板、工件台面等）和组合平面刮削（如 V 形导轨面、燕尾槽面等）。曲面刮削有内圆柱面、内圆锥面和球面刮削等。

二、刮削工具

（一）刮刀

刮刀是刮削的主要工具。刀头应具有足够的硬度，刀口必须锋利。常选用碳素工具钢（如 T8、T10、T12、T12A）或弹性好的滚动轴承钢（如 GCr15）作刮刀材料，并经热处理淬硬，刃口部分硬度达到 60HRC 以上。也可采用硬质合金刀片镶焊在中碳钢的刮刀杆上，用来刮削较硬的表面。这种刮刀既有足够的硬度，又具有很好的弹性。

为适应刮削各种不同形状的表面，刮刀可分为平面刮刀和曲面刮刀两大类。

1. **平面刮刀**

平面刮刀主要用来刮削平面，如平板、工作台等，也可用来刮削外曲面，其形状如图 8-1 所示。

平面刮刀按所加工表面精度的不同，又可分为粗刮刀、细刮刀和精刮刀三种。刮刀长短宽窄的确定，可因人手臂长短而异，无严格规定，以使用适当为宜。可参照表 8-2 选用。

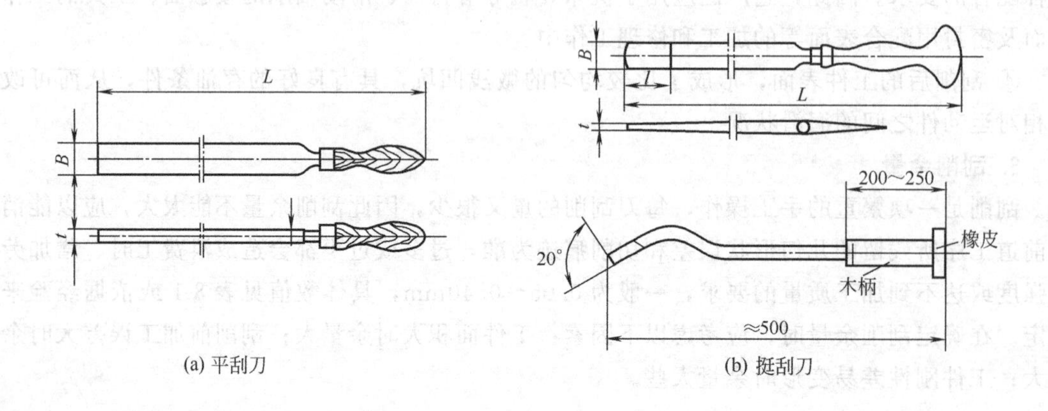

(a) 平刮刀　　(b) 挺刮刀

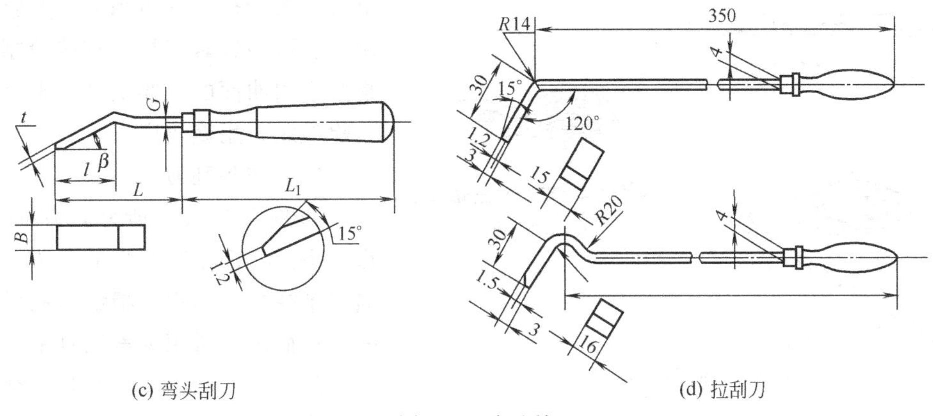

(c) 弯头刮刀

(d) 拉刮刀

图 8-1 平面刮刀

表 8-2 平面刮刀参考尺寸 单位：mm

种类 \ 尺寸	全长 L	宽度 B	厚度 t
粗刮刀	450～600	25～30	3～4
细刮刀	400～500	15～20	2～3
精刮刀	400～500	10～12	1.5～2

图 8-1（a）所示为一般平刮刀，用手握持进行刮削。图 8-1（b）所示为挺刮刀，具有一定的弹性，刮削量较大，效率较高，能刮出较高质量的表面。挺刮刀各部分尺寸可参照表 8-3。图 8-1（c）所示为弯头刮刀，刀杆弹力相当好，头部较小，刮削刀痕光洁，常用于精刮或刮花，其各部分尺寸参照表 8-4。图 8-1（d）所示为钩头刮刀，又称拉刮刀，适用于其他刮刀无法进行刮削的机体内部平面的刮削。

表 8-3 挺刮刀参考尺寸 单位：mm

种类 \ 尺寸	L	l	B	t	用途
大型	600～800	150	20～25	3～5	刮大平面
小型	450～600	150	15～20	2～3	刮中小平面

表 8-4 弯头刮刀参考尺寸 单位：mm

种类 \ 尺寸	L	l	L_1	B	G	t	β
大型	120	50	260	20	7	2.5	15°～20°
小型	80	30	210	15	5	2	15°～20°
长柄	45	25	360	18	6	2	8°

2. 曲面刮刀

曲面刮刀主要用来刮削内曲面，如滑动轴承的轴瓦等。常用的曲面刮刀有三角刮刀和蛇头刮刀两种（图 8-2）。

（1）三角刮刀

如图 8-2（a）、（b）所示，断面为三角形，其三条尖棱就是三个呈弧形的刀刃，三个面

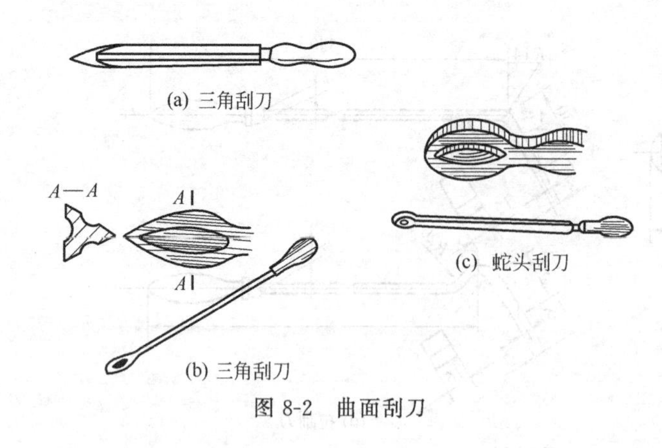

(a) 三角刮刀

(b) 三角刮刀

(c) 蛇头刮刀

图 8-2 曲面刮刀

上有三条凹槽。三角刮刀可用锉刀改制，也可用碳素工具钢直接锻制。它是刮削内曲面的主要工具，也可用于去除毛刺，用途较广。

（2）蛇头刮刀

如图 8-2（c）所示，断面呈矩形，头部有四个带圆弧的刀刃，刃口曲率半径可根据粗、精刮内曲面的曲率半径而定，常用碳素工具钢锻制而成。刮削时，利用两个圆弧刃交替刮削内曲面。由于楔角较大，刮削时不易产生振动，刮出的刀痕光滑而无棱角，而且凹坑较深，存油效果好，故常用于刮削轴瓦、轴套，使用方便、灵活。

（二）校准工具

校准工具也称研具，是推磨研点和检查刮削面准确性的工具。工件表面每次刮削前和刮削后都要用校准件通过对研来校正，使工件表面的高点得以显示。常用的校准工具有下列几种。

1. 标准平板

标准平板是用来检验较宽的刮削平面的（图 8-3）。标准平板有多种规格（表 8-5），选用时，它的面积应大于刮削面的 3/4 为宜。标准平板一般由组织均匀细密、耐磨性较好、变形较小的铸铁制成，经过精刨、粗刮和精刮而达到很高的表面质量。

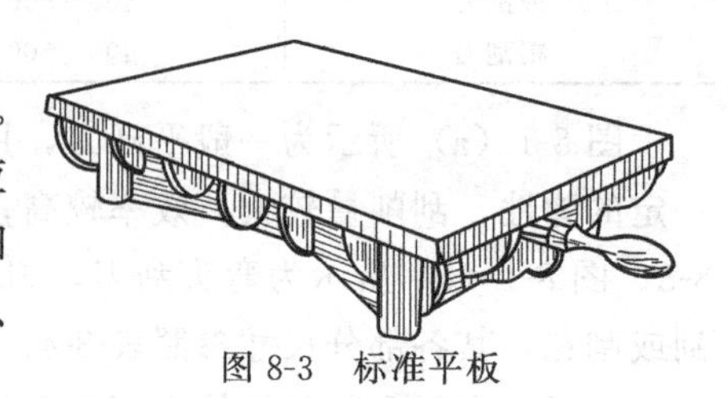
图 8-3 标准平板

表 8-5 平板的精度等级及规格（GB 22095—2008）

<table>
<tr><th rowspan="3">规格/mm</th><th rowspan="3">对角线
d/mm</th><th colspan="6">精度等级</th></tr>
<tr><th>000</th><th>00</th><th>0</th><th>1</th><th>2</th><th>3</th></tr>
<tr><th colspan="6">平面度公差值/μm</th></tr>
<tr><td>100×100</td><td>189</td><td>1.5</td><td rowspan="2">2.5</td><td rowspan="2">5.0</td><td rowspan="2">10</td><td rowspan="3">—</td><td rowspan="5">—</td></tr>
<tr><td>160×160</td><td>226</td><td rowspan="2">2.0</td></tr>
<tr><td>250×160</td><td>297</td><td rowspan="3">3.0</td><td rowspan="2">5.5</td><td rowspan="2">11</td></tr>
<tr><td>250×250</td><td>353</td><td rowspan="2">2.5</td><td>22</td></tr>
<tr><td>400×250</td><td>472</td><td>6.0</td><td>12</td><td>24</td></tr>
<tr><td>400×400</td><td>566</td><td rowspan="2">3.0</td><td rowspan="2">3.5</td><td>6.5</td><td>13</td><td>25</td><td>62</td></tr>
<tr><td>630×400</td><td>746</td><td>7.0</td><td>14</td><td>28</td><td>70</td></tr>
<tr><td>630×630</td><td>891</td><td>3.5</td><td rowspan="2">4.0</td><td>8.0</td><td>16</td><td>30</td><td>75</td></tr>
<tr><td>800×800</td><td>1131</td><td rowspan="8"></td><td rowspan="2">9.0</td><td>17</td><td>34</td><td>85</td></tr>
<tr><td>1000×630</td><td>1182</td><td>4.5</td><td>18</td><td>35</td><td>87</td></tr>
<tr><td>1000×1000</td><td>1414</td><td>5.0</td><td>10.0</td><td>20</td><td>39</td><td>96</td></tr>
<tr><td>1250×1250</td><td>1768</td><td rowspan="2">6.0</td><td>11.0</td><td>22</td><td>44</td><td>111</td></tr>
<tr><td>1600×1000</td><td>1887</td><td>12.0</td><td>23</td><td>46</td><td>115</td></tr>
<tr><td>1600×1600</td><td>2262</td><td>6.5</td><td>13.0</td><td>26</td><td>52</td><td>130</td></tr>
<tr><td>2500×1600</td><td>2968</td><td>8.0</td><td>16.0</td><td>32</td><td>64</td><td>158</td></tr>
<tr><td>4000×2500</td><td>4717</td><td>—</td><td>—</td><td>46</td><td>92</td><td>228</td></tr>
</table>

注：1. 表中数值是在温度 20℃条件下给定的。

2. 表中平面度公差值按下述公式计算并经圆整后得出。“000”级为 $1\times(1+d/1000)$。

2. 校准平尺

校准平尺的结构和形状如图 8-4 所示，是用来检验狭长平面的。常用的有桥式平尺、工字形平尺和角度平尺。图 8-4（a）所示为桥式平尺，主要用于检验较长导轨的直线度。图 8-4（b）所示是工字形平尺，它有单面和双面之分。单面工字形平尺的一个测量面经过精刮，精度较高，用于检验较短导轨的直线度；双面工字形平尺的两个面都经过精刮，两个面有很高的平面度和平行度，常用于检验导轨的相互位置精度。角度平尺如图 8-4（c）所示，角度平尺的两个测量面经精刮后达到所需的标准角度，如 55°、60°等。第三个面未经过精密加工，是放置时的支承面。角度平尺用于检验两个刮削面成角度的组合平面，如燕尾导轨的角度面等。平尺的规格及精度见表 8-6。

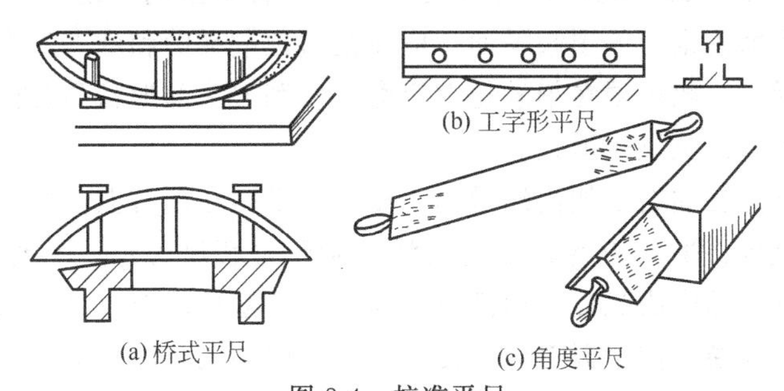

图 8-4 校准平尺

表 8-6 平尺规格及精度等级

规格/mm	精度等级											
	00	0	1	2	00	0	1	2	00	0	1	2
	直线度公差值/μm				上工作面与下工作面（或支承面）平行度公差/μm				侧面对工作面的垂直度公差/μm			
400	1.6	2.6	5	—	2.4	3.9	8		8.0	13.0	25	
500	1.8	3.0	6	—	2.7	4.5	9		9.0	15.0	30	
630	2.1	3.5	7	—	3.2	5.3	11		10.5	18.0	35	
800	2.5	4.2	8	—	3.8	6.3	12		12.5	21.0	40	
1000	3.0	5.0	10	20	4.5	7.5	15	30	15.0	25.0	50	100
1250	3.6	6.0	12	24	5.4	9.0	18	36	18.0	30.0	60	120
1600	4.4	7.4	15	30	6.6	11.1	23	45	22.0	37.0	75	150
2000	5.4	9.0	18	36	8.1	13.5	27	54	27.0	45.0	90	180
2500	6.6	11.0	22	44	9.9	16.5	33	66	33.0	55.0	110	220
3000	7.8	13.0	26	52	11.7	19.5	39	7.8	39.0	65.0	130	260
4000	—	17.0	34	68		25.5	51	102		85.0	170	340
5000	—	21.0	42	84		31.5	63	126		105.0	210	420
6300	—	—	52	105			78	158			260	525
任意 200mm	1.1	1.8	4	7								

各种平尺用过后，应垂直吊起。桥式平尺应安放平稳，防止变形。

3. 其他校准工具

刮削用的校准工具和量具很多，有检验芯轴、检验桥板、水平仪、量块和千分表等。检验各种曲面时，一般是用与其相配合的零件作为校准工具。如轴承内孔刮削质量的检验，常使用与其相配合的轴，如果没有合适的轴，可自制一根标准芯轴来检验。

三、刮刀的刃磨和热处理

(一) 刮刀的刃磨

1. 平面刮刀的刃磨

先在砂轮上粗磨刮刀平面。如图 8-5 所示，刮刀平面在砂轮上来回移动，将刮刀平面上的氧化皮去掉，然后将刮刀平面贴在砂轮侧面磨平。注意控制刮刀的厚度和两平面的平行度，厚度应控制在 1.5～4mm 之间，用目测在全长上看不出明显的厚薄差异。然后磨削刮刀的两侧窄面。最后磨削刮刀的顶端平面，应使刮刀顶端平面和刮刀刀身中心线垂直。

刮刀刃部淬火后，一般还须在细砂轮上粗磨，使刮刀头部形状和几何角度达到要求。此时，必须边磨边蘸水，以免发生退火。

精磨刮刀时，首先在油石上加注润滑油，使刀身平贴在油石上，按图 8-6 (a) 所示的箭头方向前后移动，直到将平面刃磨到平整光洁，无砂轮磨痕为止。不要按图 8-6 (b) 所示方法去磨，这样会使平面磨成弧面，刃部也不锋利。刃磨顶端部，具体操作如图 8-6 (c) 所示，用右手握住刀身前端，左手握刀柄，使刮刀刀身中心线与油石平面基本垂直，略向前倾斜。右手握紧刮刀，往返移动，左手扶正。在油石上往复移动距离约为 75mm。刃磨时，右手握紧刮刀用力向前推进，拉回时，刀身可略提起一些，以免磨损刀刃。图 8-6 (d) 所示的磨法，是两手紧握刮刀，向后拉时刃磨刀刃，前移时，提起刮刀，此种磨法初学者容易掌握，但刃磨速度较慢。

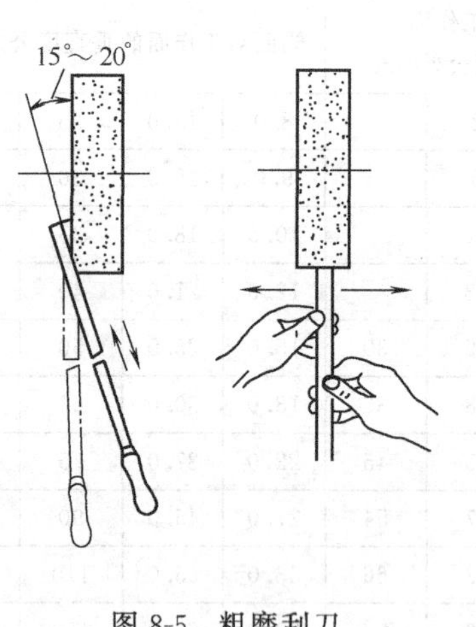

图 8-5 粗磨刮刀

图 8-6 精磨刮刀

刮刀顶端面刃磨后，顶端平面与刮刀平面间形成夹角，即楔角 β。楔角大小依据粗刮、细刮、精刮的要求而定。如图 8-7 所示，粗刮刀楔角在 90°～92.5°，刀刃必须平直；细刮刀在 95°左右，刀刃稍有圆弧；精刮刀在 97°左右，刀刃圆弧半径比细刮刀还小。在刮削韧性材料时，楔角可磨成不大于 90°，仅适于粗刮。刃磨时应避免磨出图 8-7 (b) 所示的几种错误形状。

刮刀是精加工工具，要注意日常的保养，尤其要保护好锋利的刃部，用完后应将刃口部分用布包好，放置在搁架上，以免碰坏刃部和发生伤害事故。

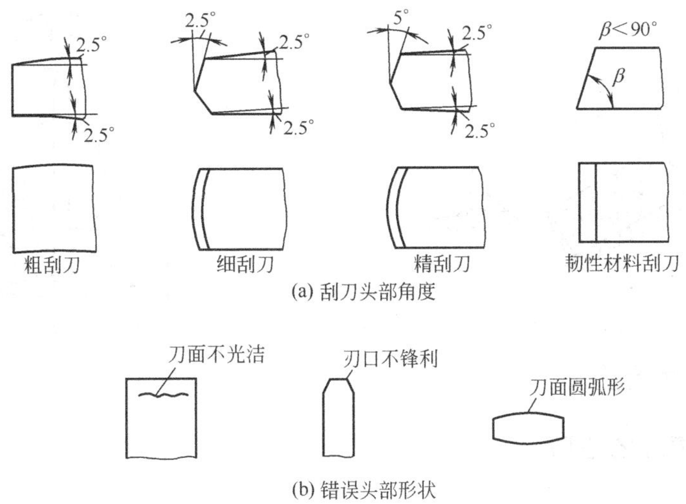

(a) 刮刀头部角度

(b) 错误头部形状

图 8-7 刮刀头部角度与形状

刮刀使用时要随时在润滑油浸泡好的油石上磨锐。平面刮刀主要刃磨顶端面，然后将两平面修磨一遍，去除刃口毛刺。刃磨时，注意油石上必须加适量的润滑油。润滑油要清洁无杂物。磨刮刀应在油石的全长全宽上进行移动，避免油石磨出沟槽。油石不用时，应浸入在油中，妥善放置。

2. 曲面刮刀的刃磨

(1) 三角刮刀的刃磨

三角刮刀很少自己制作，而广泛使用标准化的成品刮刀，所以无须进行粗磨，只进行精磨即可。精磨的方法如图 8-8 所示，用右手握持刮刀柄，左手轻压刀头部分，使两刀刃顺油石长度方向推移，依刀刃的弧面进行摆动，直至刀刃锋利，表面光洁，无砂轮磨痕为止。

(2) 蛇头刮刀的刃磨

蛇头刮刀两平面的刃磨与平面刮刀相同，而刀头两侧圆弧面的刃磨方法与三角刮刀的刃磨方法也基本相同。

(二) 刮刀的热处理

刮刀作为一种切削工具，要求刀刃有较高的硬度，因此除合理选用材料外，还要进行淬硬处理。刮刀的硬度与淬火工艺密切相关。

刮刀淬火的具体方法是：粗磨后的刮刀，将头部长度约 25mm 放在炉中加热，使刮刀端部温度达到 780～800℃（呈樱桃红色），然后取出，迅速将端部插入冷水中。平面刮刀插入约 5mm，三角刮刀全部插入，进行冷却（图 8-9）。为加快冷却，应将刮刀在水中移动。当露在外面的刀身部分呈黑铁皮色，即可将刮刀全部浸入水中，直至常温取出。这种淬火方法，冷却后刮刀淬硬部分的表面呈白色（俗称为淬水火），刮刀硬度可达到 60HRC。一般平面刮刀、三角刮刀大都淬水火。

加工有色金属的刮刀，其硬度不要求很高，可用油作为淬火冷却介质。用油淬火，冷却速度慢，刀刃不易出现裂纹，工艺易于控制。

刮刀淬火时，一定要严格控制加热温度。一旦过热（呈红色）再进行淬火，刀刃会产生细微的裂纹，刮出的表面有丝纹，严重时，刮刀淬火部位断裂。若温度过高（呈亮黄色），则会发生脱碳，淬火后，刮刀硬度很低，不能使用，以致报废。

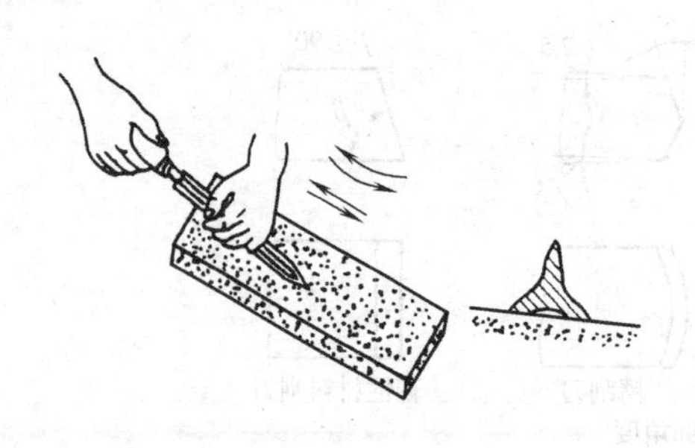
图 8-8　三角刮刀的精磨

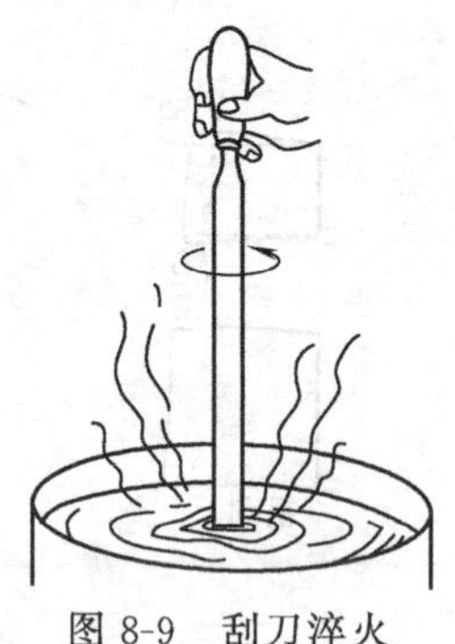
图 8-9　刮刀淬火

四、刮削精度检验

(一) 接触精度的检验

1. 显示剂

(1) 显示剂的种类

常用的显示剂有红丹粉和蓝油两种。

① 红丹粉。有铅丹（氧化铅，呈橘红色）和铁丹（氧化铁，呈红褐色）两种，颗粒较细，用润滑油进行调和，常用于刮削钢件、铸铁件。由于红丹粉没有反光，显点清晰，其价格又低廉，故应用非常广泛。

② 蓝油。蓝油是用普鲁士蓝粉和蓖麻油及适量的润滑油调和而成，呈深蓝色，研点小而清楚。多用于精密工件和铜、铝等有色金属工件的显点。

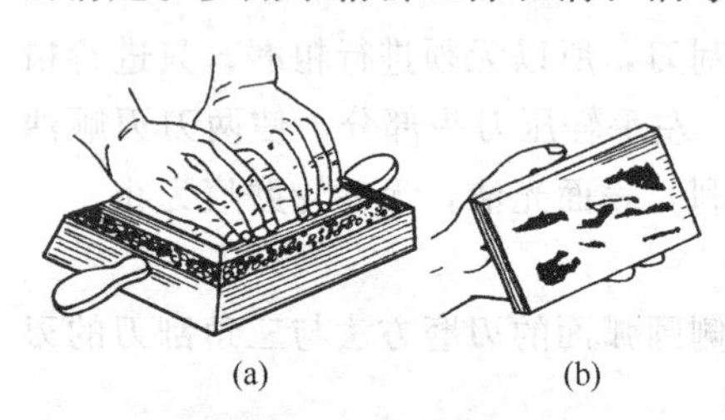

图 8-10　刮削时的研点

(2) 显示剂的作用

为了准确地显示工件表面的误差状况（误差位置、大小），刮削前应在工件表面或校准工具的表面上涂上一层有颜色的涂料（即显示剂），然后将工件与校准件合在一起对研（图 8-10）。研合后，工件的凸起部位就得以显现（显点），然后即可进行刮削。这种利用显示剂校验工件的方法，俗称磨点子。

2. 接触精度的检验

(1) 显点方法

工件显点时，显示剂可涂在工件上，也可涂在校准工具上。显示剂涂在工件上，显示的结果是红底黑点，没有闪光，容易看清，适于精刮时选用。涂在校准工具上，显示的结果是灰白底黑红色点子，有闪光，不易看清，但刮削时刮屑不易粘在刮刀上，方便刮削，故适于粗刮时选用。

显示剂使用时应调和得稠稀适当。一般粗刮时，显示剂可调得稀一些，以便于涂布，涂层可厚些，这样显示的点子大，刮削时方便。精刮时，要求点子小而清楚，所以应调得稠些，显示剂要涂布得均匀，薄薄一层，否则点子会连成片，模糊不清。当刮削点子数目接近要求时，不必再涂布显示剂，只将残留的显示剂再涂抹均匀即可。

显示剂应保持清洁，勿使污物、砂粒、铁屑等混入，以免划伤工件表面。另外，涂布显示剂的棉布团必须干净，显示剂的涂布要均匀，才能保证涂布效果。

① 中、小型工件的显点。一般是标准平板固定不动，工件在平板上推研。如果工件刮

削面小于平板，推研时最好不超过平板；如果工件刮削面等于或大于平板，则推研时允许工件超出平板，但超出部分的长度应小于工件长度的1/3。

② 大型工件的显点。一般是工件固定不动，校准工具在工件上进行推研。推研时，校准工具超出工件的长度应小于校准工具长度的1/5。

③ 不对称工件的显点。在推研时，应根据工件的形状，在不同的部位施加大小和方向不同的力（图8-11），同时应注意力的大小要均匀、适当，如果两次显点有矛盾时，应分析原因，不可盲目进行刮削。

④ 薄板工件的显点。对于此类工件，由于其厚度小，所以刚性差、易变形，因此在推研时，必须想办法使工件所受的力均匀分布在整个薄板上，才能反映出正确的表面误差状况，否则会出现受力大的地方凹的情况。

（2）接触精度的检验

刮削后的工件，其表面接触精度以刮削面显点的多少和均匀程度来表示，同时它也可以直接反映出刮削面的直线度和平面度。一般刮削面显点的多少是指在边长为25mm×25mm的正方形方框内被检查面上显点的数量，检查方法如图8-12所示。各种平面所要求的显点的数目见表8-7。如超精密平面要求的显点的数目大于25点，即要求在整个刮削面上，任一25mm×25mm的正方形方框内的显点的数目均应大于25点，工件才是合格的。

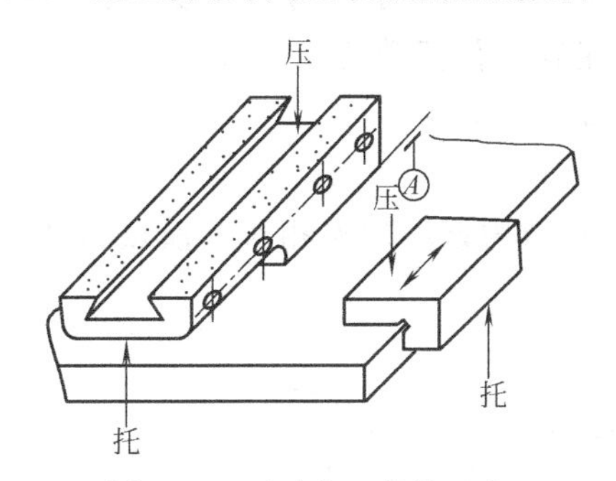

图8-11 不对称工件的显点

图8-12 显点数量的检查

表8-7 各种平面接触精度显点数

平面种类	每25mm×25mm内的研点数	应用举例
一般平面	2～5	较粗糙机件的固定结合面
	5～8	一般结合面
	8～12	机器台面、一般基准面、机床导向面、密封结合面
	12～16	机床导轨及导向面、工具基准面、量具接触面
精密平面	16～20	精密机床导轨、直尺
	20～25	1级平板、精密量具
超精密平面	＞25	0级平板、高精度机床导轨、精密量具

（二）形位误差的检验

刮削面的形状和位置精度主要有直线度、平面度、平行度和垂直度等，检测方法有多种。这里只介绍常见的直线度和平面度的常用检测方法。

1. 直线度的检验

直线度是一项控制工件直线形状误差的指标。直线度误差是指被测实际直线对理想直线的变动量。给定平面内的直线度误差是包容实际直线且距离为最小的两平行线之间的距离。直线度误差一般用水平仪或光学平直仪采用节距测量法进行测量。测量时，将测量仪器（水平仪或光学平直仪等）放在选定的适当跨距的桥板上（为便于换算，桥板的跨距一般为 5 或 10 的整数倍，如 200、250、300、…），如图 8-13 所示，首尾相接地移动桥板，使后一次桥板的始点与前一次桥板的末点相重合，分段沿长度方向逐段测量，并记录读数。最后，利用图解法或计算法即可求得被测工件的直线度误差。

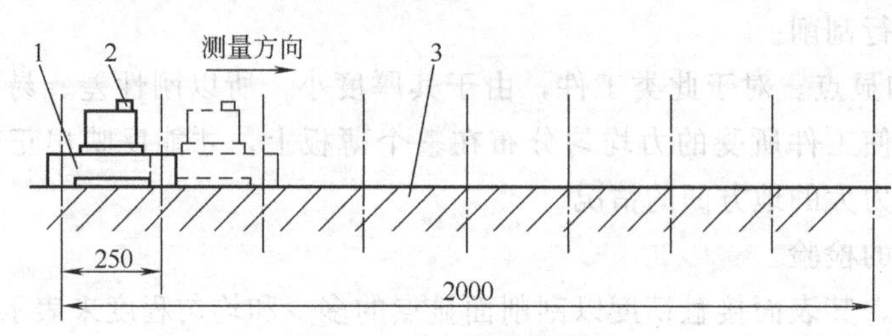

图 8-13 直线度的测量

1—桥板；2—水平仪；3—被测工件

下面举例说明用图解法和计算法求直线度误差。

【例 8-1】 用精度为 0.01/1000 的合像水平仪测量某导轨的直线度。已知导轨长度为 1200mm，桥板长为 200mm，自左至右依次测量得示值读数为：＋3.5，＋5.5，－3.2，0，－3，＋3.2。试用图解法和计算法求该导轨的直线度误差。

解 (1) 图解法

绘制误差曲线，如图 8-14 所示。注意每个读数为该段后点相对于前点的高度差，是相对值。

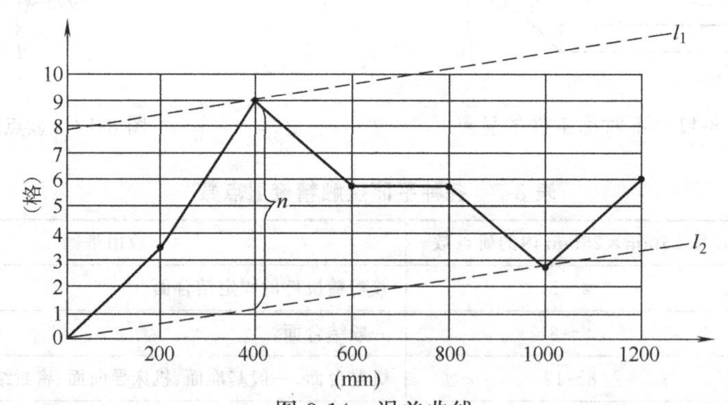

图 8-14 误差曲线

作误差曲线的包络线。由曲线可见，曲线的最高点在两个最低点之间，因此过曲线的两个最低点作下包络线 l_2，过最高点作上包络线 l_1 平行于 l_2，符合最小条件。从图中可求得 $n=7.88$（格），故该导轨的直线度误差为

$$\Delta = ncl = 7.88\times(0.01/1000)\times 200 = 0.016(\mathrm{mm})$$

式中 n——按最小条件确定的导轨的最大读数差值；

c——测量仪器的精度；

l——桥板的跨距。

(2) 计算法

计算法就是将各段读数进行坐标变换旋转，使各读数中的其中两个数值相等，同为最小（或最大），而且最大（或最小）数值位于该两数值之间，则最大和最小数值的差值即为直线度误差。

先求出各读数相对于起始端（第一点）的绝对坐标值。为此，将各读数进行累加得：

第 1 点	第 2 点	第 3 点	第 4 点	第 5 点	第 6 点	第 7 点
	+3.5	+5.5	−3.2	0	−3	+3.2
0	+3.5	+9	+5.8	+5.8	+2.8	+6

进行坐标旋转。通过分析所得数值，为求得符合最小条件的最大最小读数的差值，将坐标轴绕坐标原点顺时针旋转，使第 6 点的数值变为 0，即第 6 点的旋转量为−2.8，据此可求得各点的旋转量为：

0	−0.56	−1.12	−1.68	−2.24	−2.8	−3.36

因此可得各点旋转后的坐标值为：

0	+2.94	+7.88	+4.12	+3.56	0	+2.64

由此可见，第 1 点和第 6 点相等且同为最小值 0，第 3 点为最大值+7.88 且在第 1 点和第 6 点之间，符合最小条件，故该导轨的直线度误差为 7.88−0=7.88（格）。

代入公式可求得该导轨的直线度误差为：

$$\Delta = ncl = 7.88 \times (0.01/1000) \times 200 = 0.016(\mathrm{mm})$$

2. 平面度的检验

平面度是一项控制平面形状误差的指标。平面度误差是指被测实际平面对理想平面的变动全量。平面度误差是包容实际表面且距离为最小的两平行平面之间的距离。平面度误差常用水平仪（图 8-15）或千分表（图 8-16）测量。为了全面反映被测表面的实际状况，测量点应以栅格均匀分布，如图 8-17 所示。

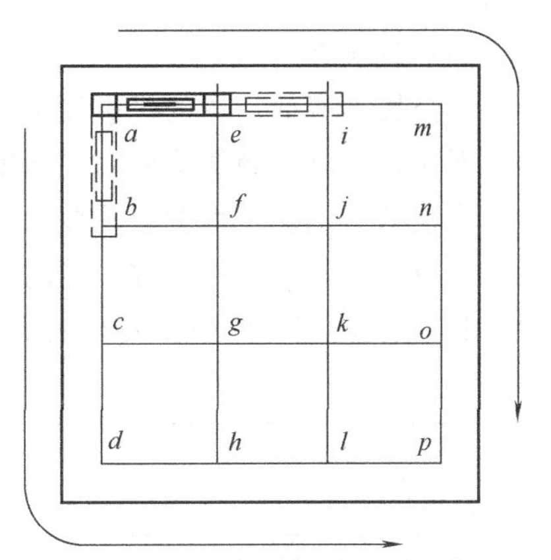

图 8-15 用水平仪测量平面度

水平仪测量法是以水平面作为测量的基准平面，而用千分表测量是以平板工作面作为测量的基准平面。这两种测量方法中所选的基准平面，一般来说和按最小条件所确定的基准平面是不会重合的，因此必须对测量所得的原始数据进行处理，即进行基面转换，也就是将测量所用的基准平面转换为符合最小条件的基准平面，则其中最高点和最低点之差值即为平面度误差。

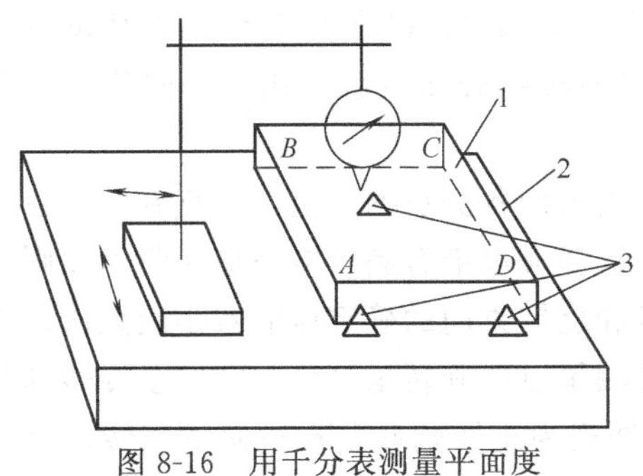

图 8-16 用千分表测量平面度

1—被测平板；2—基准平板；3—千斤顶

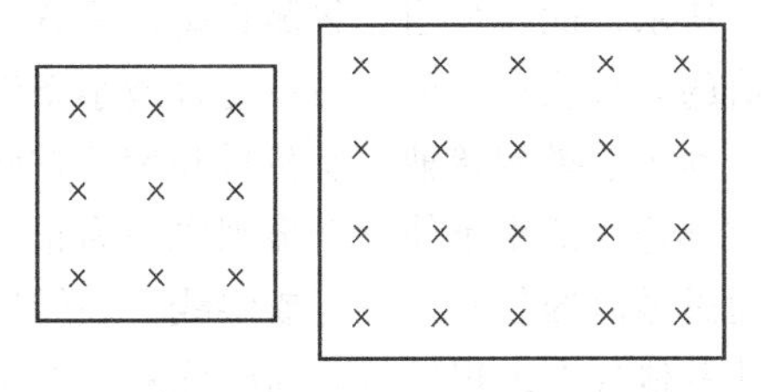
图 8-17 测量点分布

符合最小条件的基准平面应按以下准则进行判定：

（1）三角形准则

一个最低（高）点的投影正好落在三个等值最高（低）点所组成的三角形之内，如图8-18（a）所示。

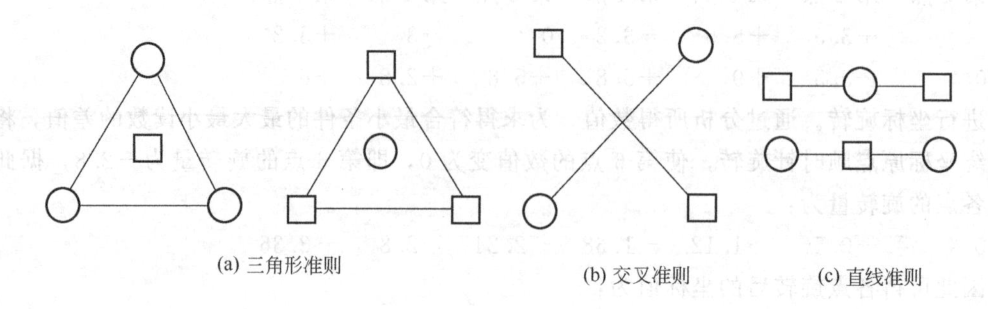

图 8-18　最小条件准则

○—最低点；□—最高点

（2）交叉准则

两个等值最高（低）点的投影位于两个最低（高）点连线的两侧，如图 8-18（b）所示。

（3）直线准则

一个最高（低）点的投影位于两个等值最低（高）点的连线上，如图 8-18（c）所示。

下面以千分表测量法说明平面度的测量方法及按最小条件评定平面度误差的数据处理。

将被测工件用支承置于平板上，按被测实际表面上相距最远三点调整被测实际表面，使之与平板大致平行。然后按一定的栅格对被测表面进行测量，记录各测点读数。测量方法如图 8-16 所示，测得的数据列于表 8-8。

表 8-8　平面度测量数据

测点	a_1	a_2	a_3	b_1	b_2	b_3	c_1	c_2	c_3
读数/μm	0	−1	+6	+8	−1	+5	+8	−3	+5

然后进行数据处理，即寻找符合最小条件的基准平面。其方法很多，但最简单易行的方法是旋转法。它是通过基面的平移和旋转，使所得数据符合前述最小条件三个准则之一，则其中最大读数与最小读数之差即为平面度误差。方法如下。

首先沿垂直于平面的方向平移平面，平移量为加最小负值或减最大正值，使原始数据图 8-19（a）中的数值均变为同号。如对上述测量数据都减＋8，得到各测点的数值如图 8-19（b）所示，此时相当于将测量基准平面平移到与被测实际表面接触（相切）的位置。观察极值的分布状态，可知还不符合最小条件。

其次选择旋转轴、旋转量和旋转方向，变换被测表面各测点的数值，一直旋转到各测点的数据符合最小条件三个准则之一为止。旋转轴的选择应以最有利于减小最大值为原则，可以通过零值的任一列、行或斜线为旋转轴；旋转量和旋转方向的确定应能减小最大值，而又不使其他各点出现异号。同时注意，在旋转时，各测量点的旋转量分别与它们至旋转轴的距离成正比。根据图 8-19（b）中的情况，取左边数据列为旋转轴并使右边向下旋转，第三列旋转量为＋2，第二列旋转量为＋1，旋转后各测点的数据如图 8-19（c）所示。

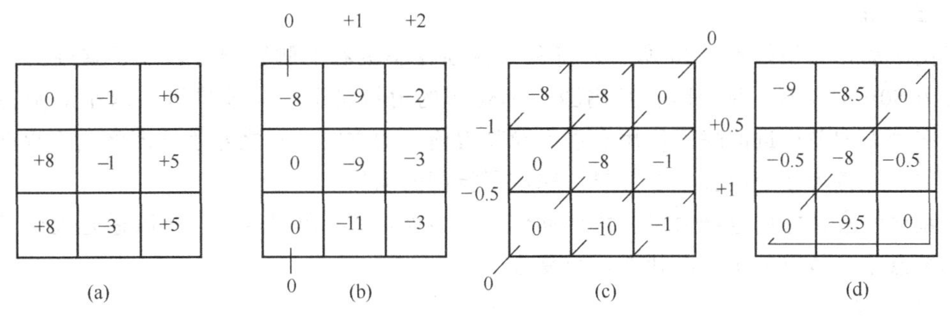

图 8-19 基面旋转法

第一次旋转后，仍不符合最小条件，需进行第二次旋转，此次取右上左下对角线（a_3c_1）为旋转轴，右下角向下旋转，左上角向上旋转，旋转量分别为：c_3 点为＋1，c_2、b_3 点为＋0.5，a_1 点为－1，b_1、a_2 点为－0.5。旋转后各测点的数据如图 8-19（d）所示。

最后按最小条件确定平面度误差值。分析图 8-19（d）中的数据可知已符合最小条件的三角形准则，一个最低点 c_2（－9.5）的投影位于三个等值最高点 c_1、c_3、a_3（均为 0）组成的三角形之内，故平面度误差为

$$\Delta=0-(-9.5)=9.5(\mu m)$$

第二节 刮削基本训练

一、刮削前的准备工作

（1）选择合适的刮削场地

刮削场地要清洁、平整，具有良好的采光条件，光线的亮度以不影响视力为宜。放置精密或重型工件的场地要求要坚实，以防工件倾斜。

（2）清理工件表面

清除工件表面的油污和杂质。工件上的飞边要倒掉，以防划破手指。

（3）安放工件

工件的安放要平稳可靠，尤其安放重型或大型工件时，一定要选好支承点，保证放置平稳。刮削面位置的高度要以操作者的身高来确定，一般在操作者腰部比较适合。刮削较小的工件时，应用台虎钳或其他方法夹持牢固，再行刮削。

（4）修磨刮刀

认真检查刮刀是否锋利，再进行细致修磨。如果刮刀硬度不够时，要进行淬硬处理，或者更换锋利刮刀，不可勉强使用。

二、平面刮削的方法和步骤

（一）平面刮削的方法

刮削的方法与刮削质量的关系很大，同时还会影响到工作的效率。常采用的刮削姿势有两种：挺刮法和手刮法。

1. 挺刮法

挺刮法动作要领如图 8-20 所示。将刮刀柄顶在小腹右下侧肌肉外，双手握住刀身，左手距刀刃 80mm 左右。刮削时，利用腿力和臀部的力量将刮刀向前推进，双手对刮刀施加压力。在刮刀向前推进的瞬间，用右手引导刮刀前进的方向，随之左手立即将刮刀提起，这时刮刀便在工件表面上刮去一层金属，完成了挺刮的动作。

挺刮法特点是施用全身力量，协调动作，用力大，每刀刮削量大，所以适合大余量的刮削。其缺点是身体总处于弯曲状态，容易疲劳。

2. 手刮法

手刮法动作要领如图 8-21 所示。右手如握锉刀柄姿势，左手四指向下弯曲握住刀身，距刀刃处 50mm 左右。刮刀与刮削面成 25°～30°角。同时，左脚向前跨一步，身子略向前倾，以增加左手压力，也便于看清刮刀前面的研点情况。刮削时，利用右臂和上身摆动向前推动刮刀，左手下压，同时引导刮刀方向，左手随着研点被刮削的同时，以刮刀的反弹作用迅速提起刀头，刀头提起高度为 5～10mm，完成一个手刮动作。这种刮削方法动作灵活、适应性强，可用于各种位置的刮削，对刮刀长度要求不太严格。但手刮法的推、压和提起动作，都是靠两手臂力量来完成的，因此要求操作者有较大臂力。在刮削大面积工件时，手刮法往往不宜使用，一般都采用挺刮法刮削。

图 8-20　挺刮法

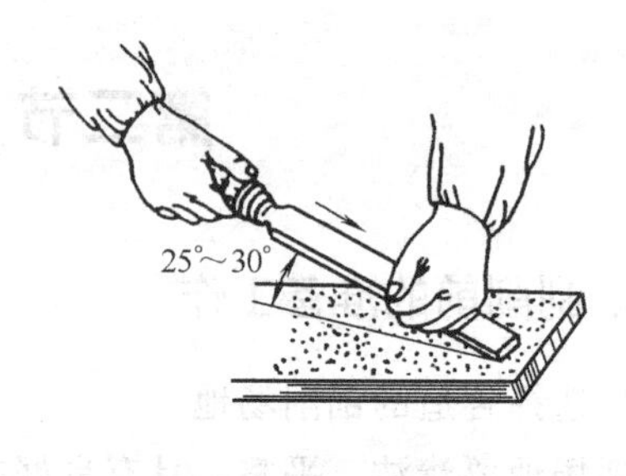

图 8-21　手刮法

(二) 平面刮削的步骤

平面刮削过程可分为三个阶段进行，即粗刮、细刮和精刮。

1. 粗刮

工件的机械加工表面留有较深的刀痕，或工件表面有严重的锈蚀和刮削加工余量较大时（如 0.05mm 以上），需进行粗刮。

粗刮使用长柄刮刀，采取连续推铲方法，加大压力。刮屑厚而宽，大量去屑，刀迹连片。刀迹宽为 8～16mm，刮刀行程长为 30～60mm，每刮一遍时，应调换 45°角，交叉进行。整个刮削面上要均匀地刮削，防止出现中间低边缘高的现象。如果刮削面有平行度要求时，刮削前应先测量一下，根据前道工序的误差情况，进行不同量的刮削。当目测表面没有不平处时，可进行研点，再将点子刮去。这样反复研点，反复刮削几遍后，即可用检查框检验，在 25mm×25mm 内有 2～3 个点子时，粗刮阶段完成。

2. 细刮

粗刮后，表面研合点还很少，没有达到表面质量要求，因此还需要细刮。细刮采用短刮法，刀口略带圆弧，刀迹宽度在 6～12mm，刮刀行程 10～25mm。刮削时，应按一定方向依次刮削，刮完一遍再刮第二遍时，交叉45°角进行。为加快刮削速度，把研磨出的高点连同周围部分都刮去一层，就能显现出次高点。然后，再刮次高点，次高点被刮除后，又显现出其他较低的高点子来。随着研合点子的增多，可将红丹粉均匀而薄地涂布在平板上，再进行研点。当显现的点子软、硬均匀（硬点发亮，刮重些；软点子发暗，刮轻些），用检验框检查25mm×25mm内有12～15个点子时，细刮阶段完成。

3. 精刮

在细刮后，为进一步提高表面质量，增加表面研点数目，要进行精刮。精刮采取点刮法，刃口呈圆弧形，刮刀较小。前角要大一些，对准点子，落点要轻，起刀时应挑起，刀迹宽3～5mm，刮削行程在3～6mm，在每个研点上只刮一刀，不能重复。每精刮一遍后，交叉45°角进行，可将研出的点子，分为三种类型，进行刮削。最高最大的点子，全部刮去；中等点子从中间挑开；小点子留下不刮。反复刮削几遍后，点子会越来越多，越来越小，很快达到每25mm×25mm内出现点子20～25个。精刮阶段完成。

在不同的刮削步骤中，应适当控制每刮一刀的深度。刀迹的深度可从刀迹的宽度上反映出来。因此，应从控制刀迹的宽度来控制刀迹的深度。当左手对刮刀的压力大时，则刮后的刀迹宽而深。粗刮时，刀迹宽度不要超过刃口宽度的2/3～3/4，否则刀刃的两侧容易扎入刮削面造成沟纹。细刮时，刀迹宽度约为刃口宽度的1/3～1/2，刀迹过宽也会影响到单位面积的研点数。精刮时，刀迹宽度应该更窄。

4. 刮花

刮花是在精刮后进行的，是在刮削面上用刮刀刮出装饰性花纹，目的在于增加表面的美观和保证良好的润滑条件，并可根据花纹消失情况来判断平面的磨损程度。

一般常见花纹如图8-22所示。

（1）斜纹

一般称作小方块，用精刮刀与工件成45°角方向刮成。一个方向刮完后，再刮另一方向。花纹大小依据刮削面的大小而定，刮削面大，花纹大些。反之刮削面狭小，花纹小些［图8-22（a）］。

（2）鱼鳞纹

首先将刀刃右侧（或左侧）接触刮削面，左手压平刀刃，同时向前推进，并适量地扭转刮刀，然后起刀。这样有规律地连续进行，即可刮出鱼鳞纹［图8-22（b）］。

(a) 斜纹

(b) 鱼鳞纹

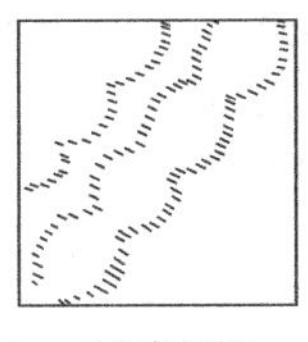

(c) 半月纹

(d) 燕子纹

图8-22 刮削花纹

此外，还有半月纹、燕子纹等，如图8-22（c）、（d）所示。

（三）原始平板的刮削

1. 刮削原理

刮削原始平板（又称标准平板）一般采用渐近法，即不用标准平板，而以三块平板依次循环互研互刮，达到平面度的要求。渐近法互研互刮是一种历史较久的传统刮削方法。“三面互研”一般是在没有标准平板的情况下采用的方法，随着检测手段的增多和测量水平的提高，刮削原始平板的方法已逐渐改进。

2. 刮削的步骤

按图 8-23 所示顺序进行。

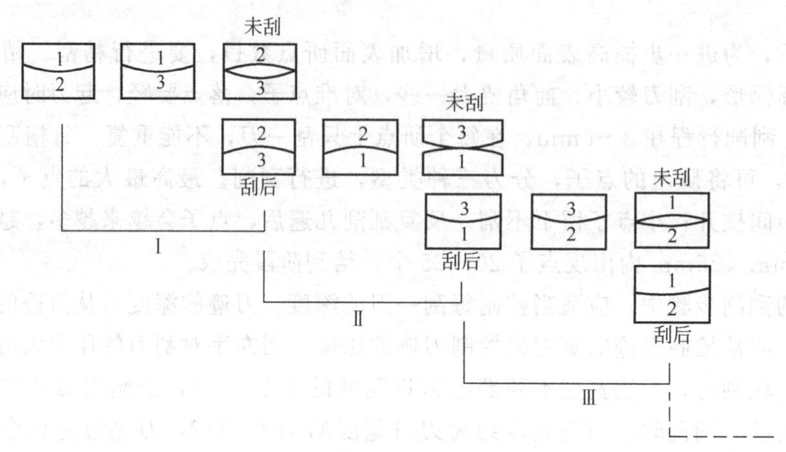

图 8-23　原始平板的刮削法

3. 研点方法

(1) 正研（纵向、横向）

用三块平板轮换合研显示，如图 8-24 所示，以消除纵横起伏误差，通过多次循环刮削，达到各平面显点一致。正研是一种传统的工艺方法，其机械地按照一定顺序研配，刮后的显点虽能符合要求，但有时不能反映出平面的真实情况。如图 8-25 所示，在正研过程中出现三块平板在相同的位置上有扭曲现象（称同向扭曲），即都是 *AB* 对角高而 *CD* 对角低，此时任意两块平板互研，则是高处（+）正好和低处（-）重合。经刮削后，其显点可能分布得很好，但扭曲却依然存在，而且越刮扭曲越严重，故不能继续提高平板的精度。

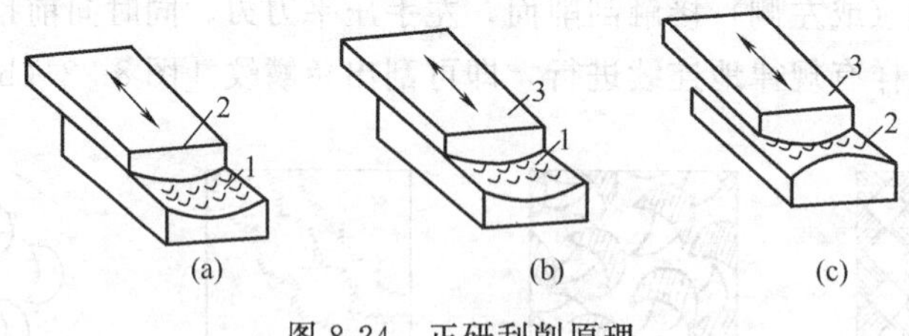

图 8-24　正研刮削原理

(2) 对角研

为了消除同向扭曲的现象并进一步提高精度，在经过几次正研循环后，必须采用对角研的方法进行刮研，如图 8-26 (a) 所示，即在研点时，以高角对高角，低角对低角。经研点后，*AB* 角重，中间轻，*CD* 无点，如图 8-26 (b) 所示，扭曲现象明显地显示出来。然后根据研点进行修刮，直到研点分布均匀和消除扭曲。如此，循环次数越多，则平板越精密。直到在三块平板中任取两块推研，不论是正研、调头研还是对角研，都能得到几乎相同的显点情况，且每块平板显点数都符合要求，刮削即告完成。

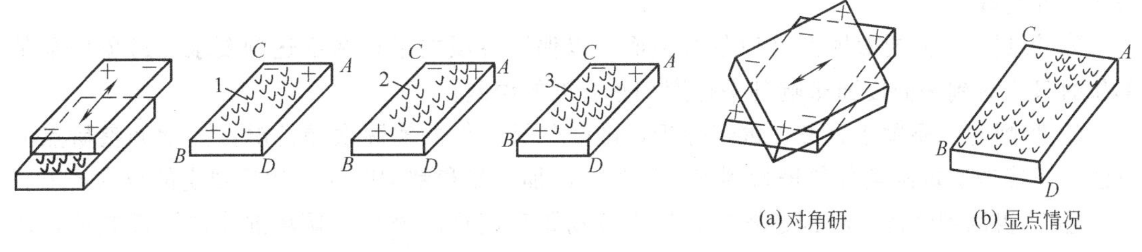

图 8-25　正研的缺点　　　图 8-26　对角研刮削原理

三、平面刮削实训

1. 生产实训图

生产实训图如图 8-27 所示。

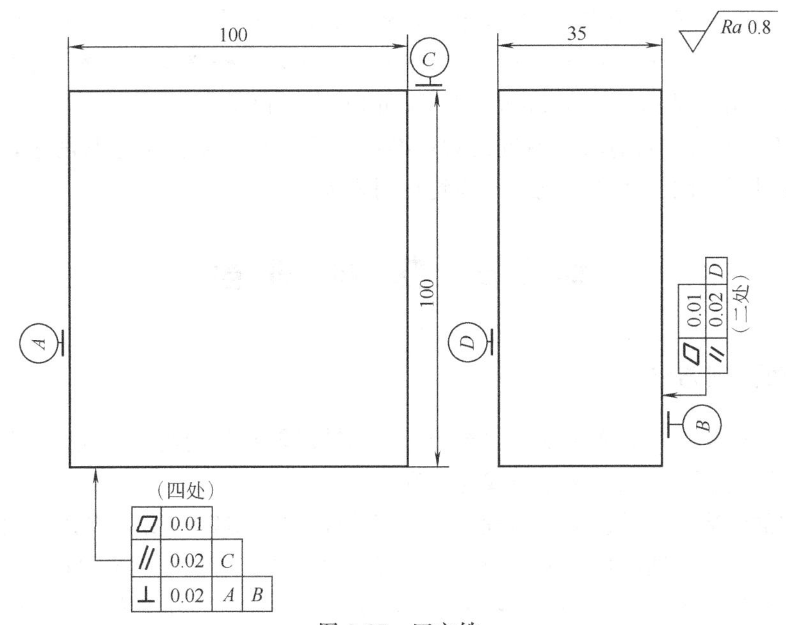

图 8-27　四方铁

2. 实训准备

① 工具和量具：平面刮刀、细油石、25mm×25mm 检验框、千分尺、千分表等量具。

② 辅助材料：显示剂、润滑油。

③ 备料：经精刨的 100mm×100mm×35mm 铸铁平板（HT200），每人一块。

3. 操作要点

① 正确的刮削姿势是保证刮削质量的关键，也是本实训的重点，必须严格操作。

② 要重视刮刀的修磨，正确刃磨好粗、细、精刮刀，是提高刮削速度和保证刮削精度的基本条件。

③ 刮削一定要按步骤进行。粗刮是为了取得工件初步的形位精度，一般要刮去较多的金属，所以每刀的刮削量要大，刮削要有力。而细刮、精刮主要是为了提高刮削表面的光整和接触点数，所以必须挑点准确，刀迹要细小光整。因此，不要在平板还没有达到粗刮要求的情况下，过早地进入细刮工序，否则就会使细刮的加工量过大，不仅影响刮削速度，也不

易把工件刮好。

④ 每刮削一面要兼顾到其他各有关面，以保证各项技术指标都达到要求，避免修刮某部位时只注意到平面度而影响到平行度和垂直度的误差。

⑤ 刮削时，要勤于思考、善于分析，随时掌握工件的实际误差情况，经常调整研点的方法，正确地确定刮削部位进行刮削，以最少的加工量和刮削时间，达到规定的技术要求。

⑥ 从粗刮到细刮、精刮过程中，研点移动距离应逐渐缩短，显示剂涂层逐渐减薄，使显点真实、清晰。

4. 操作步骤

① 检查来料尺寸和各表面误差情况，有无缺陷。各棱边倒角。

② 选择两个大平面（*B*、*D*）之一为基准进行粗、细、精刮，达到平面度要求，即每25mm×25mm 内研点达 18 点以上。

③ 刮削另一大平面。刮削前先测量其对基准面的平行度误差，确定刮削量，制订刮削方案。在保证达到平面度的同时，初步粗刮达到平行度和研点数（每 25mm×25mm 内 2～3 点）要求后转入细刮，此时结合千分尺进行平行度测量，以作必要的修整。最后精刮，使平行度达到 0.02 mm，研点数达每 25mm×25mm 内 18 点以上。

④ 刮削四个窄面。刮削前先测量其对基准面的垂直度误差，确定刮削量，制订刮削方案。按步骤③进行刮削，使各项技术指标均达到要求。

第三节 曲面刮削

一、曲面刮削方法

曲面刮削一般是指内曲面刮削，主要用于滑动轴承轴瓦的刮削。曲面刮削的原理和平面刮削一样，主要刮削工具是三角刮刀或蛇头刮刀。

曲面刮削的姿势有两种。第一种是右手握刀柄，左手用四指横握刀体，大拇指抵住刀身。刮削时，左、右手同时作圆弧运动，并顺着曲面方向作后拉和前推刀杆的螺旋运动，使刀迹与曲面轴线约成 45°夹角，且交叉进行，如图 8-28（a）所示。第二种姿势，如图 8-28（b）所示，刮刀柄搁在右臂上，双手握住刀体，刮削动作、刮刀运动轨迹与前一种完全一致。

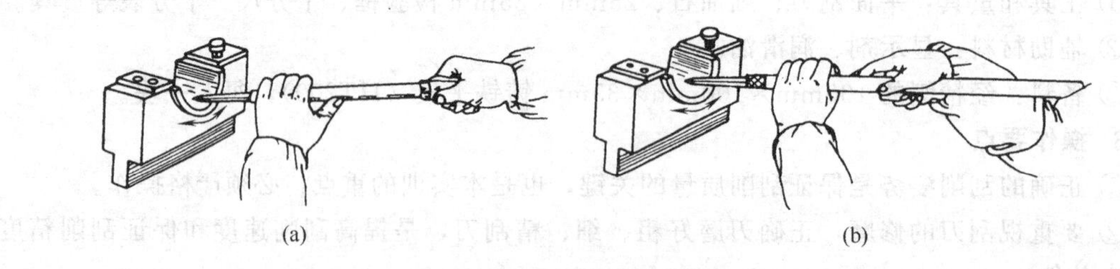

图 8-28 内曲面刮削姿势

刮削曲面时应注意以下几点。

① 刮削时不可用力太大，以不发生抖动、不产生振痕为宜。

② 一定要交叉刮削，刀迹与曲面轴线约成 45°，以防止刮面产生波纹，研点呈条状。

二、 曲面刮削质量检验

曲面研点时，研具一般是用标准芯轴或与其相配合的轴。因轴瓦多为有色金属，故常用蓝油作为显示剂。将标准芯轴或配合轴上均匀涂布上蓝油，然后放在轴孔中进行旋转，即可显示出点子。依据所显示的点子，进行刮削或确定内曲面的刮削质量（图 8-29）。注意研点时研具应沿曲面来回转动，切忌沿轴线方向作直线运动。精刮时转动弧长应小于 25mm。

曲面刮削质量的检查方法同平面刮削一样，使用检查框测定 25mm×25mm 内接触点子的数目。一般由于孔的前后端磨损较快，因此要求内曲面（如轴瓦）中间部位点子少些，前后端则要求点子多些，这样也有利于轴承的润滑。

三、曲面刮削实训

1. 生产实训图

生产实训图如图 8-30 所示。

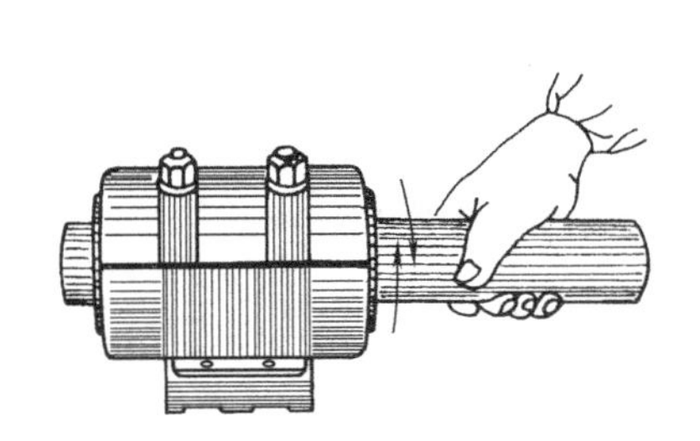

图 8-29 内曲面的研点

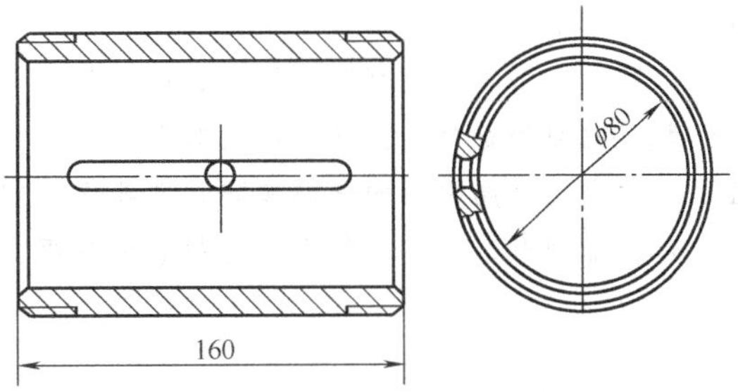

160

φ80

技术要求

1. 内圆弧面要求在 25mm×25mm 内研点数为 8～12个，两端研点较中部多。
2. 材料：HSn90－1。

图 8-30 铜轴瓦

2. 实训准备

① 工具和量具：三角刮刀、蛇头刮刀及必要的测量工具等。

② 辅助工具：研点用的配合轴或标准芯轴、软钳口衬垫等。

③ 按图准备铜合金轴瓦或其他轴瓦。

3. 操作要点

① 要注意掌握内曲面刮削的方法和要领，训练正确的刮削姿势。

② 粗刮时，要不断探索刮削时的用力技巧，达到不产生明显的振痕和起落刀印迹。

③ 细刮时，要熟练掌握挑点技巧，力求提高刮点的准确性，要求达到 90％以上。

④ 使用三角刮刀时应特别注意安全操作。

4. 操作步骤

① 粗刮，练习姿势和力量。根据研点情况作大切削量的刮削，使接触点均匀，并注意保证细、精刮削的加工余量。

② 细刮，练习挑点。注意控制刀迹的长度、宽度以及刮点的准确性。

③ 精刮，达到尺寸、形位精度要求及配合接触点为 8～12 点。轴承中部点子要少些，两端应多些，点要清晰，无丝纹、振痕和明显刀迹。

复习思考题

1. 什么叫刮削？举例说明刮削的适用范围。
2. 试述刮削的原理及其作用。
3. 怎样确定刮削余量？
4. 刮刀有几种？各用于何种场合？
5. 常用校准工具有哪些？
6. 绘图说明平面刮刀与曲面刮刀的切削角度。
7. 试述平面刮刀的淬火方法。
8. 如何刃磨平面刮刀和三角刮刀？
9. 显示剂有什么作用？常用的有哪几种？
10. 显点时应注意哪些问题？
11. 如何检查刮削面的直线度和平面度？
12. 试述平面的刮削方法和步骤。
13. 粗刮、细刮和精刮有何不同？刮削质量有何不同要求？
14. 刮花的目的是什么？常见花纹有哪几种？
15. 试述刮削原始平板的循环步骤，并绘图说明。
16. 刮削曲面时，应注意什么？刮削表面有深凹痕和振痕是怎样造成的？

研磨

第一节　研磨基础知识

研磨是用研磨工具和研磨剂从工件表面磨去一层极薄金属层的加工方法。研磨能使工件得到精确的尺寸、准确的几何形状和极低的表面粗糙度。研磨是对工件表面进行的最后一道精密的机械加工。

一、研磨原理及作用

（一）研磨的原理

研磨是一种微量的金属切削运动，其基本原理包含着物理的和化学的综合作用。

1. 研磨的物理作用

用作研磨工具（研具）的材料要比工件软，当在研具和工件之间加入研磨剂而相互磨合时，在压力的作用下，研磨剂（即磨料）就会嵌入研具表面。这些细微磨料就像无数的切削刃，在研具与工件的相对运动中会对工件产生微量的切削和挤压作用，从而使工件表面被均匀地削去一层极薄的金属层。

2. 研磨的化学作用

如果使用氧化铬、硬脂酸等化学研磨剂时，这些研磨剂在空气的作用下，会和金属发生化学反应，在工件表面形成一层极薄的氧化膜，而这层氧化膜又很容易在研磨的过程中被磨掉。这样，迅速形成的氧化膜被磨料磨去，随之工件表面又有一层被氧化，接着又被迅速磨掉，经过多次反复，工件表面很快就达到预定的加工要求。

（二）研磨的作用

1. 可得到精确的尺寸

工件经研磨后，可得到很高的尺寸精度。一般尺寸精度可达0.001～0.005mm。

2. 能提高工件的形位精度

研磨可使工件获得精确的几何形状和相对位置精度。零件经研磨后，其形位误差可控制在0.005mm范围之内。

3. 获得很低的表面粗糙度

通过研磨，零件的表面粗糙度可达$Ra0.05$～$0.20\mu m$，最高可达$Ra0.006\mu m$。

表 9-1 为各种加工方法所得表面粗糙度的比较，由表可见，研磨加工所得表面粗糙度值最小。

4. 延长工件使用寿命

零件经研磨后，由于具有很小的表面粗糙度，因此其耐磨性、抗蚀性和疲劳强度都有相应的提高，从而可延长零件的使用寿命。

综上所述，研磨是一种精密的机械加工，其所能达到的尺寸、形位及表面精度是用一般的机械加工方法所无法达到的。但研磨加工生产效率低、成本高，研磨余量又不能太大，所以工件必须经过前道工序的精加工后才能进行研磨。一般只有在零件要求的形位公差小于 0.05mm、尺寸公差小于 0.01mm 时才考虑使用研磨的方法。

表 9-1　各种加工方法所得表面粗糙度的比较

加工方法	加工情况	表面放大的情况	表面粗糙度 $Ra/\mu m$
车	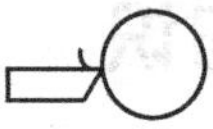	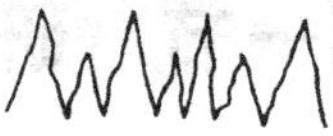	1.6～80
磨	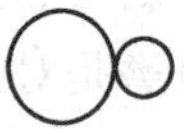		0.4～5
压光	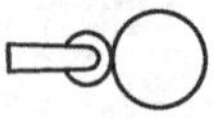		0.1～2.5
珩磨			0.1～1.0
研磨	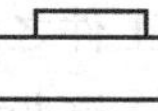		0.05～0.2

二、研具和研磨剂

（一）研具

研具是保证研磨质量的重要因素，因此对研具的材料、精度和表面粗糙度都有较高的要求。

1. 研具材料

为了使磨料能嵌入研具表面，要求研具材料的硬度必须低于工件的硬度，否则磨料不能起到良好的切削作用。但使用过软的材料作研具会使磨料全部嵌进研具表面，这样就会失去研磨的作用。而且研具的材料过软时，在使用中也易于变形和磨损。同时，研具材料必须组织均匀，否则会发生研具不均匀的磨损，影响工件的研磨质量。常用的研具材料为灰口铸铁和球墨铸铁，对一些特殊的研磨对象，有时也用低碳钢、铜、轴承合金等材料来制作研具。

（1）灰口铸铁

灰口铸铁是常用的研具材料。由于其组织中含有大量的石墨，因此有很好的耐磨性、润滑性，且磨料易嵌入研具表面，硬度适中，易于加工，研磨效率较高，是一种价廉易得的研磨材料。

（2）球墨铸铁

球墨铸铁比灰口铸铁更易于嵌入磨料，且均匀牢固，耐磨性比灰口铸铁高，所以目前已得到广泛的应用。

（3）低碳钢

低碳钢比灰口铸铁强度高、韧性好，不容易折断，适于制作小尺寸的研具，如研磨小尺寸的螺纹和小孔等。但由于其本身强度高、韧性大，磨料不易嵌入，故不宜用来制作精密研具。

（4）紫铜和黄铜

铜的性质较软，表面容易嵌入磨料，适于粗研磨大型工件，研磨效率高。由于研磨质量较低，故研磨过的表面还需进行精磨。

（5）轴承合金

轴承合金俗称巴氏合金，主要用于铜合金精密轴瓦的抛光和软质材料的研磨。

2. 研具类型

生产中所见的工件是多种多样的，不同形状的工件应使用不同类型的研具。常用的研具有板条形研具（研磨平板）、圆柱和圆锥形研具（研磨环、研磨棒）及异形研具。

（1）研磨平板

研磨平板主要用来研磨平面，如刀口角尺、量块等精密量具的平面及精密机械设备的导轨面等，它分为有槽平板和光滑平板两种（图 9-1）。有槽平板用于粗研，研磨时容易将工件磨平，可防止将研磨面磨成凸弧面；精研时，则应在光滑平板上进行。

（2）研磨环

研磨环如图 9-2 所示，主要用来研磨外圆柱表面。研磨环的内径应比工件的直径大 0.025～0.05mm。研磨一段后，如研磨环孔径磨大，可拧紧调节螺钉，将孔径缩小，达到所需的尺寸。

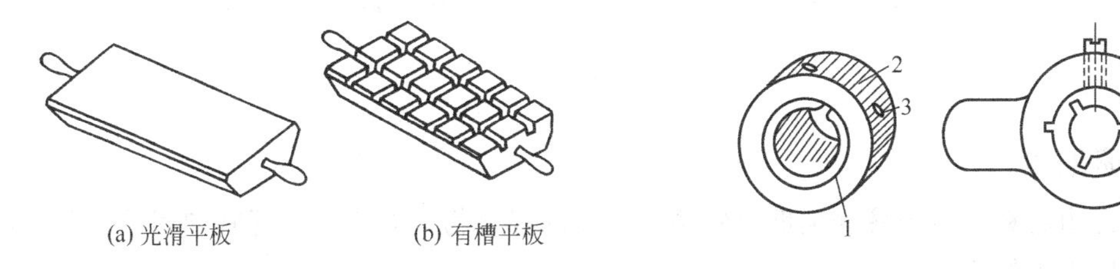

(a) 光滑平板　　(b) 有槽平板

图 9-1　研磨平板

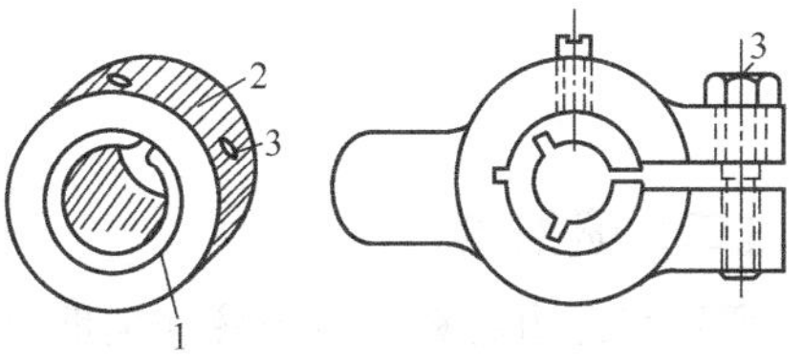

图 9-2　研磨环

1—调节圈；2—外圈；3—调节螺钉

（3）研磨棒

研磨棒主要用于圆柱孔的研磨，有固定式和可调式两种（图 9-3）。固定式研磨棒也有有槽和光滑之分，有槽的用于粗研磨，光滑的用于精研磨。固定式研磨棒构造简单，但磨损后无法补偿。为此，对工件上一个孔径尺寸的研磨，需要预先制备多个包括有粗研磨、半精研磨和精研磨余量的研磨棒来完成。对要求比较高的孔，每组研具可达 5 件之多。因此，研磨棒多用于单件研磨或机修时。

可调式研磨棒其尺寸可在一定的范围内进行调整，故使用寿命较长，用来研磨成批生产的工件较为经济，应用广泛。

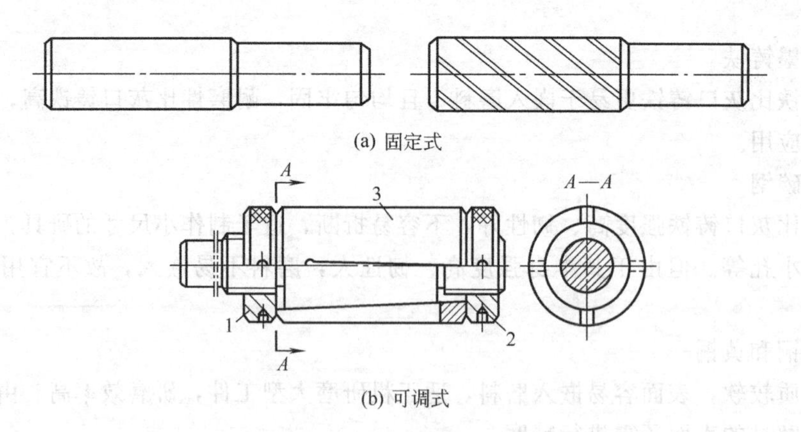

(a) 固定式

(b) 可调式

图 9-3 研磨棒

1,2—螺母；3—开槽研磨套

如果把研磨环的内孔、研磨棒的外圆做成圆锥形，则可以用来研磨内、外圆锥表面。

(4) 异形研具

在进行角度面、曲面等异形面的研磨时，要使用和研磨面形状一致的异形研具（图 9-4）。异形研具按研磨时研具是否运动分为可动型研具和不可动型研具。

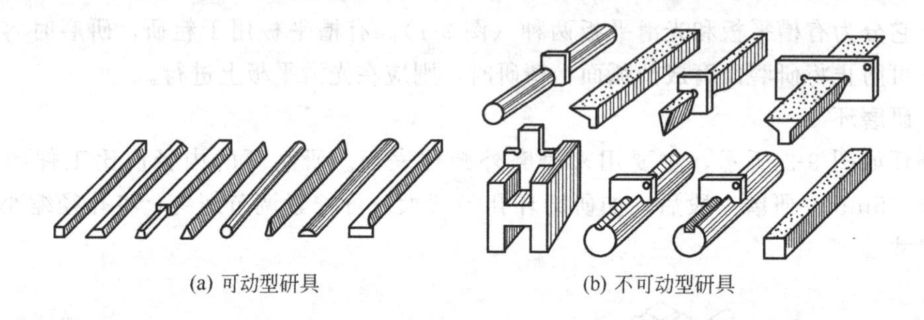
(a) 可动型研具　　(b) 不可动型研具

图 9-4 异形研具

(二) 研磨剂

研磨剂是由磨料、研磨液和辅助材料调和而成的混合物，有液态、膏状和固状三种，以适应不同研磨加工的需要。

1. 磨料

磨料是一种粒度很小的粉状硬质材料，在研磨中起切削作用，研磨加工的效率和精度都与磨料有直接的关系。常用的磨料一般有以下三类。

(1) 氧化物磨料

常用的氧化物磨料有氧化铝（白刚玉）和氧化铬等，有粉状和块状两种。它具有较高的硬度和较好的韧性，主要用于碳素工具钢、合金工具钢、高速钢和铸铁工件的研磨，也可用于研磨铜、铝等各种有色金属。

(2) 碳化物磨料

碳化物磨料呈粉状，常见的有碳化硅、碳化硼，它的硬度高于氧化物磨料。除用于一般钢铁制件的研磨外，其主要用来研磨硬质合金、陶瓷和硬铬之类的高硬度工件。

（3）金刚石磨料

金刚石磨料有人造和天然两种。其切削能力、硬度比氧化物磨料和碳化物磨料都高，研磨质量也好。但由于价格昂贵，一般只用于特硬材料的研磨，如硬质合金、硬铬、陶瓷和宝石等高硬度材料的精研磨加工。

各类磨料及性能、适用范围见表 9-2。

磨料的粗细用粒度表示，有磨粒、磨粉和微粉三个组别。其中，磨粒和磨粉的粒度以号数表示，一般是在数字的右上角加“#”表示，如 $100^{\#}$、$240^{\#}$ 等。这类磨料系用过筛法取得，粒度号为单位面积上筛孔的数目。因此，号数大，磨料细；号数小，磨料粗。而微粉的粒度则是用微粉尺寸（μm）的数字前加“W”表示，如 W10、W15 等。此类磨料系采用沉淀法取得，号数大，磨料粗；号数小，磨料细。磨料的颗粒尺寸见表 9-3。

表 9-2 磨料的系列及性能、适用范围与用途

系列	磨料名称	代号	特性	适用范围
氧化铝系	棕刚玉	A	棕褐色，硬度高，韧性大，价格便宜	粗、精研磨钢、铸铁和黄铜
	白刚玉	WA	白色，硬度比棕刚玉高，韧性比棕刚玉差	精研磨淬火钢、高速钢、高碳钢及薄壁零件
	铬刚玉	PA	玫瑰红或紫红色，韧性比白刚玉高，磨削粗糙度值低	研磨量具、仪表零件等
	单晶刚玉	SA	淡黄色或白色，硬度和韧性比白刚玉高	研磨不锈钢、高钒高速钢等强度高、韧性大的材料
碳化物系	黑碳化硅	C	黑色有光泽，硬度比白刚玉高，脆而锋利，导热性和导电性良好	研磨铸铁、黄铜、铝、耐火材料及非金属材料
	绿碳化硅	GC	绿色，硬度和脆性比黑碳化硅高，具有良好的导热性和导电性	研磨硬质合金、宝石、陶瓷、玻璃等材料
	碳化硼	BC	灰黑色，硬度仅次于金刚石，耐磨性好	粗研磨和抛光硬质合金、人造宝石等硬质材料
金刚石系	人造金刚石	JR	无色透明或淡黄色、黄绿色、黑色，硬度高，比天然金刚石略脆，表面粗糙	粗、精研磨硬质合金、人造宝石、半导体等高硬度脆性材料
	天然金刚石	JT	硬度最高，价格昂贵	
其他	氧化铁		红色至暗红色，比氧化铬软	精研磨或抛光钢、玻璃等材料
	氧化铬		深绿色	

表 9-3 磨料的颗粒尺寸

组别	粒度号数	颗粒尺寸/μm	组别	粒度号码	颗粒尺寸/μm
磨粒	$12^{\#}$	2000～1600	磨粉	$240^{\#}$	63～50
	$14^{\#}$	1600～1250		$280^{\#}$	50～40
	$16^{\#}$	1250～1000	微粉	W40	40～28
	$20^{\#}$	1000～800		W28	28～20
	$24^{\#}$	800～630		W20	20～14
	$30^{\#}$	630～500		W14	14～10
	$36^{\#}$	500～400		W10	10～7
	$46^{\#}$	400～315		W7	7～5
	$60^{\#}$	315～250		W5	5～3.5
	$70^{\#}$	250～200		W3.5	3.5～2.5
	$80^{\#}$	200～160		W2.5	2.5～1.5
磨粉	$100^{\#}$	160～125		W1.5	1.5～1
	$120^{\#}$	125～100		W1	1～0.5
	$150^{\#}$	100～80		W0.5	0.5～更细
	$180^{\#}$	80～63			

研磨所用的磨料主要是磨粉和微粉。磨料的粒度应根据被研磨工件精度的高低选用。

2. **研磨液**

研磨液在研磨中起调和磨料及冷却润滑作用。研磨液应具备以下条件。

① 要有一定的黏度和稀释能力。以使调和后的磨料能均匀地黏附在研具和工件的表面上，从而使磨料对工件产生切削作用。

② 有良好的润滑和冷却作用。在研磨过程中，研磨液应起到良好的润滑和冷却作用。

③ 对人体健康无损害，对工件无腐蚀性，且易于清洗。

常用的研磨液有煤油、汽油、L-AN15 和 L-AN32 全损耗系统用润滑油、工业用甘油及透平油等。L-AN15 和 L-AN32 全损耗系统用润滑油为常用研磨液。煤油和汽油主要起稀释磨料的作用，其他润滑剂起润滑和粘吸磨料的作用。

3. **辅助材料**

辅助材料是一种黏度较大、氧化作用较强的脂类物质，其作用是使金属表面形成氧化膜，提高工件表面质量和研磨效率。常用的辅助材料有油酸、脂肪酸、硬脂酸和工业甘油等。

三、研磨工艺

(一) 研磨余量

研磨是微量切削，其切削量很小，每研磨一遍所能磨去的金属层厚度一般不超过0.002mm。所以，研磨余量不能太大，一般应控制在0.005～0.03mm之间。有时研磨余量就留在工件的尺寸公差之内，否则会浪费工时，也不容易保证加工质量。确定研磨余量时，应综合考虑工件尺寸的大小、精度要求的高低以及上道加工工序的加工质量等因素。一般的原则是：当研磨面积较大或形状复杂且精度要求高的工件时，研磨余量应留得大一些，反之应取较小值；如果上道工序的加工精度较高，研磨余量应取较小值，反之取较大值；当工件的位置精度要求高，而上道工序又无法达到时，可适当增加研磨余量。研磨余量可参考表9-4～表9-6进行选择。

表 9-4　平面研磨余量　　单位：mm

平面长度	平面宽度		
	≤25	26～75	76～150
≤25	0.005～0.007	0.007～0.010	0.010～0.014
26～75	0.007～0.010	0.010～0.014	0.014～0.020
76～150	0.010～0.014	0.014～0.020	0.020～0.024
151～260	0.014～0.018	0.020～0.024	0.024～0.030

注：经过精磨的工件，手工研磨余量每面3～5μm，机械研磨余量每面5～10μm。

表 9-5　外圆表面研磨余量　　单位：mm

直径	直径余量	直径	直径余量
≤10	0.005～0.008	51～80	0.008～0.012
11～18	0.006～0.008	81～120	0.010～0.014
19～30	0.007～0.010	121～180	0.012～0.016
31～50	0.008～0.010	181～260	0.015～0.020

注：经过精磨的工件，手工研磨余量3～8μm，机械研磨余量8～15μm。

表 9-6 内圆表面研磨余量 单位：mm

内圆直径	铸铁	钢	内圆直径	铸铁	钢
25～125	0.020～0.100	0.010～0.040	300～500	0.120～0.200	0.040～0.060
150～275	0.080～0.160	0.020～0.050			

注：经过精磨的工件，手工研磨直径余量为 5～10μm。

（二）研磨的运动轨迹

研磨时，研具与工件之间所做的相对运动称为研磨运动。在研磨运动中，研具上的某一点在工件表面上所走过的路线就是研磨的运动轨迹。手工研磨时，工件与研具相对运动的轨迹是复杂的。无论哪一种轨迹的研磨运动，其共同特点是：一是要保持工件与研具之间紧密贴合的平行运动，其运动轨迹能够均匀地遍布于整个研磨面，使工件表面各处都有相同的研磨机会，以便均匀地磨去工件表面上的凸峰，获得理想的研磨效果，同时要不断有规律地改变运动方向，使工件表面的研磨痕迹交错排列，且纹路细致均匀；二是要保证研具的均匀磨损，以提高研具的耐用度。一般常采用的运动形式有以下几种。

1. 直线形研磨运动轨迹

直线形研磨运动轨迹如图 9-5（a）所示。由于直线运动的轨迹不会交叉，而容易重叠，故难以获得较小的表面粗糙度，但可获得较高的几何精度，常用于窄长平面或窄长阶梯平面的研磨。

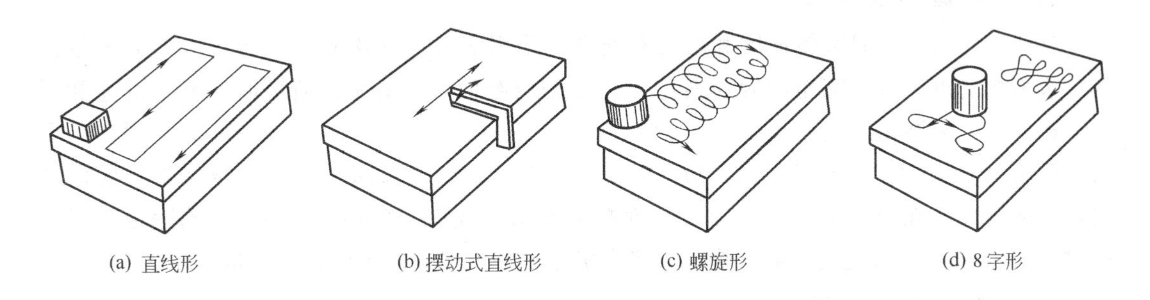

(a) 直线形　(b) 摆动式直线形　(c) 螺旋形　(d) 8 字形

图 9-5 研磨运动轨迹

2. 摆动式直线形研磨运动轨迹

摆动式直线形研磨运动是工件在直线往复运动的同时进行左右摆动，如图 9-5（b）所示。常用于研磨直线度要求高的窄长刀口形工件，如刀口尺、刀口角尺及样板角尺测量刃口等的研磨。

3. 螺旋形研磨运动轨迹

螺旋形研磨运动轨迹如图 9-5（c）所示，适于研磨圆片形或圆柱形工件的端面，如研磨千分尺的测量面等。采用螺旋形研磨运动能获得较高的平面度和较小的表面粗糙度。

4. 8 字形研磨运动轨迹

8 字形研磨运动轨迹如图 9-5（d）所示。这种运动轨迹能使工件与研具保持均匀的接触，既有利于保证研磨质量，又能使研具保持均匀的磨损，适宜于小平面工件的研磨或研磨平板的修整。

上述几种研磨运动形式，应根据工件被加工表面的特点合理选用。既要保证研磨质量，又要保持研具的均匀磨损，需要靠操作者认真地去掌握。

(三) 研磨时的上料

研磨时在研具或工件上加添研磨剂(磨料)的操作称为上料。常用的上料方法有涂敷法和压嵌法两种。

1. 涂敷法

涂敷法就是将研磨剂均匀地涂敷在工件或研具上,然后进行研磨。磨料在研具和工件表面之间处于浮动的半运动状态,对工件表面起着滚挤、摩擦和研削的综合作用。采用涂敷研磨法进行研磨时,涂敷的研磨剂要薄而均匀,并要保证足够的润滑,且研磨一定时间后,要擦净重新涂敷磨料。这种研磨方法,切削力强,但磨料难以均匀地涂敷,故加工精度较低,只适于一般精度工件的研磨。

2. 压嵌法

压嵌法是预先将研磨剂涂于两研具工作表面并拂拭均匀,再将研具互相对研,使磨料均匀地嵌入研具工作表面,形成具有一定牢度的“多刃”切削面。或是用淬硬压棒将研磨剂均匀压入研具工作表面。这种处理方式称为“压砂”,经这样处理后的研具称为压砂研具。用压砂研具研磨的工件,表面纹路细密,可获得准确的尺寸、精确的几何形状及很小的表面粗糙度。但这种研磨方法效率较低,对工作场地的要求较高,因此只适宜于高精度工件的研磨(尺寸精度 0.001mm 左右、表面粗糙度 Ra0.05μm 以下)。

(四) 研磨速度和压力

在研磨过程中,研磨的速度和压力对研磨的质量和效率影响很大。压力大,研削量就大,表面粗糙度就大,甚至会因磨料压碎而划伤研磨面。一般手工研磨时,要求低速和低压。粗研时,研磨速度应控制在 40~60 次/min,压力在 100~200kPa 的范围;精研时,研磨速度为 20~40 次/min,压力在 10~50kPa 范围内。如果采用手工与机械相配合的研磨时,研磨速度应在 10~15m/min 之间,对精度要求高或易于变形的工件,研磨速度一般不超过 30m/min。研磨速度不能过快,过快会引起工件发热,降低研磨的质量。

(五) 研磨场地的要求

研磨场地的工作环境对研磨质量有很大的影响,尤其是在高精度的研磨中表现更为突出。为保证研磨质量,对研磨场地的要求如下。

1. 温度

因温度的高低对工件的尺寸精度有直接影响,所以研磨场地应维持 20℃的恒温。当工件尺寸公差为 0.01~0.005mm 时,研磨室内的温度应控制在 (20±5)℃;而当工件尺寸公差为 0.005~0.002mm 时,应控制在 (20±3)℃;若工件的尺寸精度要求更高,则研磨室内的温度应控制在 (20±1)℃或更小的范围内,如量块的研磨与抛光。如果条件有限,对精度要求不很高的工件,也可在常温下进行研磨。

2. 湿度

若空气湿度大,将造成工件表面的锈蚀,所以要求研磨场地要干燥。同时,研磨场地禁止有酸类物质溢出。

3. 尘埃

尘埃对研磨精度有很大影响,所以应保持研磨场地的洁净,要根据研磨质量的要求,设置必要的空气过滤装置。

4. 振动

振动对高精度的研磨加工和测量都有影响。因此，无论是场地或研磨设备本身都不应有振动，否则会影响研磨的质量。精密研磨场地应选择在坚实的防震基础上。

5. 操作者

操作者必须注意自身的清洁卫生，不许将尘埃带入场地。精研时，手渍会造成工件的锈蚀，因此，操作时应采取必要的措施。

第二节 研磨基本训练

一、平面的研磨

（一）一般平面的研磨

一般平面的研磨是在平整的研磨平板上进行的。研磨平板分有槽和光滑的两种。粗研时，在有槽研磨平板上进行。因为有槽研磨平板能保证工件在研磨时整个平面内有足够的研磨剂并保持均匀，避免使表面磨成凸弧面。精研时，则应在光滑研磨平板上进行。

研磨前，先用煤油或汽油把研磨平板的工作表面清洗干净并擦干，再在研磨平板上涂上适当的研磨剂，然后把工件需研磨的表面（已去除毛刺并清洗过）合在研板上。沿研磨平板的全部表面，以 8 字形或螺旋形的旋转与直线运动相结合的方式进行研磨，并不断变更工件的运动方向。由于周期性的运动，使磨料不断在新的方向起作用，工件就能较快达到所需要的精度要求。

研磨时，要控制好研磨的压力和速度。对较小的高硬度工件或粗研时，可用较大的压力和较低的速度进行研磨。有时为减小研磨时的摩擦阻力，对自重大或接触面积较大的工件，研磨时，可在研磨剂中加入一些润滑油或硬脂酸起润滑作用。

在研磨中，应防止工件发热，若稍有发热，应立即暂停研磨，避免工件因发热而产生变形。同时，工件在发热时所测尺寸也不准确。

（二）窄平面的研磨

在研磨窄平面时，应采用直线研磨运动轨迹。为保证工件的垂直度和平面度，应用金属块作导靠，使金属块和工件紧紧地靠在一起，并跟工件一起研磨，如图 9-6（a）所示。导靠金属块的工作面与侧面应具有较高的垂直度。

若研磨工件的数量较多时，可用 C 形夹将几个工件夹在一起同时研磨。对一些易变形的工件，可用两块导靠将其夹在中间，然后用 C 形夹头固定在一起进行研磨，如图 9-6（b）所示，这样既可保证研磨的质量，又提高了研磨效率。

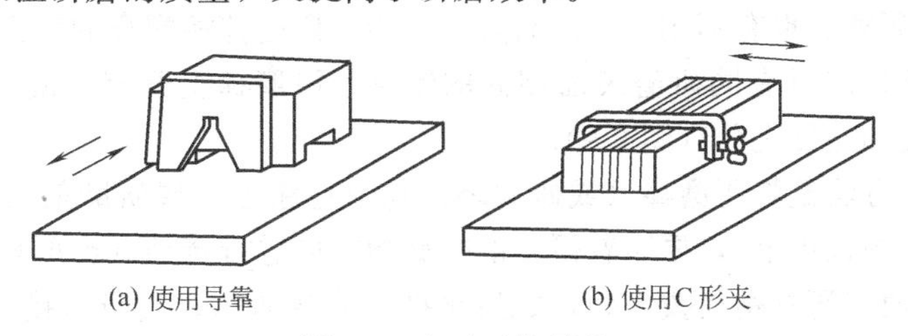
(a) 使用导靠　　(b) 使用C形夹

图 9-6　窄平面的研磨

二、曲面的研磨

1. 外圆柱面的研磨

外圆柱面的研磨一般采用手工和机械相配合的研磨方法进行，即将工件装夹在车床或钻床上，用研磨环进行研磨（图9-7）。研磨环的内径尺寸比工件的直径略大0.025～0.05mm，其长度是直径的1～2倍。

外圆柱面的研磨方法是将研磨的圆柱形工件牢固地装夹在车床或钻床上，然后在工件上均匀地涂敷研磨剂（磨料），套上研磨环（配合的松紧度以能用手轻轻推动为宜）。工件在机床主轴的带动下作旋转运动（直径在80mm以下，转速为100r/min；直径大于100mm时，转速为50r/min为宜），用手扶持研磨环，在工件上作轴向直线往复运动。研磨环运动的速度以在工件表面上磨出45°交叉的网纹线为宜。研磨环移动速度过快时，网纹线与工件轴线的夹角小于45°，过慢则网纹线与工件轴线的夹角大于45°（图9-8）。

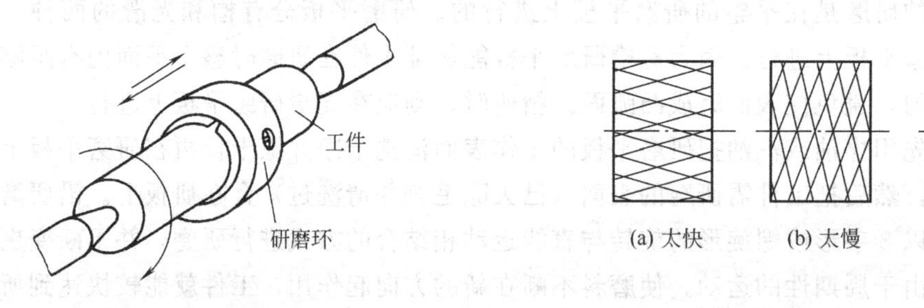

图9-7　外圆柱面的研磨

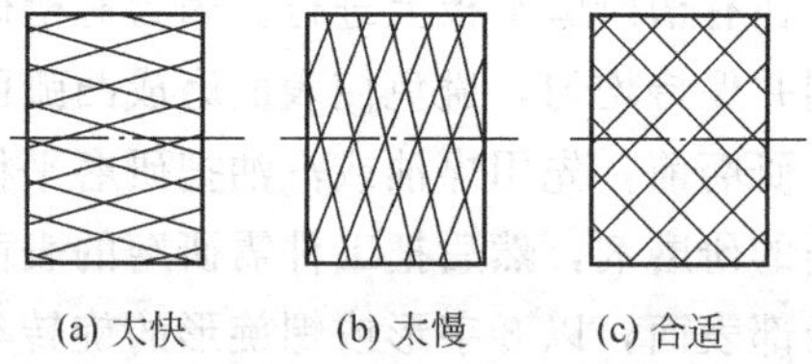

图9-8　网纹线与研磨环移动速度的关系

2. 内圆柱面的研磨

研磨圆柱孔的研具是研磨棒，它是将工件套在研磨棒上进行研磨的。研磨棒分为固定式和可调式两种。研磨棒的直径应比工件的内径略小0.01～0.025mm，工作部分的长度比工件长1.5～2倍。

圆柱孔的研磨同圆柱面的研磨方法类似，不同的是将研磨棒装夹在机床主轴上。对直径较大、长度较长的研磨棒同样应用尾座顶尖顶住。将研磨剂（磨料）均匀涂布在研磨棒上，然后套上工件，按一定的速度开动机床旋转，用手扶持工件在研磨棒上沿轴线作直线往复运动。研磨时，要经常擦干挤到孔口的研磨剂，以免造成孔口的扩大，或采取将研磨棒两端都磨小尺寸的办法。研磨棒与工件相配合的间隙要适当。配合太紧，会拉毛工件表面，降低工件研磨质量；过松会将工件磨成椭圆形，达不到要求的几何形状。间隙大小以用手推动工件不费力为宜。

3. 圆锥面的研磨

圆锥面的研磨包括圆锥孔的研磨和外圆锥面的研磨。研磨圆锥面使用带有锥度的研磨棒（或研磨环）进行研磨。也有不用专门的研具，而用与研磨件相配合的表面直接进行研配的。研磨棒（或研磨环）应具有同研磨表面相同的锥度。研磨棒上开有螺旋槽，用来储存研磨剂。螺旋槽有右旋和左旋之分（图9-9）。

圆锥面的研磨方法是将研磨棒（或研磨环）均匀地涂上一层研磨剂（磨料），然后插入工件孔中（或套在圆锥体上），要顺着研具的螺旋槽方向进行转动（也可装夹在机床上），每转动4～5圈后，便将研具稍稍拔出些，之后再推入旋转研磨。当研磨接近要求时，可将研具拿出，擦干净研具或工件，然后再重新装入锥孔（或套在锥体上）研磨，直到表面呈银灰色或发亮为止（图 9-10）。

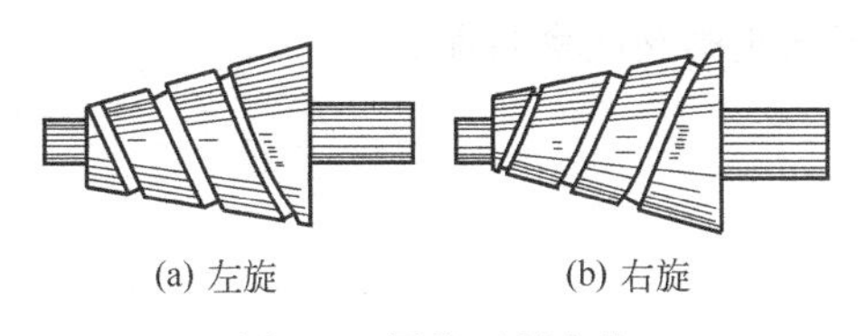

图 9-9 圆锥面研磨棒

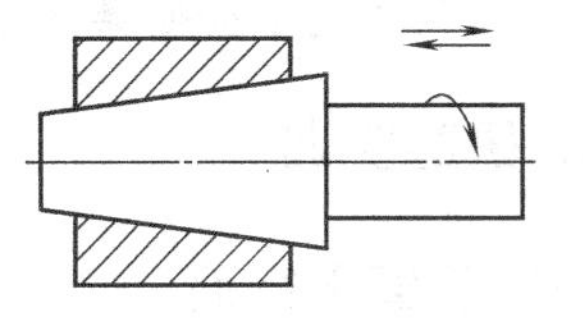

图 9-10 圆锥面研磨

三、 阀门密封面的研磨

化工生产中，大量使用着各种类型的阀门。不论何种阀门，均要求其在关闭时有良好的密封性。为了达到密封性的要求，阀门的阀芯和阀座之间的结合部位一般制成线接触或很窄的环面、锥面接触，以形成密封线或密封面。这样的结合部位俗称凡尔线。

研磨阀门凡尔线一般不用专门研具，而用阀芯与阀座直接互相配研的办法来达到二者紧密贴合的要求。配研得到的结合面（凡尔线）越窄越好，宽了不易磨平，也容易泄漏。

化工生产中的阀门种类繁多，配合类型大体可分为三类，即球形、锥形和平面形（包括楔形）（图 9-11）。根据配合的不同类型，研磨方法有三种，即敲击法、旋磨加撞击法和平面研磨法。

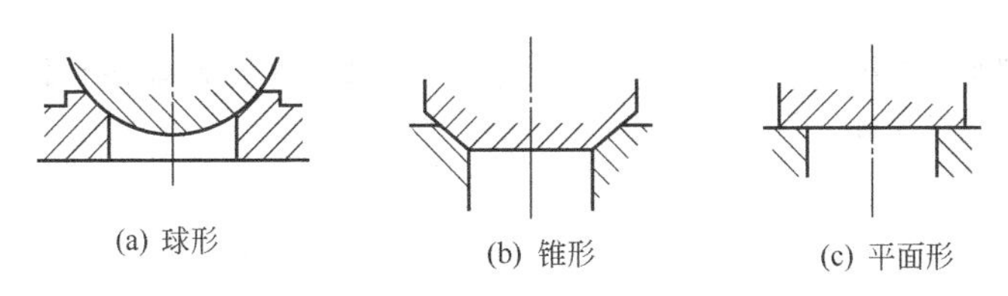

图 9-11 阀门密封面的形式

用敲击方法研磨球形密封面的方法如图 9-12 所示。即将钢球放在阀座上，用手锤轻轻敲击钢球，钢球则会发生轻微的弹跳和旋转。这样，一方面由于阀座发生轻微的塑性变形使阀座上口形成球形环状封闭面，另一方面由于钢球的旋转而对密封面进行了研磨。

用旋磨加撞击法研磨气阀，如图 9-13 所示。即将气阀锥形阀座上涂敷上研磨剂，然后用阀杆与阀座相配旋磨加撞击进行研磨。

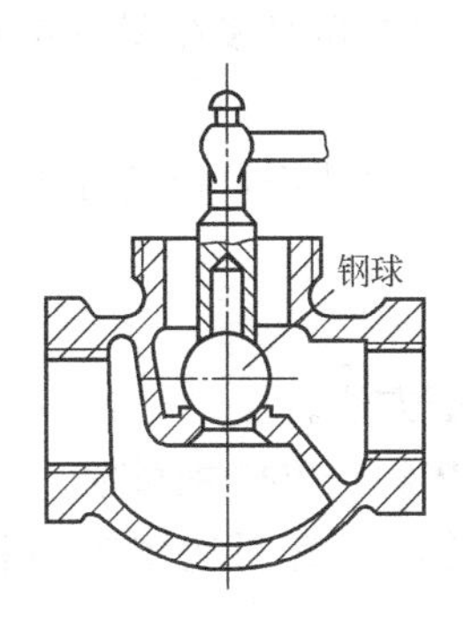

图 9-12 敲击法研磨

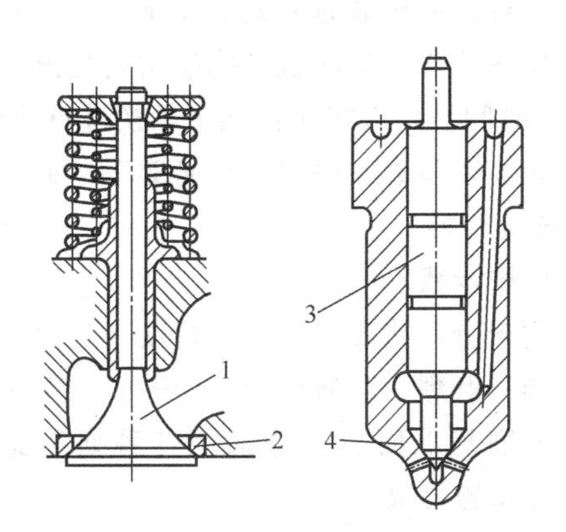

图 9-13 旋磨加撞击法研磨

1—气门；2—阀座；3—阀芯；4—阀体

对闸阀、截止阀等平面形密封面，可以用专用研具加入研磨剂的平面研磨法进行研磨。图 9-14 所示为采用平面研磨法用专用研具研磨截止阀阀座密封面。

四、研磨实训

（一）研磨平行面

1. 生产实训图

生产实训图如图 9-15 所示。

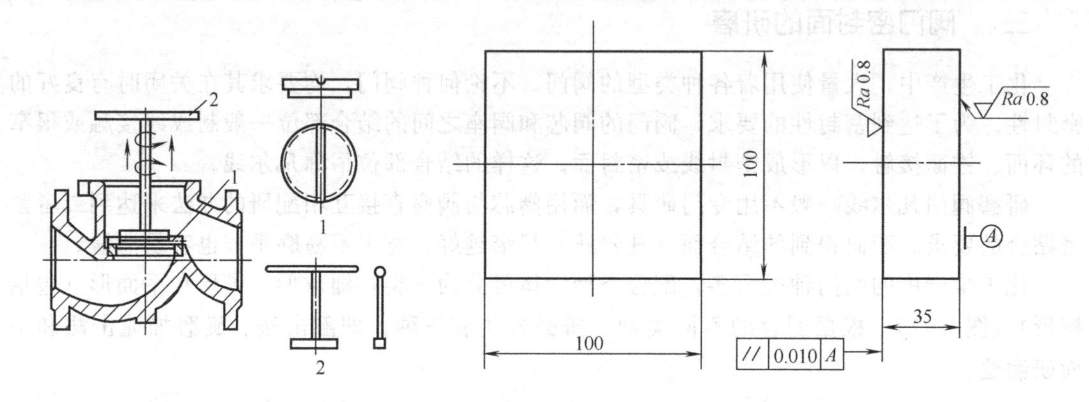

图 9-14　平面研磨法
1—研具；2—丁字手柄

图 9-15　研磨平行面

2. 实训准备

① 工具和量具：研磨平板、刀口尺、千分尺、千分表、量块等。

② 辅助材料：研磨剂等。

③ 备料：经刮削或磨削的 100mm×100mm×35mm 铸铁平板（HT150），两个大平面的平行度为 0.01mm、表面粗糙度为 Ra1.6μm，每人一块。

3. 操作要点

① 研磨剂每次上料不宜太多，并要分布均匀。

② 研磨时要特别注意清洁工作，不要使杂质混入研磨剂中，以免划伤工件。

③ 注意控制研磨时的速度和压力，应使工件均匀受压。

④ 应使工件的运动轨迹能够均匀地遍布于整个研具表面，以防研具发生局部磨损。在研磨一段时间后，应将工件调头轮换进行研磨。

⑤ 在由粗研磨工序转入精研磨工序时，要对工件和研具作全面清洗，以清除上道工序留下的较粗磨料。

4. 操作步骤

① 用千分尺检查工件的平行度，观察其表面质量，确定研磨方法。

② 准备磨料。粗研用 100#～280# 范围内的磨粉；精研用 W20～W40 的微粉。

③ 研磨基准面 A。分别用各种研磨运动轨迹进行研磨练习，直到达到表面粗糙度 $Ra \leqslant 0.8$μm的要求。

④ 研磨另一大平面。先打表测量其对基准的平行度，确定研磨量，再进行研磨。保证 0.010mm 的平面度要求和 $Ra \leqslant 0.8$μm 的表面粗糙度要求。

⑤ 用量块全面检测研磨精度，送检。

（二）研磨刀口尺

1. 生产实训图

刀口尺如图 9-16 所示。刀口尺的技术要求如下。

刀口尺是检测平面度和直线度的精密测量工具，其工作面有较高的精度要求。一般要求测量面的直线度在 0.001/100mm 之内，工作面圆弧半径不大于 0.2mm，表面粗糙度应达到 $Ra \leqslant 0.25\mu m$。

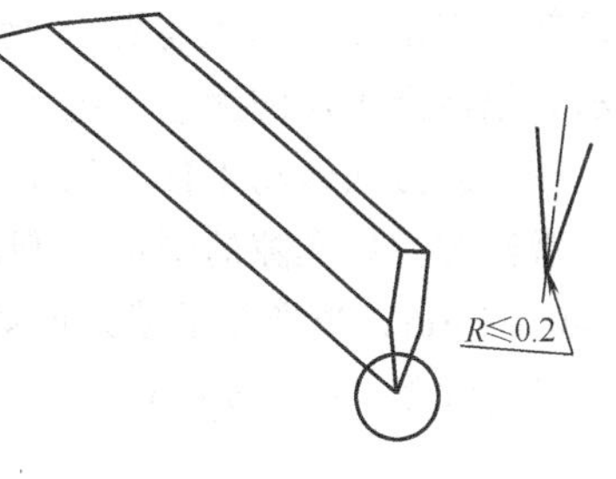

图 9-16 刀口尺

2. 实训准备

① 工具和量具：研磨平板、标准平尺、灯箱等。

② 辅助材料：研磨剂等。

3. 操作要点

① 粗、精研磨工作要分开进行。若粗、精研磨采用同一块平板作研具，当改变研磨工序时，必须进行全面清洗，以清除上道工序留下的粗磨料。

② 刀口尺研磨运动是沿其纵向移动和以其测量面为轴线作左右 30°摆动相结合的运动形式。纵向移动不宜过长，且要注意运动的平稳性，同时注意使接触面均匀地遍及平板的研磨面。

③ 刀口尺研磨面积小，与平板接触近似线接触。一般粗研磨的工作压力为 50～100kPa，其往复运动速度为 40 次/min。精研磨时压力为 10～50kPa，或仅利用自身重量，不施加压力即可，其往复速度约 30 次/min。

④ 加工完毕的刀口尺应进行透光检验，光隙应为蓝光或不透光。

4. 操作步骤

① 研磨前先用细油石修钝刀口尺刃口。检查经磨削加工后的剩磁是否去净，如发现有剩磁，要进行退磁处理。检查刀口尺的预加工质量，其工作面及两侧面的平面度和直线度误差不得超过 0.03/100mm，刃口圆弧部位的研磨余量应均匀。

② 粗研磨。粗研磨用 W10～W20 的研磨粉，调和汽油均匀涂敷在平板上。也可适当滴上些煤油，以增强其湿润性。

对小规格的刀口尺，研磨时用右手的小指、中指和食指分别捏持两侧非工作面中部，工件纵向摆成与操作者正面视线成 30°～45°的夹角［图 9-17（a）］。对大规格的刀口尺，要用双手捏持，左、右手分别捏持工件两头的侧面，工件纵向摆成与操作者正面平行［图9-17（b）］。

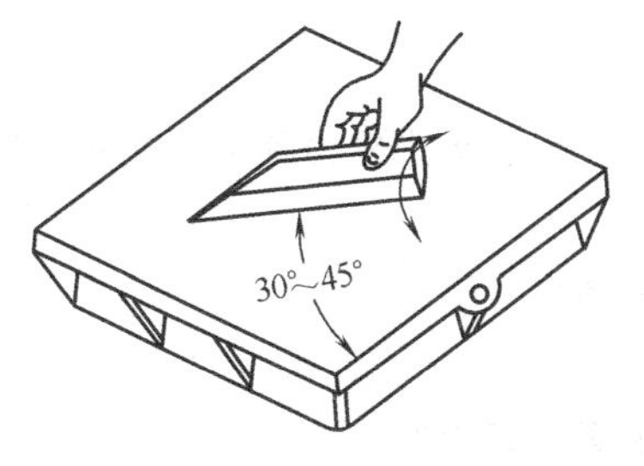

(a) 小规格刀口尺的捏持方法

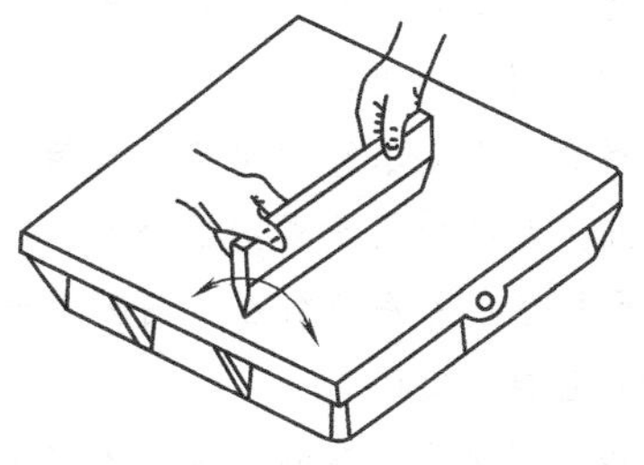

(b) 大规格刀口尺的捏持方法

图 9-17 刀口尺的研磨

③ 粗研后，检查刀口尺测量面圆弧部位的直线度，形状正确无缺陷。

④ 精研磨。使用压砂平板，选用粒度为 W5 左右的研磨粉。研磨时稍稍加力或不加力进行研磨。精研磨后，使表面粗糙度达到要求，精研磨结束。

⑤ 精研磨后进行质量检查。通常采用光隙判别法，可在工件的水平和垂直方向分别进行。检验时，如图 9-18（a）所示，将工件和刀口尺揩拭干净，放在灯箱的玻璃板上，使检验部位与荧光灯的中心位置相对，用双手捏持标准平尺的两端，轻轻靠拢标准平尺的基面，以接触处为轴线，向上徐徐转动约 23°，即可从垂直方向上观察光隙。然后如图 9-18（b）所示，把标准平尺的测量面垫到与荧光灯的中心等高，将工件轻轻地放在标准平尺的测量面上，按上述方法转动工件，从水平方向上观察光隙。

观察时，以光隙的颜色来判断其直线度误差。当光隙颜色为亮白色或白色时，其直线度≥0.02mm；当光隙呈紫光或蓝光时，其直线度≥0.005mm；光隙颜色为灰暗色或不透光时，其直线度<0.005mm。

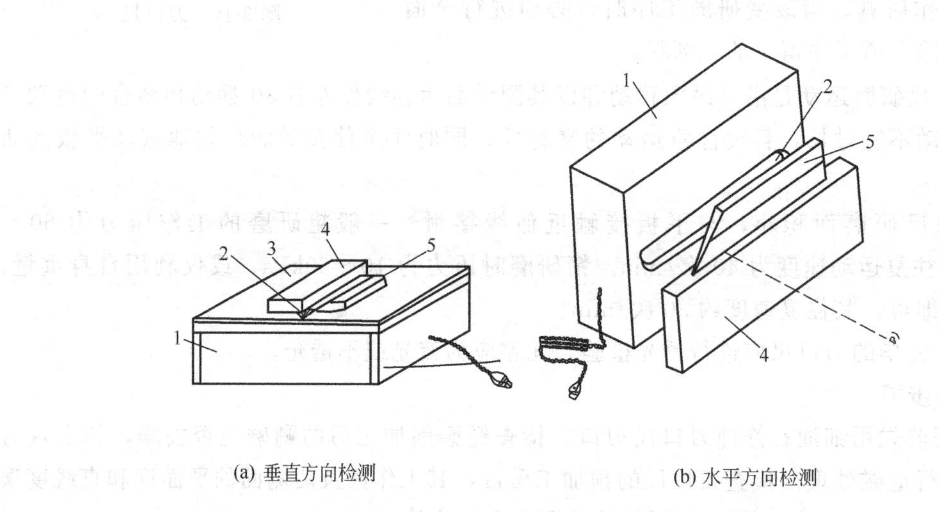

图 9-18　刀口尺直线度的检测方法

1—灯箱；2—荧光灯；3—玻璃板；4—标准平尺；5—刀口尺

复习思考题

1. 什么叫研磨？研磨应用在哪些范围？
2. 试述研磨的原理和作用。
3. 对研具材料有什么要求？常用研具材料有哪几种？各有哪些特点？应用在哪些场合？
4. 研具有哪几类？各应用于哪些场合？
5. 研磨剂在研磨中的作用是什么？有哪些研磨剂？
6. 研磨余量是怎样确定的？
7. 研磨运动形式（轨迹）有哪几种？各应用在哪些范围？
8. 研磨时的压力和速度应怎样控制？相互间有何关系？
9. 研磨场地应具备哪些条件？

10. 平面研磨后，表面粗糙或成凸形的原因是什么？
11. 试述内、外圆柱面的研磨方法和技术要求。
12. 研磨内圆柱面时出现喇叭口的原因是什么？
13. 阀门密封面有哪几种？试述其研磨方法。
14. 试述刀口尺的研磨方法。
15. 试述刀口尺测量面直线度的检测方法。

综合实训一

一、 制作对开夹板

1. 生产实训图

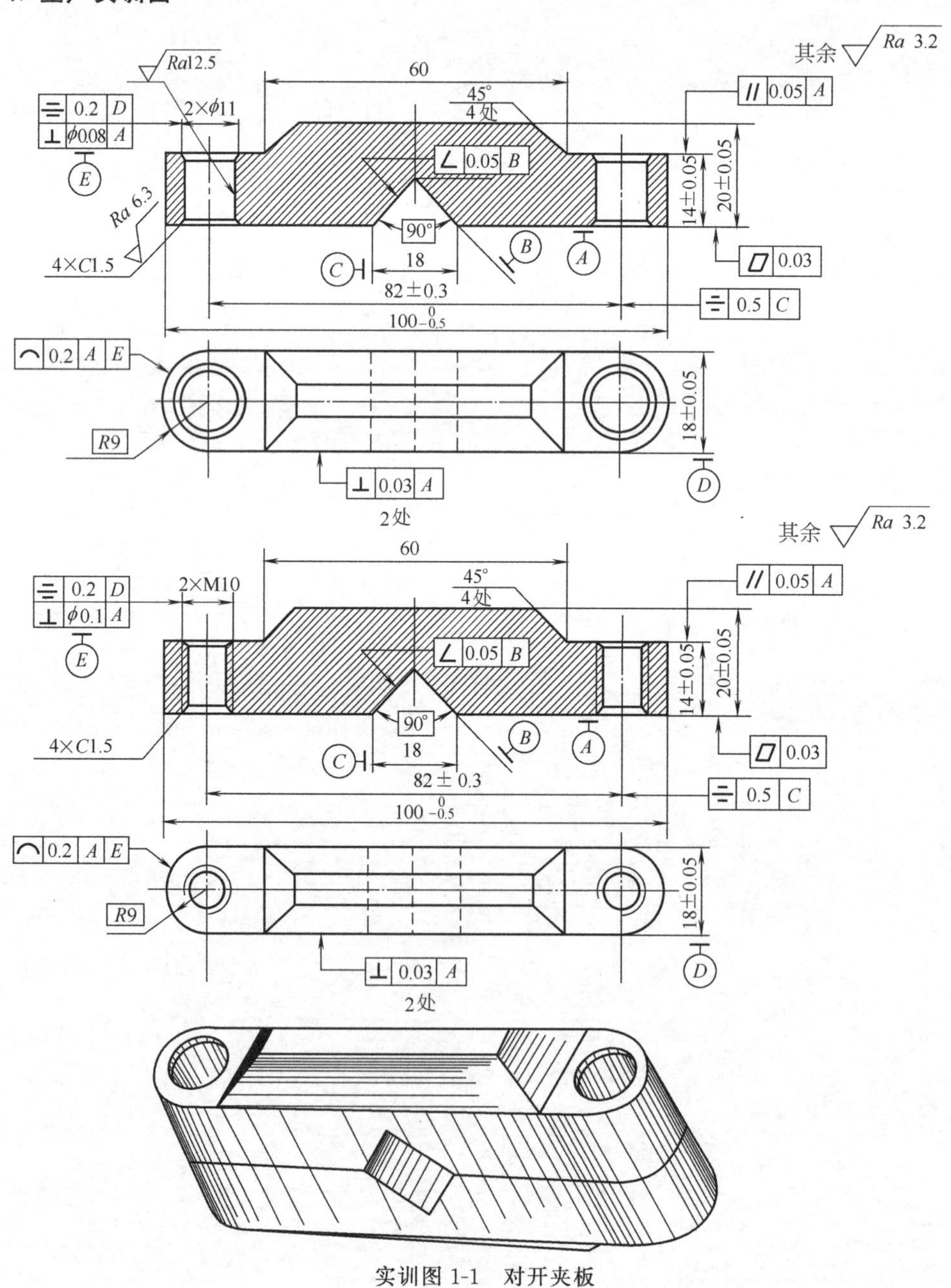

实训图 1-1　对开夹板

生产实训图如实训图 1-1 所示。

2. 实训准备

① 工具和量具：划规、划针、样冲、游标卡尺、千分尺、钢板尺、手锯、锉刀（包括整形锉、异形锉）、钻头及丝锥等。

② 备料：45 钢 100mm×22mm×20mm，每人一副。

3. 操作要点

① 在划线钻孔时，两孔的位置必须与中间两直角面的中心线对称，以保证在装配、使用时不产生错位现象。

② 钻孔与攻螺纹时，两孔中心距尺寸应准确，中心线必须保证与基准面垂直。为保证螺纹牙形的完整性，延长对开夹板的使用寿命，钻螺纹底孔时应用 ϕ8.3mm 的钻头钻孔。

③ 锉削两端圆弧面时，先留些余量，等最后用螺钉把工件连接在一起后再作整体修整，使两工件圆弧一致，总长相等。

④ 要做到各平面外棱倒角均匀，内棱清晰无重棱，表面光洁，纹理齐整。

⑤ 钻孔时注意不要夹伤工件。

4. 操作步骤

① 锉削 20mm×22mm 面到 (18±0.05)mm×(20±0.05)mm。

② 依据图样要求划出全部锯、锉削加工线。

③ 先取一件，完成 14mm 尺寸面的锯、锉加工。

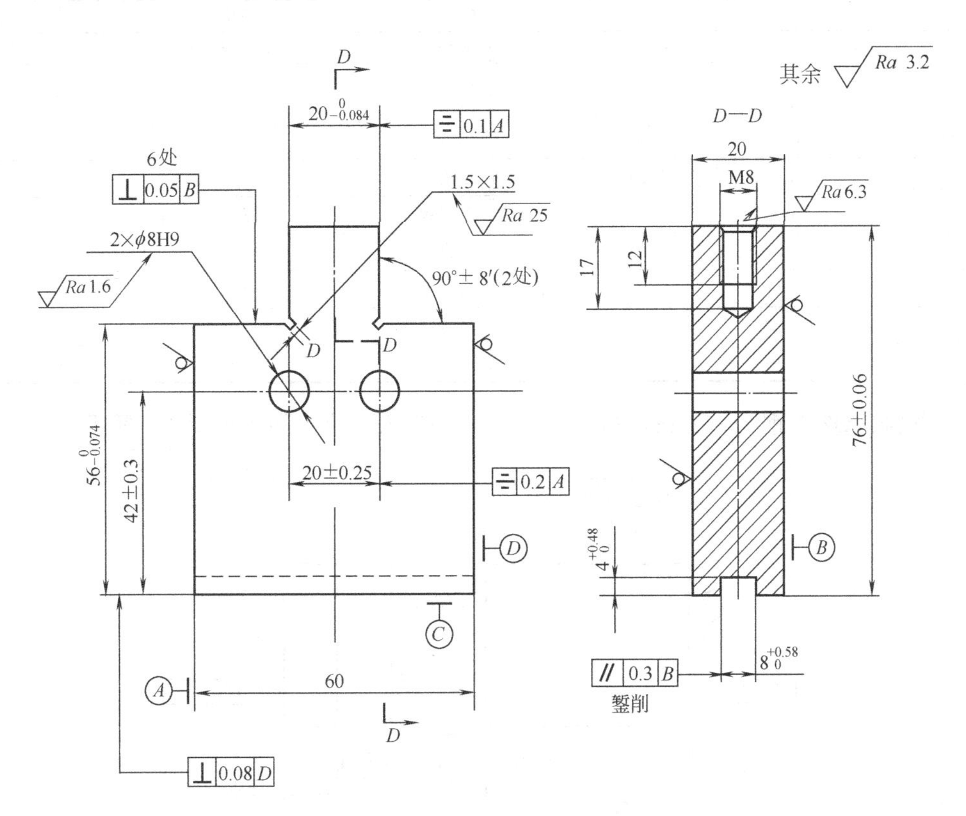

实训图 1-2　凸形块工件图

④ 完成工件背面 4 个 45°斜面的锉削加工，要求最后精加工时采用直向锉锉直锉纹。

⑤ 锯、锉 90°角工作面达到图样要求。

⑥ 划两孔中心线，用 ϕ8.3mm 钻头钻 2×M10 底孔，孔距达到图样要求，孔口倒角。用 M10 丝锥攻螺纹。

⑦ 锉削加工两端 R9mm 圆弧面，并留一定的整修余量。

⑧ 用砂布打光全部锉削面。

⑨ 用同样加工方法加工另一件，用 ϕ11mm 钻头钻 2×ϕ11mm 孔，孔距达到图样要求，孔口倒角。

⑩ 将工件用 M10 螺钉连接，做整体检查修整。

⑪ 最后将工件各棱边均匀倒角，完成工件加工。

二、 加工凸形块

1. 生产实训图

生产实训图如实训图 1-2 所示。

2. 实训准备

① 工具和量具：所需的工具和量具见实训表 1-1。

实训表 1-1 工具和量具清单

名称	规格	精度	数量	名称	规格	精度	数量
划规			1	手用直铰刀	ϕ8	H9	1
划针			1	丝锥	M8		1 副
样冲			1	钻头	ϕ6.6、ϕ7.8		各 1
钢板尺	0～150		1	铰手			1
高度游标尺	0～300	0.02	1	锤子			1
游标卡尺	0～150	0.02	1	狭錾			1
外径千分尺	0～25	0.01	1	软钳口			1 副
	50～75	0.01	1	粗扁锉	250		1
90°角尺	100×63	一级	1	中扁锉	250		1
刀口尺	125		1	细扁锉	200		1
塞规	ϕ8	H9	1	锉刀刷			1
手锯			1				

② 备料：Q235 钢 76.5mm×60mm×20mm，每人一块，如实训图 1-3 所示。

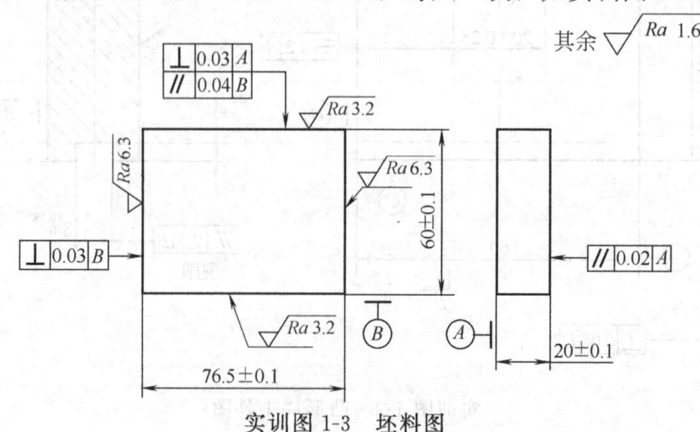

实训图 1-3 坯料图

3. 操作要点

① 60mm处的实际尺寸必须测量准确，它直接关系到凸台的尺寸和对称度能否控制在规定的范围内。

② 凸台应按对称形体划线方法进行划线，即以60mm尺寸的一个侧面为基准，划出60mm实际尺寸的中心线，此线为凸台的对称基准，以$\frac{1}{2}\times 60$mm实际尺寸$\pm\frac{1}{2}\times 20$mm划凸台两侧加工线。

③ 由于受测量工具的限制，只能采用间接测量法得到所要求的尺寸公差。所以凸台加工时，只能先去掉一侧垂直角料，待加工至所要求的尺寸公差后，才能去掉另一垂直角料。

④ 采用间接测量法来控制工件的尺寸精度，必须控制好有关的工艺尺寸。如为了保证20mm凸台的对称度要求，必须根据60mm处的实际尺寸，通过控制40mm的尺寸误差值（$\frac{1}{2}\times 60$mm实际尺寸$+10^{+0.108}_{-0.15}$mm），才能保证在取得尺寸$20_{-0.084}^{\ 0}$mm的同时，又能保证对称度。

⑤ 攻螺纹前孔口要倒角，同时攻螺纹时要细心。

⑥ 要严格按工艺进行加工。

4. 操作步骤

① 检查坯料情况，作必要修整。

② 划狭槽加工线，錾削加工狭槽，达到加工要求。

③ 按对称形体划线方法划出凸台两侧加工线，以工件底面（已开槽的一面）为基准，调整高度游标尺划56mm加工线。

④ 锯割、锉削加工一侧垂直角，根据60mm处的实际尺寸，控制40mm的尺寸误差值在$\frac{1}{2}\times 60$mm实际尺寸$+10^{+0.108}_{-0.15}$mm的范围内，并保证尺寸$56_{-0.074}^{\ 0}$mm。

⑤ 加工另一侧垂直角，直接测量凸台宽度20mm，达到图样要求，并保证尺寸$56_{-0.074}^{\ 0}$mm。

⑥ 加工外形尺寸76.5mm±0.1mm，达到76mm±0.06mm。

⑦ 划线，钻、铰孔和攻螺纹。

⑧ 去毛刺，全面复检。

三、 锉配凹凸体

1. 生产实训图

生产实训图如实训图1-4所示。

2. 实训准备

① 工具和量具：划规、划针、样冲、游标卡尺、高度游标尺、千分尺、钢板尺、刀口尺、塞尺、手锯、整形锉、钳工锉、钻头、直角尺及万能角度尺等。

② 备料：35钢$60^{+0.2}_{+0.1}$mm×$40^{+0.2}_{+0.1}$mm×(10mm±0.05mm)，每人两块。

3. 操作要点

① 因需采用间接测量来得到实际所要求的精度，故必须进行准确的测量和正确换算。

② 在整个加工过程中，加工面都比较窄，一定要注意保证与大平面的垂直，才能达到

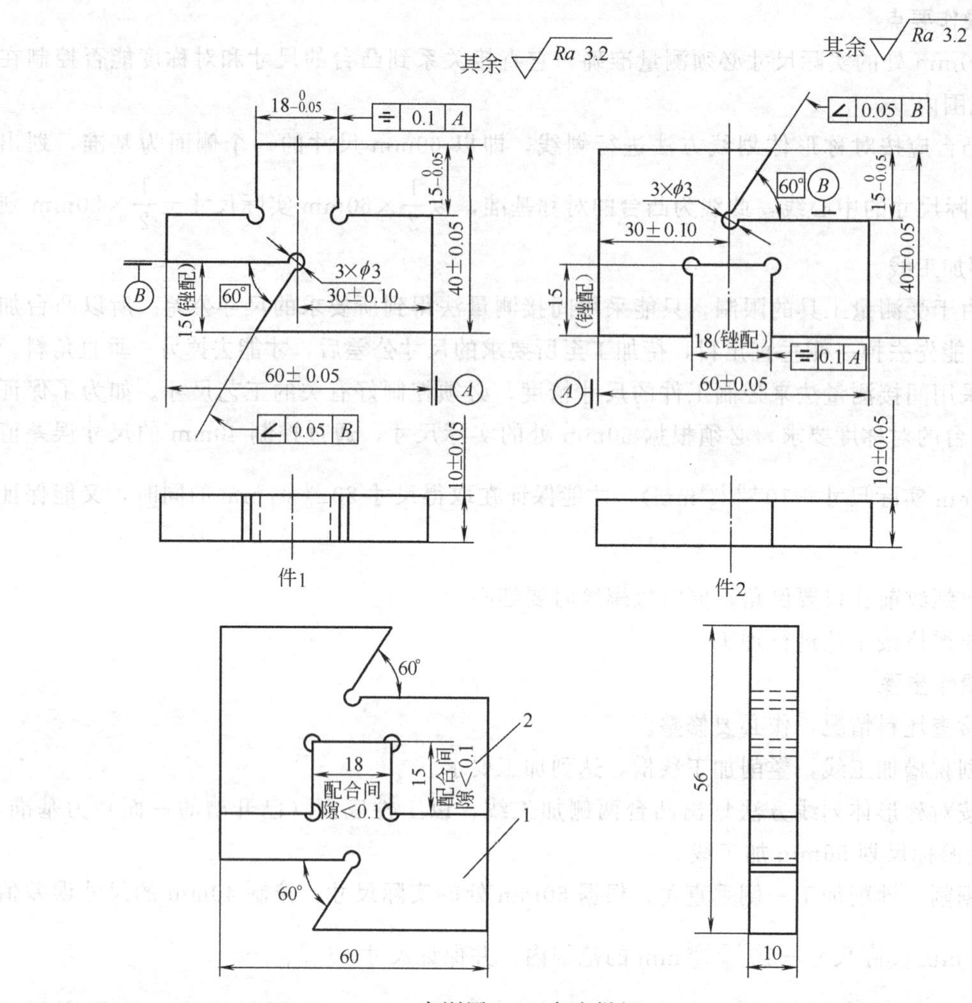

实训图 1-4　角度样板

要求的配合精度。

③ 为保证尺寸精度和对称度，凸形面加工时，只能先去掉一侧角料，待加工至规定要求后才能去掉另一侧角料。同样只许在凸形面加工结束后才能去掉60°角余料，进行角度锉削加工。

④ 在锉配凹形面时，必须先锉削一个侧面，根据60mm处的实际尺寸通过控制$\frac{1}{2}\times 60-\frac{1}{2}\times 18=21$mm的尺寸误差值来达到配合后的对称度要求。

⑤ 凹凸锉配时，应以已加工好的凸形面为基准锉配凹形面，凸形面一般不再加工，否则会使其失去精度而无基准，使锉配难以进行。

⑥ 尺寸30mm±0.1mm的测量如实训图1-5所示。

$$M=B+\frac{d}{2}\cot\frac{\alpha}{2}+\frac{d}{2}$$

$$B=M-\frac{d}{2}\cot\frac{\alpha}{2}-\frac{d}{2}$$

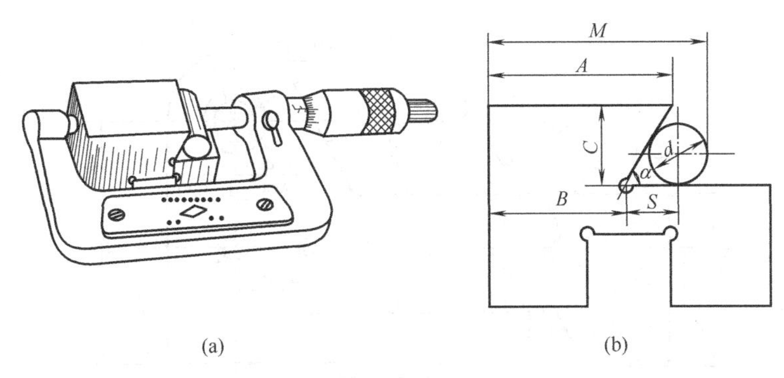

(a) (b)

实训图 1-5 角度样板边角尺寸的测量

或 $$B=A-C\cot\alpha$$

4. 操作步骤

① 按图样划外形加工线，锉削件 1 和件 2，达到尺寸 40mm±0.05mm、60mm±0.05mm 及垂直度要求。

② 按对称形体划线方法划出件 1 和件 2 所有加工线，并钻 ϕ3mm 工艺孔。

③ 加工件 1 凸形面，锯割、锉削加工一侧垂直角，根据 40mm 处的实际尺寸，控制 25mm 的尺寸误差值在 40mm 的实际尺寸$-15_{-0.05}^{\ 0}$mm 的范围内，从而保证 $15_{-0.05}^{\ 0}$mm 的尺寸要求。同前述加工凸形块一样，通过控制$\frac{1}{2}\times60+\frac{1}{2}\times18=39$mm 的尺寸误差值，从而保证在获得 $18_{-0.05}^{\ 0}$mm 的尺寸要求的同时，又能保证其对称度误差在 0.1mm 范围内。锯、锉另一侧垂直角，用上述方法控制尺寸 $15_{-0.05}^{\ 0}$mm，直接测量保证 $18_{-0.05}^{\ 0}$mm 尺寸。

④ 加工件 2 时，用钻头钻出排孔，并锯除凹形面的多余部分，然后粗锉至接触线条。

锉配凹形面两侧面，根据件 1 凸形块宽度尺寸 $18_{-0.05}^{\ 0}$mm 的实际值，通过控制$\frac{1}{2}\times$60mm 实际尺寸$-\frac{1}{2}\times18$mm 的误差值，从而保证达到与件 1 的配合间隙小于 0.1mm 和凹形面自身对称度在 0.1mm 范围内要求。锉配凹形面底面，根据件 1 凸形块的高度尺寸 $15_{-0.05}^{\ 0}$mm 的实际值，通过控制 40mm 的实际尺寸−15mm 的误差值，从而保证达到与件 1 的配合间隙小于 0.1mm 要求。按划线锯去 60°角余料，锉削基准面 B，按前述方法控制 40mm 的实际尺寸−15mm 的实际误差值，来达到 $15_{-0.05}^{\ 0}$mm 的尺寸要求。锉削 60°角另一面，用万能角度尺或 60°角度样板检验锉准 60°角，达到倾斜度小于 0.05mm 的要求，及 30mm±0.1mm 的尺寸要求。

⑤ 再加工件 1，按划线锯去 60°角余料，照件 2 锉配，达到倾斜度小于 0.05mm、尺寸 30mm±0.1mm 及和件 2 的角度配合间隙不大于 0.1mm 的要求。

⑥ 全部锐边倒角，检查精度。

四、 单燕尾槽工件制作

1. 生产实训图

生产实训图如实训图 1-6 所示。

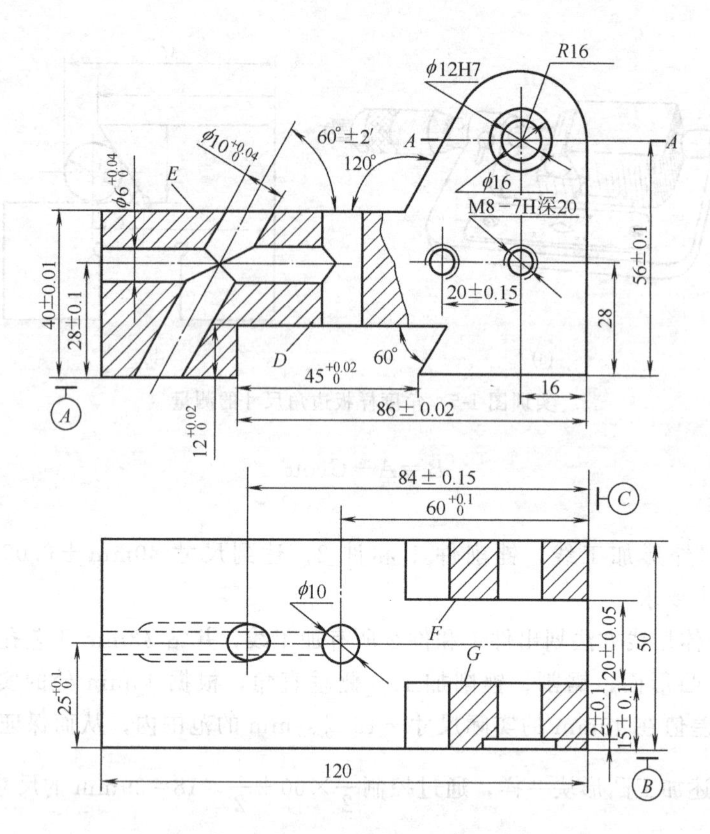

实训图 1-6　单燕尾槽工件

2. 实训准备

① 工具和量具：划规、划针、样冲、游标卡尺、高度游标尺、千分尺、钢板尺、刀口尺、塞尺、手锯、锉刀、钻头、软钳口、直角尺及万能角度尺等。

② 备料：Q235 钢 120mm×72mm×50mm，每人一块。

3. 操作要点

① 工件装夹要牢固，因工件表面是已加工面，要垫软钳口。按线锯割 120°时，锯削线应垂直于钳口。钻孔时，要找正工件与钻床主轴垂直位置。

② 锯、錾、锉削姿势要正确，动作准确、协调，速度和力度要适宜。

③ 钻头装夹时，伸出部分不可太长，以免让刀将孔钻偏。钻孔时，钻头要慢慢接触工件，当钻孔即将穿透时，应减少压力，以防钻头折断。

④ 由于螺孔不是通孔，钻螺纹底孔时，其深度应是螺纹深度加上丝锥切削部分长度。攻螺纹前，要检查底孔深度，丝锥上要做好深度标记，以防深度不够或折断丝锥。

4. 操作步骤

(1) 锯割与錾削

如实训图 1-7 所示为工件锯割与錾削操作示意图。工件坯料是经过机械加工后，要求锯割与錾削加工的尺寸公差均在 0.5mm 范围内，加工表面不得有明显深痕。

① 检查坯料精度，找出尺寸基准，划出加工线，并打样冲眼。

② 按线锯割 120°处，注意锯削线应垂直于钳口。

③ 单燕尾槽处先锯两侧面至 10mm 深，然后按线錾削。右侧 20mm 槽处，也是先锯出

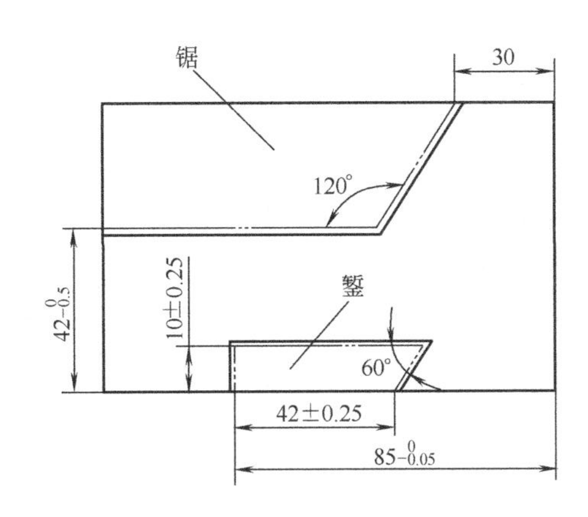

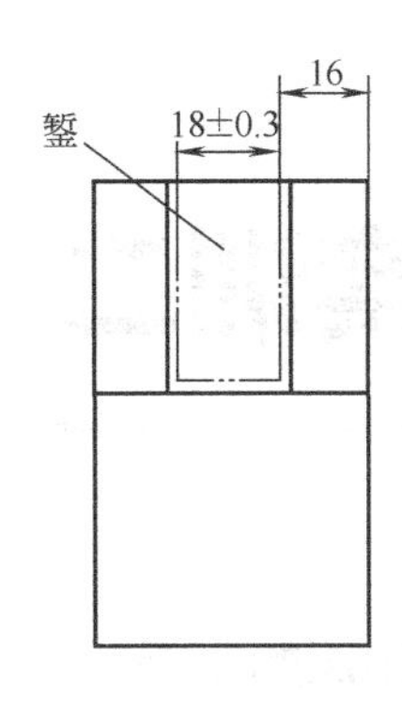

实训图 1-7 錾削与锯割操作示意图

两侧后再錾削。

（2）锉削

锉削部位是120°两平面、20mm槽及60°单燕尾槽和R16mm圆弧面。要求主要尺寸公差控制在0.02mm以内，平行度和平面度均在0.01mm范围内，角度误差在±2′以内，其表面粗糙度值为Ra3.2μm。

① 划出锉削加工线，并打样冲眼。

② 以底面A为基准，锉削上平面，保证尺寸公差40mm±0.01mm及平行度要求。

③ 锉20mm槽两侧面F、G。以工件前面B为基准锉削G面，保证尺寸15mm±0.1mm，再锉削F面，保证尺寸20mm±0.05mm。

④ 以底面A为基准，锉削单燕尾槽底面D，保证尺寸$12^{+0.02}_{0}$mm。

⑤ 以工件右侧C面为基准，锉削单燕尾槽垂直侧面。通过控制120mm的实际尺寸－86mm±0.02mm的误差值，从而保证尺寸86mm±0.02mm。

⑥ 锉单燕尾槽60°斜平面，保证槽宽尺寸$45^{+0.02}_{0}$mm和角度要求。

（3）孔加工

① 找出划线基准，划出各孔十字中心线，轻打样冲眼，划出各孔的圆周线。

② 选用较高精度的钻床，正确选用主轴转速及进给量。

③ 钻头的两切削刃要刃磨对称，钻头的摆差应控制在0.05mm以内。

④ 钻工件右上侧二联孔。在上面的预钻孔钻出后，用一个外径与底孔孔径配合较严密的大样冲，插进上面的孔中，在下面欲钻孔的中心冲一个样冲眼，然后换上钻头对正样冲眼，锪出窝之后，再高速钻孔，最后用锪孔钻锪出平台，再用铰刀铰孔。

⑤ 钻ϕ10mm通孔。

⑥ 钻$\phi 10^{+0.04}_{0}$mm斜孔。将工件装夹好后，先用中心钻在孔中心钻一个中心孔，再用铣刀或平刃钻头加工出水平面，最后正式钻孔。

⑦ 钻$\phi 6^{+0.04}_{0}$mm孔。当钻到与斜孔交叉时，可用ϕ6mm小立铣刀慢速进给加工出平台，然后用钻头钻通。

综合实训二

一、 刮削原始平板

1. 生产实训图

生产实训图如实训图 2-1 所示。

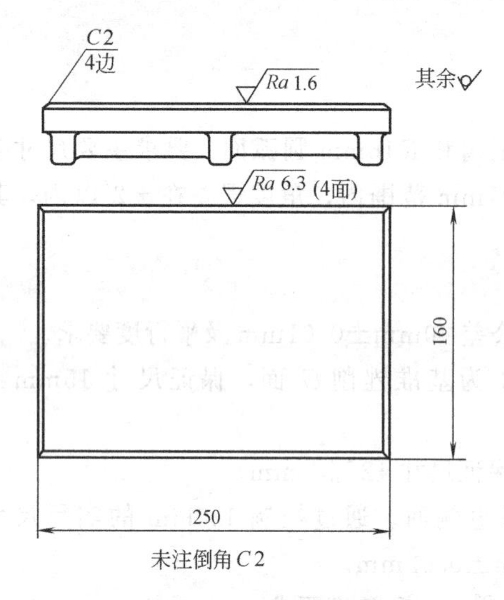

实训图 2-1 原始平板

2. 实训准备

① 工具和量具：平面刮刀、油石、检验框、水平仪（千分表）等。

② 辅助材料：润滑油、显示剂。

③ 备料：HT200 铸铁平板 250mm×160mm×100mm，三块一套，每人一套。

3. 操作要点

① 要注意保持刮刀的锋利，随时进行修磨，这是保证刮削速度和精度的基本条件。

② 刮削姿势的正确与否是保证刮削质量的关键。

③ 一定要按步骤和粗、细、精刮的操作要点进行刮削。切不可在平板还没有达到粗刮要求的情况下，过早地进入细刮工序。

④ 每三块轮刮一次后，应换一次研点方法，防止平板发生扭曲现象。

⑤ 对研平板时，两块平板相互移动的距离不得超过平板的 1/3，以防平板滑落，发生事故。

⑥ 每次研点前，要将平板擦拭干净，以免研点时产生划痕。

4. 操作步骤

① 三块平板进行表面检查，看有无缺陷。四周倒角去毛刺，将三块平板编号。

② 单独粗刮三块平板，去除机械加工的刀痕和锈斑，检查三块平板的初始平面度误差。

③ 按原始平板刮削步骤粗刮三块平板，达到粗刮精度要求。

a. 一次循环　先以初始平面度误差最小的一块平板（如 1 号平板）为基准，与 2 号平板互研互刮，使 1、2 号平板贴合达到粗刮精度。再将 3 号平板与 1 号平板互研，单刮 3 号平板，使 1、3 号平板贴合达到粗刮精度。然后用 2、3 号平板互研互刮，使 2、3 号平板贴合达到粗刮精度。这时 2 号和 3 号平板的平面度就略有提高。

b. 二次循环　在上一次 2、3 号平板互研互刮的基础上，按顺序以 2 号平板为基准，1

号与2号平板互研，单刮1号平板，使1、2号平板贴合达到粗刮精度。再将3号平板与1号平板互研互刮，使1、3号平板贴合达到粗刮精度。这时1号和3号平板的平面度就又有了提高。

c. 三次循环　在上次3、1号平板互研互刮的基础上，按顺序以3号平板为基准，2号与3号平板互研，单刮2号平板，使3、2号平板贴合达到粗刮精度。再将1号平板与2号平板互研互刮，使1、2号平板贴合达到粗刮精度。这时1号和2号平板的平面度进一步得以提高。这样就完成了一轮刮削。

按上述循环步骤进行第二轮刮研。注意在研点时应先直研，后对角研，每轮刮一次后，换一次研点方法。如此循环次数越多，则平板的精度就越高。直到在三块平板中任取两块对研，不论是直研还是对角研，都能得到相近的研点（粗刮研点数）为止。

④ 按上述步骤细刮三块平板，达到细刮精度要求。

⑤ 按上述步骤精刮三块平板，直到在三块平板中任取两块对研，不论是直研还是对角研，都能得到相同的研点，且达到在任意25mm×25mm内的研点数20点以上，表面粗糙度 $Ra \leqslant 1.6\mu m$ 的最终精度要求。

二、 刮削方箱

1. 生产实训图

生产实训图如实训图2-2所示。

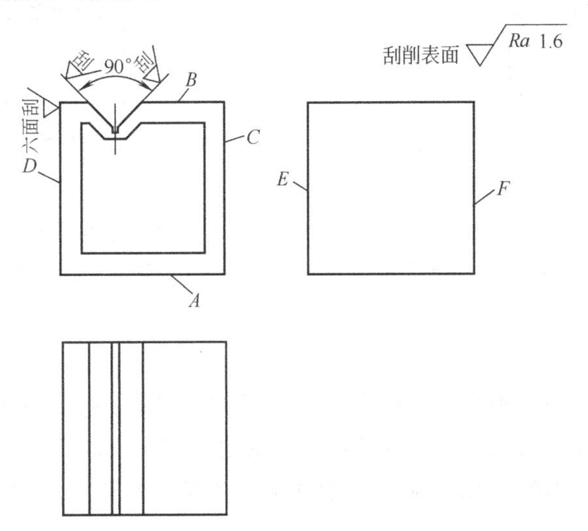

技术要求

1. 刮削面显点数在任一25mm×25mm范围内≥25点，平面度≤0.005mm。
2. 相对面的平行度≤0.005mm。
3. 相邻面的垂直度≤0.01mm。
4. V形槽在垂直方向和水平方向的平行度≤0.01mm。
5. 刮削面表面粗糙度 $Ra \leqslant 1.6\mu m$。

实训图2-2　方箱

2. 实训准备

① 工具和量具：平面刮刀、油石、检验框、千分表、直角尺、90°角度平尺、检验芯轴等。

② 辅助材料：润滑油、显示剂等。

③ 备料：HT200 铸铁方箱 200mm×200mm×200mm（精刨），每人一个。

3. 操作要点

① 刮削过程中，要保持刮刀的锋利，注意刮削姿势的正确性，按刮削步骤和粗、细、精刮的操作要点进行刮削。

② 平面度和平行度误差用千分表测量法进行检测，测量 V 形槽的平行度时应使用检验芯轴（实训图 2-3）；垂直度误差的检测可使用直角尺（实训图 2-4），也可用千分表进行测量（实训图 2-5）。

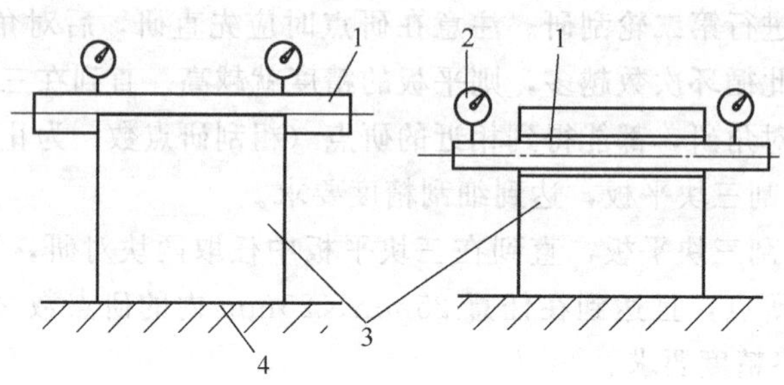

实训图 2-3 V 形槽平行度的检测

1—芯轴；2—千分表；3—方箱；4—平板

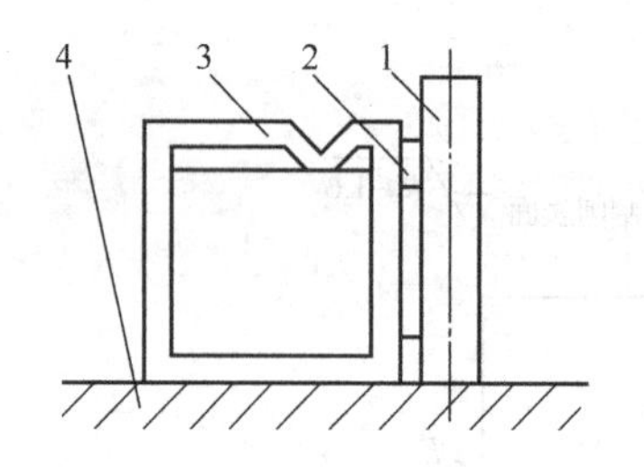

实训图 2-4 用直角尺测量垂直度

1—直角尺；2—量块；3—方箱；4—平板

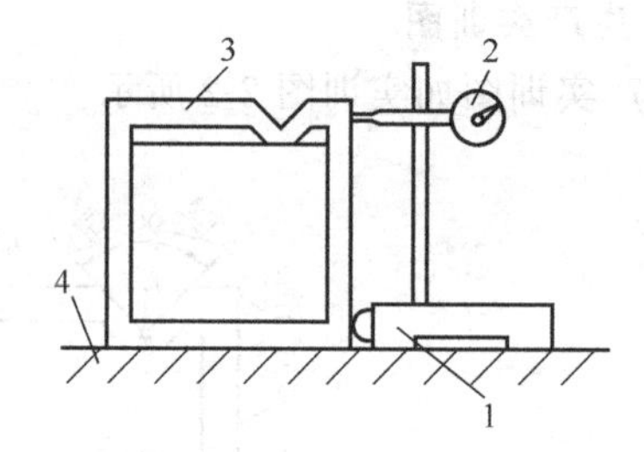

实训图 2-5 用千分表测量垂直度

1—表架；2—千分表；3—方箱；4—平板

4. 操作步骤

① 先刮基准面 A。按刮削操作步骤粗、细、精刮 A 面，用 0 级平板对研，达到显点要求（任一 25mm×25mm 范围内≥25 点），平面度达 0.005mm，最好不超过 0.003mm。

② 以 A 面为基准刮削 B 面。除达到上述对平面的要求外，还要保证其对 A 面的平行度≤0.005mm。

③ 以 A 面为基准刮削侧面 C。除达到上述对平面的要求外，还要保证其对 A 面的平行度≤0.005mm。同时还要检查其对 B 面的平行度，也应达≤0.005mm。

④ 以 C 面为基准刮削 D 面。除达到上述对平面的要求外，要保证其对 C 面的平行度≤0.005mm，同时检查 D 面对于 A、B 面的垂直度是否也达到要求。

⑤ 以 A 面为基准刮削 E 面。达到对平面的要求和对 A 面的垂直度≤0.005mm，同时检查其对 B、C、D 面的垂直度是否也达到要求。

⑥ 刮削 F 面，达到上述各项要求。

⑦ 刮削 V 形槽。刮削前先测量其对方箱底面和侧面的平行度误差的大小及方向，再进行刮削。刮削时，应先消除 V 形槽的位置误差，再用角度平尺研点刮削，达到各项技术

要求。

三、 圆弧镶配

1. 生产实训图

生产实训图如实训图 2-6 所示。

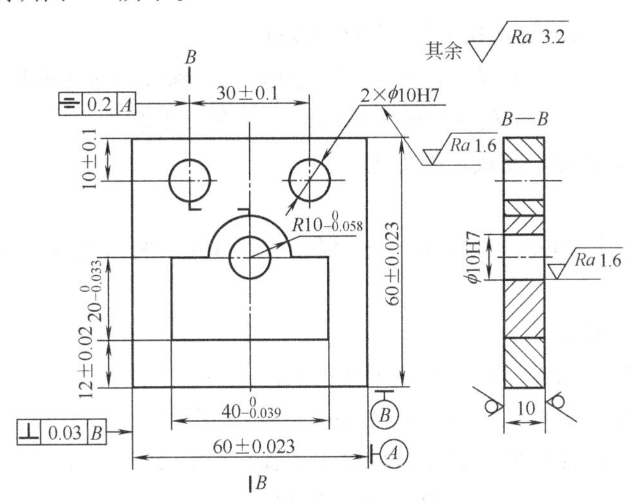

技术要求

凹件按凸件配作。配合间隙：平面部分≤0.05mm，曲面部分≤0.08mm。

实训图 2-6　圆弧镶配

2. 实训准备

① 工具和量具：粗、中、细扁锉，粗、细半圆锉，粗方锉，细三角锉，手锯，手锤，錾子，钻头，手用直铰刀，划线工具，游标卡尺，千分尺，直角尺，塞规，塞尺等。

② 辅助工具：锉刀刷，软钳口。

③ 备料：45 钢 95mm×60.5mm×10mm（实训图 2-7），每人一块。

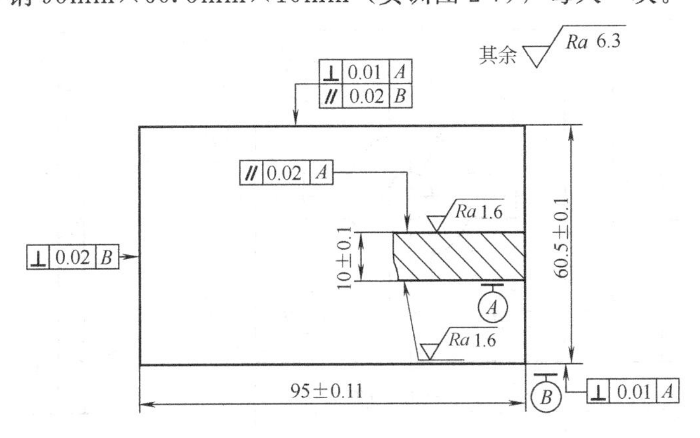

实训图 2-7　圆弧镶配毛坯图

3. 操作要点

① 锉削圆弧时要细心，注意经常测量。

② 锉配后，凸件正反放入都能达到要求的配合间隙，因此在锉配时一定要小心。

4. **操作步骤**

① 检查毛坯情况，并作必要修整。

② 划出凸凹工件加工线，锯割分料。

③ 加工凸件。

a. 划出所有凸件加工线。

b. 用 $\phi 9.8$mm 钻头钻孔，用 $\phi 10$H7 铰刀铰孔。

c. 加工尺寸 40mm，达到尺寸公差 $40_{-0.039}^{\ 0}$ mm，并保证对称于孔的中心线。

d. 加工尺寸 $20_{-0.033}^{\ 0}$ mm 和 $R10$mm 圆弧，达到图纸要求。

e. 去毛刺，全面复检，完成凸件加工。

④ 加工凹件。

a. 加工外形尺寸 60mm×60mm，达到±0.023mm 的尺寸公差要求，并保证垂直度≤0.03mm。

b. 划出所有加工线。

c. 钻排孔除余料，粗锉内尺寸至接近加工线。

d. 细锉底面，保证尺寸 12mm±0.02mm，且与外形平行。

e. 以凸件为基准，先锉配长方体，后锉配圆弧，达到配合要求。

f. 钻、铰 2×$\phi 10$H7 孔。去毛刺，全面检查精度要求。

四、 花键合套

1. 生产实训图

生产实训图如实训图 2-8 所示。

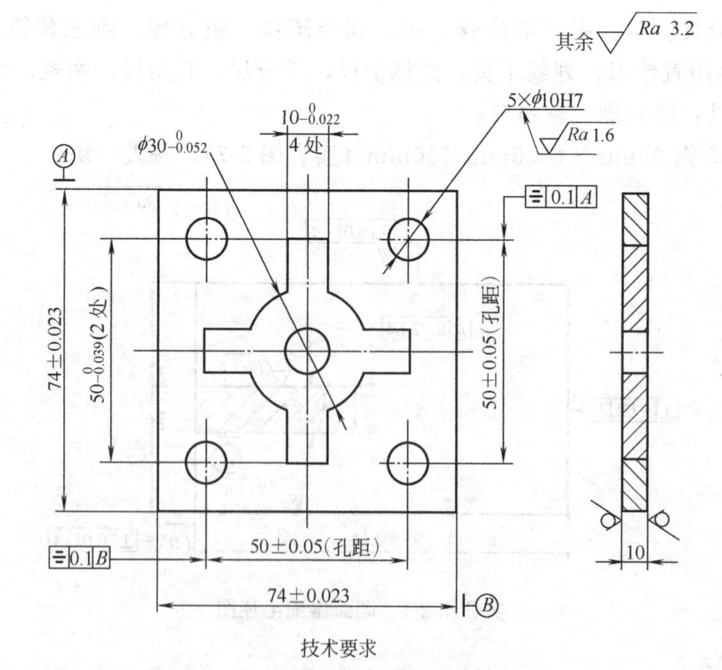

技术要求

1. 凹件以凸件为基准配作。互换配合间隙≤0.05mm。
2. 凸件中心孔与凹件四个孔的孔距一致性误差≤0.15mm。

实训图 2-8 花键合套

2. **实训准备**

① 工具和量具：粗、中、细扁锉，粗、细半圆锉，中、细方锉，整形锉，手锯，手锤，錾子，钻头，手用直铰刀，划线工具，游标卡尺，千分尺，直角尺，塞规，塞尺，芯轴等。

② 辅助工具：锉刀刷，软钳口。

③备料：45 钢毛坯件一套两块，尺寸如实训图 2-9 所示，每人一套。

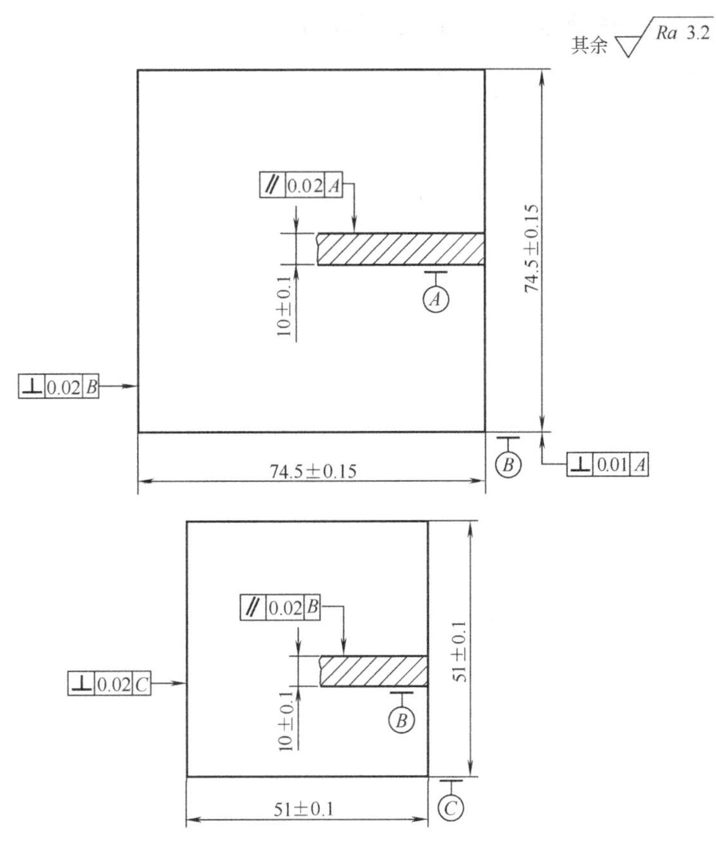

实训图 2-9　花键合套毛坯图

3. **操作要点**

① 凸件在加工时，应先钻、铰中心孔 $\phi10H7$，因它是凸件外形加工的基准。

② 凸件四个 $\phi10_{-0.022}^{\ 0}$ mm 凸台一定要对称于中心线，并严格控制其尺寸和位置误差。

③ 5 个 $\phi10H7$ 孔的位置精度较高，划线钻孔时，要仔细小心。应用 3～5mm 钻头预钻孔进行检查修整，以保证其位置精度。

④ 凸件为基准件，所以各项误差应尽量小。

⑤ 锉配时应先作认向锉配，达到要求后再作转位修整。

⑥ 锉配修整时，应综合分析，避免盲目修锉，重点放在各清角处。

4. **操作步骤**

① 检查毛坯情况，并作必要修整。

② 加工凸件。

a. 划凸件加工线。

b. 在 $\phi30_{-0.052}^{\ 0}$ mm 圆弧加工线外侧钻排孔；钻、铰 ϕ10H7 中心孔。

c. 锯割、锉削加工一直角弧，以中心孔为基准，通过测量与外形的尺寸来控制直角边的位置并达到要求。按此法依次加工其余三直角弧，达到图纸要求。

d. 去毛刺，全面复检。

③ 加工凹件。

a. 划凹件加工线。

b. 去除余料，按凸件配锉凹件，达到互换配合要求。

c. 钻铰 ϕ10H7 孔。

d. 去毛刺，全面复检。

综合实训三

一、锉配浮动镗刀杆方孔

1. 生产实训图

生产实训图如实训图 3-1 所示。

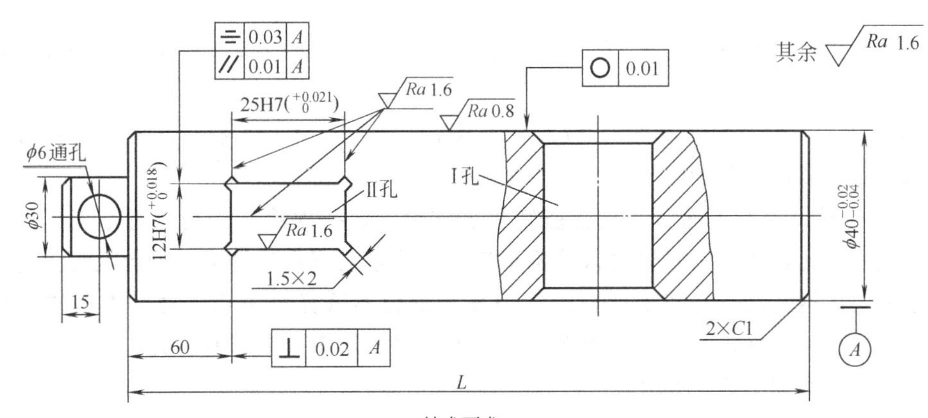

技术要求

1.要求浮动镗刀块能自如地推入长方孔内，轴向间隙≤0.029mm，横向间隙≤0.034mm。

2.刀杆已加工表面不得有敲打、刮伤痕迹。

3.材料：45钢。

实训图 3-1　浮动镗刀杆

2. 实训准备

① 工具和量具：粗、中、细扁锉，方锉，细三角锉，手锯，钻头，划线工具，游标卡尺，千分表、塞规等。

② 辅助工具：锉刀刷，软钳口等。

③ 备料：如实训图 3-1 所示镗刀杆半成品，或用 ϕ40mm 的 45 圆钢。

3. 操作步骤

① 检查工件有无缺陷。

② 划线。在刀杆两边划出长方形孔口的加工线。

③ 用 ϕ11mm 钻头钻孔去余料。

④ 粗锉长方形孔。用扁锉、方锉按线把内孔锉成长方孔，留 0.1mm 的加工余量。

⑤ 用手锯开四角 1.5mm×2mm 清根槽。

⑥ 锉基准面。把两个大平行平面（尺寸 12H7 的两个面）中任意一面先锉到线（如实训图 3-2 中Ⅰ面），要求纵横平直，孔口两面都贴线。注意保证该面与外圆的尺寸 s，s=(ϕ40mm 外圆的实际尺寸－12H7 的最小极限尺寸)/2。该尺寸决定着长方孔两个大平行面对镗刀杆轴线的对称度，所以锉到快接近时，应用实训图 3-2 所示千分表测量工具作精确测

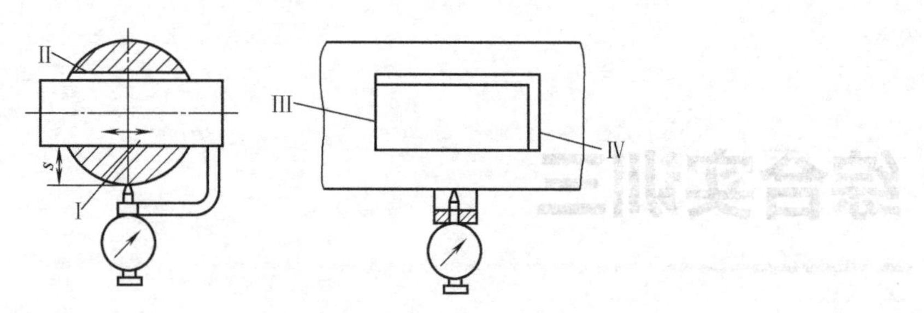

实训图 3-2　用千分表精确测量尺寸

量。测量前，千分表测量工具应用量块调整零位。

⑦ 锉 12H7 的第二面（面Ⅱ）。以上述面Ⅰ为基准，用游标卡尺测量，保证尺寸 12H7 和其对面Ⅰ的平行度，并用最小极限尺寸塞规试塞，孔口两端能很紧地塞进塞规的两角即可。

⑧ 锉 25H7 的一面（面Ⅲ）。要求纵横平直，且与基准面（面Ⅰ）垂直，锉到孔口两端贴线为止。

⑨ 锉 25H7 的另一面（面Ⅳ）。以面Ⅲ为基准，保证尺寸与平行度，并用最小极限尺寸塞规试塞，直到塞进两角为止。

⑩ 检查修整。锉配四面后塞规都能塞进少许时，在孔内涂红丹粉，将塞规（最小极限尺寸）对准长方孔，用木锤轻轻打入些再退出，把接触发亮部位锉去，如此反复进行，直至配进。也可采用透光法进行检查，然后用对接触部位不透光处进行锉修的办法进行检查修整。经过上述反复锉修，直到塞规能轻轻打入方孔时，用千分表检查方孔对刀杆的垂直度和对称度。方法如实训图 3-3 所示。

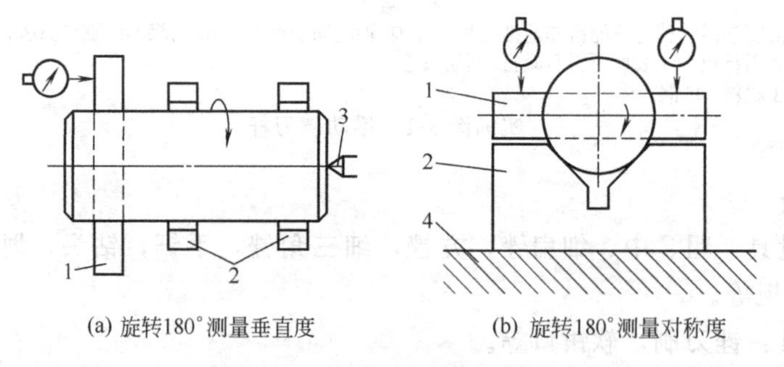

(a) 旋转180°测量垂直度　　(b) 旋转180°测量对称度

实训图 3-3　方孔垂直度和对称度的检查

1—量块；2—V 形架；3—顶尖；4—平板

⑪ 用镗刀块替换塞规进行直接锉配。其间应结合分析测量结果进行，保证达到图样要求，并使镗刀块能轻松自如地推入方孔，配合松紧合适。

4. **操作要点**

① 锉削时，尽量使孔的纵向中间部分都锉到，避免出现喇叭口。

② 加工时，应注意经常检查测量，以防锉废。

③ 锉削第一面（基准面）时，保证尺寸 s 尤为重要。

④ 在用塞规进行检查修整时，塞规的打入一定要轻，切不可使塞规发生塑性变形而损坏。

二、多件组合镶配

(一) 生产实训图

生产实训图如实训图 3-4 所示。

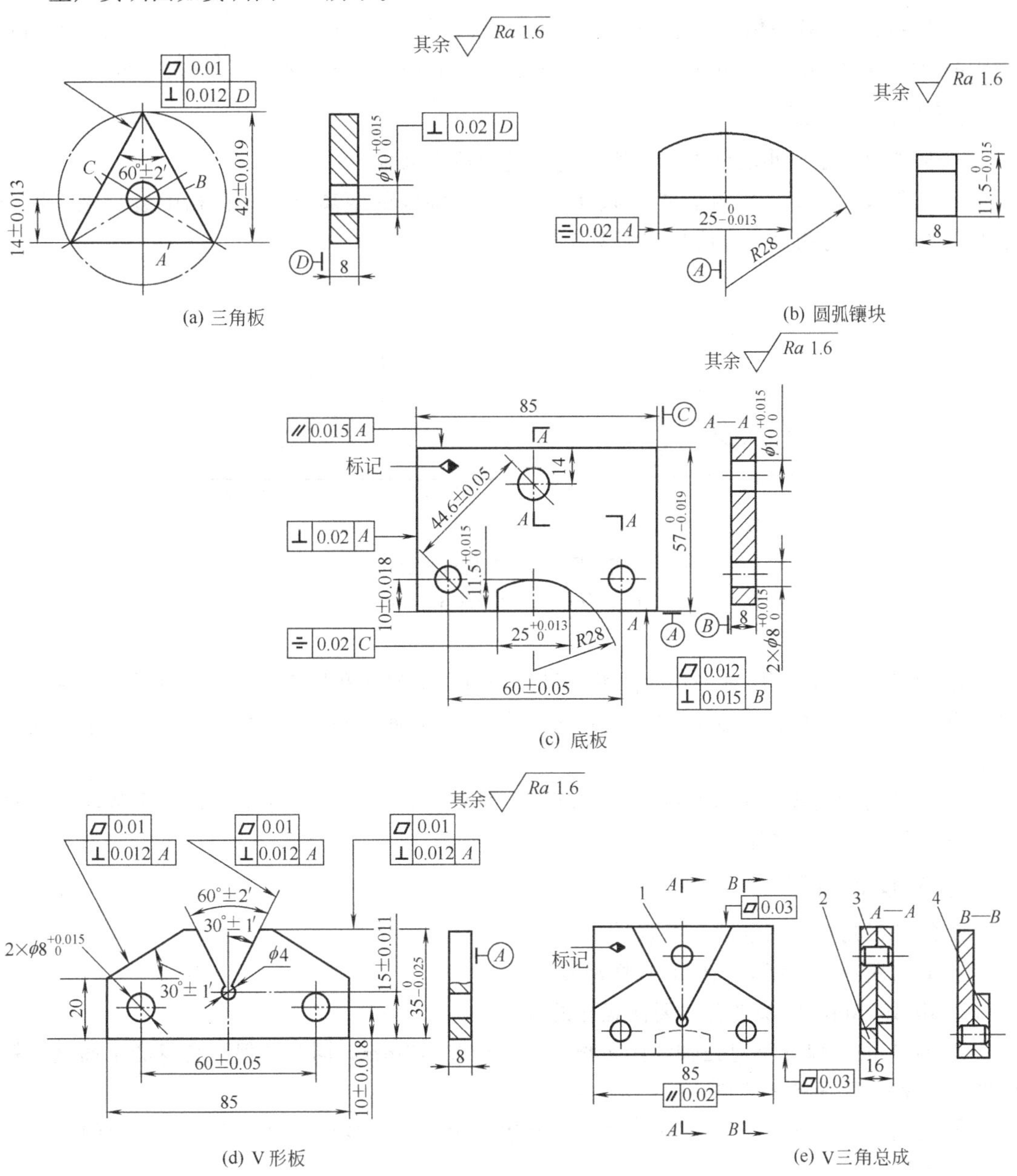

技术要求

1. 用自备芯轴进行装配，四件能同时装配在一起。

2. 装配后，三角板与 V 形板、圆弧镶块与底板的配合间隙均≤0.03mm。

3. 装配时，底板标记以图示位置为准，其余 3 件可做反转，三角板还能做 120°旋转，均要符合装配的各项要求。

4. 各锐边倒角 C0.3。

实训图 3-4 多件组合镶配

（二）实训准备

① 工具和量具：粗、中、细扁锉，半圆锉，细三角锉，整形锉、手锯，钻头，铰刀，划线工具，游标卡尺，千分表，正弦规，芯轴等。

② 辅助工具：锉刀刷、软钳口等。

③ 备料：45 钢经精刨的长方铁，一组四块，其尺寸分别为 47mm×44mm×8mm、27mm×13mm×8mm、87mm×59mm×8mm、87mm×37mm×8mm，每人一组。

（三）操作要点

① 加工时一定要小心仔细，并注意随时进行检查测量。

② 三角板加工中，在测量 A、B、C 三面和孔轴线的距离时，应在孔中装芯轴，用千分表在平台上进行测量，方法如实训图 3-5 所示。

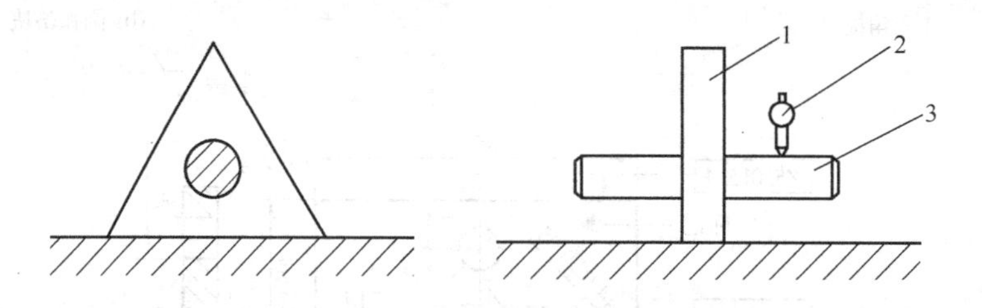

实训图 3-5　三角板检测

1—工件；2—千分表；3—芯轴

③ 加工圆弧镶块时，R28mm 圆弧面最好用自制的研具和样板进行对研和检测，在对研和检测时，工件要翻转 180°校验，这样才能保证圆弧面正确，达到对称度和尺寸精度的要求。

④ 三角板和圆弧镶块为基准件，所以加工时要使各项误差应尽量小，这是装配时实现翻转和转位互换的重要保证。

（四）操作步骤

1. 加工三角板［实训图 3-4（a）］

① 划出所有加工线，孔中心打样冲眼。

② 用 ϕ9.8mm 钻头钻孔，要注意孔的垂直度。

③ 锉 A 面。保证其对孔轴线的距离 14mm±0.013mm，同时要保证自身的平面度、粗糙度要求及对 D 面的垂直度≤0.012mm。

④ 用同样方法加工 B、C 面。除保证上述要求外，还要保证 A、B、C 三面的角度要求（60°±2′）。

⑤ 对工件进行全面复检精修。因为三角板是加工底板和 V 形板的基准件，所以三角板的尺寸应尽量精确并接近公差带的中值。

2. 加工圆弧镶块［实训图 3-4（b）］

① 锉削底面达到平面度和粗糙度要求。

② 以底面为基准划外形加工线。

③ 锉侧面。先锉一个侧面，保证其自身平面度和粗糙度要求外，还要保证其和底面垂

直。再锉另一侧面，除保证上述要求外，还应保证两侧面平行及 $25_{-0.013}^{0}$mm 的尺寸公差要求。

④ 锉 R28mm 圆弧面。保证 $11.5_{-0.015}^{0}$mm 的尺寸公差和 0.02mm 的对称度要求。

3. 加工底板［实训图 3-4（c）］

① 修锉 A 面。达到平面度和粗糙度的要求，并保证和 B 面的垂直度。

② 在工件图示位置打标记。

③ 修锉左侧面。除达到自身平面度和粗糙度要求外，要保证和 A 面的垂直度。

④ 加工另外两个侧面。保证尺寸 $57_{-0.019}^{0}$mm 和 85mm，保证上侧面对 A 面的平行度，同时保证自身平面度和粗糙度要求。

⑤ 加工圆弧凹槽。划线，去余料。粗、细锉凹槽，留精锉余量。精锉两侧平面，检测两侧面的平行度和对称度，并用圆弧镶块试配，保证配合间隙。精修 R28mm 圆弧，用圆弧镶块试配，使其达到配合精度要求。

4. 加工 V 形板［实训图 3-4（d）］

① 锉削底面。使其达到平面精度要求。

② 以底面为基准划所有加工线，打样冲眼。

③ 锉底面的平行面。保证尺寸 $35_{-0.025}^{0}$mm 及自身平面度和粗糙度要求，同时要保证其对 A 面的垂直度。

④ 锉侧面。达到自身平面精度要求和形位精度要求，并使 85mm 尺寸与底板一致。

⑤ 钻 ϕ4mm 工艺孔，用 ϕ7.8mm 钻头钻 2×ϕ8mm 孔，以留铰削余量。注意保证各孔的位置精度。

⑥ 锉 30°外斜面。保证自身平面精度及对基准 A 的垂直度，在正弦规上用千分表测量角度，保证两斜面的角度和对称性。

⑦ 加工 60°槽。去余料，粗、细锉两侧面，留 0.2mm 精锉余量。用三角板试配，精锉两侧面，在正弦规上用千分表进行测量，使其不仅达到位置及配合间隙要求，还要保证尺寸公差的要求。

5. 加工孔

将件 1 和件 4 放在件 3 上，使两侧靠齐，用 C 形夹头夹持，一起夹在平口钳上，找正水平后，钻 2×$\phi 8_{0}^{+0.015}$mm 孔、铰 2×$\phi 8_{0}^{+0.015}$mm 和 $\phi 10_{0}^{+0.015}$mm 孔。

6. 去毛刺，倒角

去毛刺，用油石将棱边倒成 0.3mm×45°角。

三、加工正弦规

（一）生产实训图

1. 生产实训图

生产实训图如实训图 3-6 所示。

2. 技术要求

① 正弦规工作台工作面的平面度≤0.002mm（中凹）。

② 正弦规工作台各孔中心线距离公差为±0.200mm。

③ 正弦规工作台工作面的表面粗糙度 Ra≤0.08μm。

④ 正弦规两圆柱的圆柱度≤0.002mm。

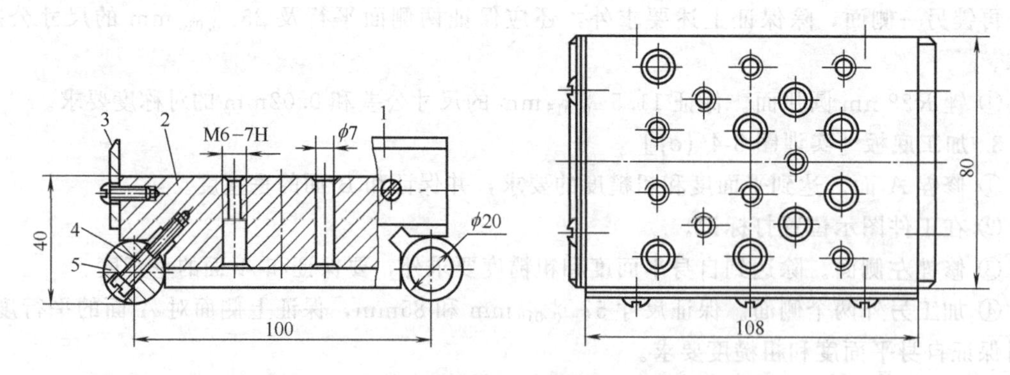

实训图 3-6 正弦规

1—侧挡板；2—工作台；3—前挡板；4—螺钉；5—圆柱

⑤ 正弦规两圆柱的直径差≤0.003mm。

⑥ 正弦规两圆柱的表面粗糙度 Ra≤0.04μm。

⑦ 前挡板和侧挡板工作面的表面粗糙度 Ra≤1.25μm。

⑧ 装配后正弦规工作台工作面与两圆柱下部母线公切面的平行度≤0.002mm。

⑨ 装配后两圆柱中心距应为 100mm±0.002mm。

⑩ 装配后两圆柱轴线的平行度≤0.002mm（全长上）。

⑪ 装配后侧挡板工作面与圆柱轴线的垂直度≤0.035mm（全长上）。

⑫ 装配后前挡板工作面与圆柱轴线的平行度≤0.040mm（全长上）。

⑬ 正弦规装置成 30°时的综合角度公差为±16″。

（二）实训准备

① 工具和量具：錾、锯、锉、刮、研工具，钻、锪孔及攻螺纹工具，测量及检测工量具等。

② 备料：已加工好的前挡板、侧挡板和两个 ϕ20mm 的标准圆柱，经精刨加工的工作台半成品。

（三）操作要点

① 研磨 A、B 面时（实训图 3-7、实训图 3-8），要注意随时检测两面间的距离和平行度。两面间的平行度应小于装配后两圆柱轴线的平行度公差值。两面间的距离应为 100mm 减去两圆柱实测直径一半的和，并留一定的修磨余量。待圆柱和工作台装配后，通过检测两圆柱轴线的中心距和平行度，再行修磨 A、B 面，以达到两圆柱轴线的中心距和平行度的最终要求。

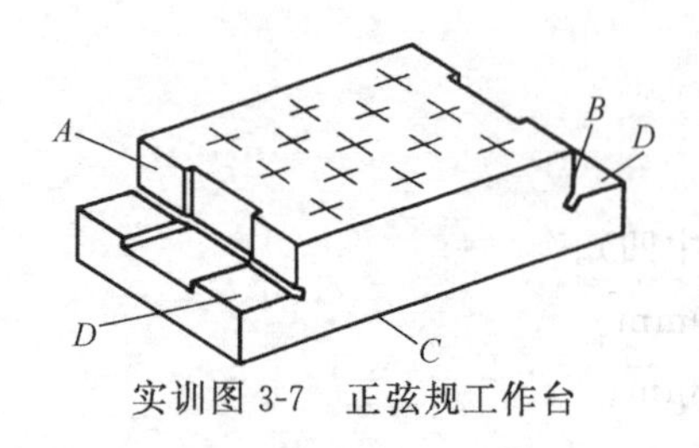

实训图 3-7 正弦规工作台

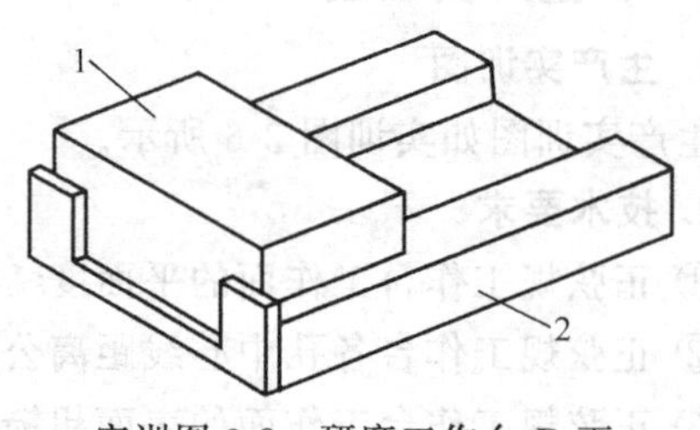

实训图 3-8 研磨工作台 D 面

1—正弦规工作台；2—研具

② 装配后，工作台工作面与两圆柱下部母线公切面的平行度如果不达要求，则通过修研 D 面来调整，使其达到规定的技术要求。

③ 装配后，前挡板工作面与圆柱轴线的平行度，可通过刮研工作台安装前挡板的侧面来调整；侧挡板工作面与圆柱轴线的垂直度，可通过刮研工作台安装侧挡板的侧面来调整。

（四）操作步骤

① 检查前挡板、侧挡板和两个 ϕ20mm 的标准圆柱是否合格，检查工作台半成品是否存在缺陷，并作必要修整。

② 用锯、錾、锉等基本操作，对工作台进行粗加工。

③ 细锉工作台各面，达到接近技术要求。留一定的加工余量。

④ 对工作台进行刮削、研磨精加工。

a. 首先刮研工作面 C，使其达到平面度和粗糙度要求，如实训图 3-7 所示。

b. 以 C 面为基准，在专用研具上研磨两阶梯面 D。研磨前，先将高的一面进行修整，使其与另一面高度相等后再在专用研具上进行研磨（实训图 3-8）。

c. 将工作台夹紧在垫有毛毡的台虎钳上，分别研磨 A、B 面，如实训图 3-9 所示。研磨时，应注意不要划伤已研磨好的 D 面。

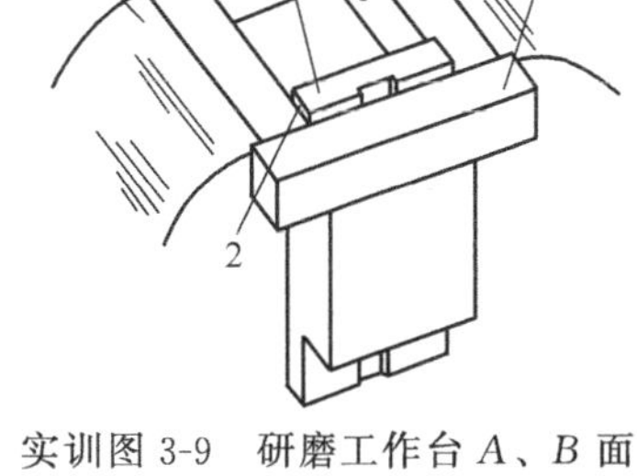

实训图 3-9　研磨工作台 A、B 面

1—台虎钳；2—毛毡；3—正弦规工作台；4—研具

⑤ 工作台孔加工。按图样要求划各光孔、螺孔加工线，进行钻孔、锪孔和攻螺纹，达到图样要求。

⑥ 配钻两标准圆柱螺孔，攻螺纹，装配后进行检测，达到技术要求。

⑦ 配钻前挡板、侧挡板螺孔，装配后进行检测，达到技术要求。

参 考 文 献

[1] 劳动和社会保障部教材办公室组织编写．钳工工艺与技能训练．北京：中国劳动社会保障出版社，2001.
[2] 王琪主编．钳工实习与考级．北京：高等教育出版社，2004.
[3] 郧建国主编．机械制造工程．北京：机械工业出版社，2002.
[4] 技工学校机械类通用教材编审委员会编．钳工工艺学．北京：机械工业出版社，2001.
[5] 陈刚，刘新灵主编. 钳工基础. 北京：化学工业出版社，2014.